全国科学技术名词审定委员会

公　　布

科学技术名词·工程技术卷（全藏版）

21

航空科学技术名词

CHINESE TERMS IN AVIATION SCIENCE AND TECHNOLOGY

航空科学技术名词审定委员会

国家自然科学基金资助项目
中国航空工业总公司资助项目

科　学　出　版　社

北　京

内 容 简 介

本书是全国科学技术名词审定委员会审定公布的航空科学技术基本名词，内容包括：通用概念；航空器；飞行原理；飞行器结构及其设计与强度理论；推进技术与航空动力装置；飞行控制、导航、显示、控制和记录系统；航空电子与机载计算机系统；航空机电系统；航空武器系统；航空安全、生命保障系统与航空医学；航空材料；航空制造工程；航空器维修工程；飞行、飞行试验与测试技术；航空器适航性；航行与空中交通管理；机场设施与飞行环境等 17 大类，共 2 773 条。本书对每条名词都给出了定义或注释。这些名词是科研、教学、生产、经营以及新闻出版等部门应遵照使用的航空科技规范名词。

图书在版编目（CIP）数据

科学技术名词. 工程技术卷：全藏版 / 全国科学技术名词审定委员会审定.
—北京：科学出版社，2016.01

ISBN 978-7-03-046873-4

I. ①科… II. ①全… III. ①科学技术–名词术语 ②工程技术–名词术语
IV. ①N-61 ②TB-61

中国版本图书馆 CIP 数据核字（2015）第 307218 号

责任编辑：刘 青 黄昭厚 / 责任校对：陈玉凤
责任印制：张 伟 / 封面设计：铭轩堂

科 学 出 版 社 出版
北京东黄城根北街 16 号
邮政编码：100717
http://www.sciencep.com
北京厚诚则铭印刷科技有限公司印刷
科学出版社发行 各地新华书店经销
＊
2016 年 1 月第 一 版 开本：787×1092 1/16
2016 年 1 月第一次印刷 印张：16
字数：419 000
定价：7800.00 元（全 44 册）
（如有印装质量问题，我社负责调换）

全国科学技术名词审定委员会
第四届委员会委员名单

特邀顾问：吴阶平　　钱伟长　　朱光亚　　许嘉璐

主　　任：路甬祥

副 主 任（按姓氏笔画为序）：

于永湛	马　阳	王景川	朱作言	江蓝生	李宇明
汪继祥	张尧学	张先恩	金德龙	宣　湘	章　综
潘书祥					

委　　员（按姓氏笔画为序）：

马大猷	王　夔	王大珩	王之烈	王永炎	王国政
王树岐	王祖望	王铁琨	王寯骧	韦　弦	方开泰
卢鉴章	叶笃正	田在艺	冯志伟	师昌绪	朱照宣
仲增墉	华茂昆	刘　民	刘瑞玉	祁国荣	许　平
孙家栋	孙敬三	孙儒泳	苏国辉	李行健	李启斌
李星学	李保国	李焯芬	李德仁	杨　凯	吴　奇
吴凤鸣	吴志良	吴希曾	吴钟灵	汪成为	沈国舫
沈家祥	宋大祥	宋天虎	张　伟	张　耀	张广学
张光斗	张爱民	张增顺	陆大道	陆建勋	陈太一
陈运泰	陈家才	阿里木·哈沙尼	范少光	范维唐	
林玉乃	季文美	周孝信	周明煜	周定国	赵寿元
赵凯华	姚伟彬	贺寿伦	顾红雅	徐　僖	徐正中
徐永华	徐乾清	翁心植	席泽宗	黄玉山	黄昭厚
康景利	章　申	梁战平	葛锡锐	董　琨	韩布新
粟武宾	程光胜	程裕淇	傅永和	鲁绍曾	蓝　天
雷霆洲	褚善元	樊　静	薛永兴		

航空科学技术名词审定委员会委员名单

主　任：季文美

副主任：顾诵芬

委　员（按姓氏笔画为序）：

丁子明	王占林	王适存	王喜力	王喜录
卢成文	朱宝鎏	朱荣昌	乔　新	庄祥昌
刘千刚	严传俊	严京林	苏恩泽	李哲浩
吴大观	何庆芝	张仲寅	陆家沂	陈　信
陈大光	周其焕	郑修麟	赵令诚	袁修干
唐致中	韩宽庆	程不时	颜鸣皋	樊鹤鸣

办公室成员：

主　任：褚家鼎

成　员（按姓氏笔画为序）：

王晨钟	丛选超	朱之琴	杨应辰	吴德贵
洪时藏	梁玉清	韩士钧		

卢 嘉 锡 序

　　科技名词伴随科学技术而生,犹如人之诞生其名也随之产生一样。科技名词反映着科学研究的成果,带有时代的信息,铭刻着文化观念,是人类科学知识在语言中的结晶。作为科技交流和知识传播的载体,科技名词在科技发展和社会进步中起着重要作用。

　　在长期的社会实践中,人们认识到科技名词的统一和规范化是一个国家和民族发展科学技术的重要的基础性工作,是实现科技现代化的一项支撑性的系统工程。没有这样一个系统的规范化的支撑条件,科学技术的协调发展将遇到极大的困难。试想,假如在天文学领域没有关于各类天体的统一命名,那么,人们在浩瀚的宇宙当中,看到的只能是无序的混乱,很难找到科学的规律。如是,天文学就很难发展。其他学科也是这样。

　　古往今来,名词工作一直受到人们的重视。严济慈先生60多年前说过,"凡百工作,首重定名;每举其名,即知其事"。这句话反映了我国学术界长期以来对名词统一工作的认识和做法。古代的孔子曾说"名不正则言不顺",指出了名实相副的必要性。荀子也曾说"名有固善,径易而不拂,谓之善名",意为名有完善之名,平易好懂而不被人误解之名,可以说是好名。他的"正名篇"即是专门论述名词术语命名问题的。近代的严复则有"一名之立,旬月踟蹰"之说。可见在这些有学问的人眼里,"定名"不是一件随便的事情。任何一门科学都包含很多事实、思想和专业名词,科学思想是由科学事实和专业名词构成的。如果表达科学思想的专业名词不正确,那么科学事实也就难以令人相信了。

　　科技名词的统一和规范化标志着一个国家科技发展的水平。我国历来重视名词的统一与规范工作。从清朝末年的科学名词编订馆,到1932年成立的国立编译馆,以及新中国成立之初的学术名词统一工作委员会,直至1985年成立的全国自然科学名词审定委员会(现已改名为全国科学技术名词审定委员会,简称全国名词委),其使命和职责都是相同的,都是审定和公布规范名词的权威性机构。现在,参与全国名词委领导工作的单位有中国科学院、科学技术部、教育部、中国科学技术协会、国家自然科学基金委员会、新闻出版署、国家质量技术监督局、国家广播电影电视总局、国家知识产权局和国家语言文字工作委员会,这些部委各自选派了有关领导干部担任全国名词委的领导,有力地推动科技名词的统一和推广应用工作。

　　全国名词委成立以后,我国的科技名词统一工作进入了一个新的阶段。在第一任主任委员钱三强同志的组织带领下,经过广大专家的艰苦努力,名词规范和统一工作取得了显著的成绩。1992年三强同志不幸谢世。我接任后,继续推动和开展这项工作。在国家和有关部门的支持及广大专家学者的努力下,全国名词委15年来按学科共组建了50多个学科的名词审定分委员会,有1800多位专家、学者参加名词审定工作,还有更多的专家、学者参加书面审查和座谈讨论等,形成的科技名词工作队伍规模之大、水平层次之高前所未有。15年间共审定公布了包括理、工、农、医及交叉学科等各学科领域的名词共计50多种。而且,对名词加注定义的工作经试点后业已逐渐展开。另外,遵照术语学理论,根据汉语汉字特点,结合科技名词审定工作实践,全国名词委制定并逐步完善了一套名词审定工作的原则与方法。可以说,在20世纪的最后15年中,我国基本上建立起了比较完整的科技名词体系,为我国科技名词的规范和统一奠定了良好的基础,对我国科研、教学和学术交流起到了很好的作用。

在科技名词审定工作中,全国名词委密切结合科技发展和国民经济建设的需要,及时调整工作方针和任务,拓展新的学科领域开展名词审定工作,以更好地为社会服务、为国民经济建设服务。近些年来,又对科技新词的定名和海峡两岸科技名词对照统一工作给予了特别的重视。科技新词的审定和发布试用工作已取得了初步成效,显示了名词统一工作的活力,跟上了科技发展的步伐,起到了引导社会的作用。两岸科技名词对照统一工作是一项有利于祖国统一大业的基础性工作。全国名词委作为我国专门从事科技名词统一的机构,始终把此项工作视为自己责无旁贷的历史性任务。通过这些年的积极努力,我们已经取得了可喜的成绩。做好这项工作,必将对弘扬民族文化,促进两岸科教、文化、经贸的交流与发展作出历史性的贡献。

科技名词浩如烟海,门类繁多,规范和统一科技名词是一项相当繁重而复杂的长期工作。在科技名词审定工作中既要注意同国际上的名词命名原则与方法相衔接,又要依据和发挥博大精深的汉语文化,按照科技的概念和内涵,创造和规范出符合科技规律和汉语文字结构特点的科技名词。因而,这又是一项艰苦细致的工作。广大专家学者字斟句酌,精益求精,以高度的社会责任感和敬业精神投身于这项事业。可以说,全国名词委公布的名词是广大专家学者心血的结晶。这里,我代表全国名词委,向所有参与这项工作的专家学者们致以崇高的敬意和衷心的感谢!

审定和统一科技名词是为了推广应用。要使全国名词委众多专家多年的劳动成果——规范名词——成为社会各界及每位公民自觉遵守的规范,需要全社会的理解和支持。国务院和4个有关部委[国家科委(今科学技术部)、中国科学院、国家教委(今教育部)和新闻出版署]已分别于1987年和1990年行文全国,要求全国各科研、教学、生产、经营以及新闻出版等单位遵照使用全国名词委审定公布的名词。希望社会各界自觉认真地执行,共同做好这项对于科技发展、社会进步和国家统一极为重要的基础工作,为振兴中华而努力。

值此全国名词委成立15周年、科技名词书改装之际,写了以上这些话。是为序。

卢嘉锡

2000年夏

钱三强序

科技名词术语是科学概念的语言符号。人类在推动科学技术向前发展的历史长河中,同时产生和发展了各种科技名词术语,作为思想和认识交流的工具,进而推动科学技术的发展。

我国是一个历史悠久的文明古国,在科技史上谱写过光辉篇章。中国科技名词术语,以汉语为主导,经过了几千年的演化和发展,在语言形式和结构上体现了我国语言文字的特点和规律,简明扼要,蓄意深切。我国古代的科学著作,如已被译为英、德、法、俄、日等文字的《本草纲目》、《天工开物》等,包含大量科技名词术语。从元、明以后,开始翻译西方科技著作,创译了大批科技名词术语,为传播科学知识,发展我国的科学技术起到了积极作用。

统一科技名词术语是一个国家发展科学技术所必须具备的基础条件之一。世界经济发达国家都十分关心和重视科技名词术语的统一。我国早在1909年就成立了科学名词编订馆,后又于1919年中国科学社成立了科学名词审定委员会,1928年大学院成立了译名统一委员会。1932年成立了国立编译馆,在当时教育部主持下先后拟订和审查了各学科的名词草案。

新中国成立后,国家决定在政务院文化教育委员会下,设立学术名词统一工作委员会,郭沫若任主任委员。委员会分设自然科学、社会科学、医药卫生、艺术科学和时事名词五大组,聘任了各专业著名科学家、专家,审定和出版了一批科学名词,为新中国成立后的科学技术的交流和发展起到了重要作用。后来,由于历史的原因,这一重要工作陷于停顿。

当今,世界科学技术迅速发展,新学科、新概念、新理论、新方法不断涌现,相应地出现了大批新的科技名词术语。统一科技名词术语,对科学知识的传播,新学科的开拓,新理论的建立,国内外科技交流,学科和行业之间的沟通,科技成果的推广、应用和生产技术的发展,科技图书文献的编纂、出版和检索,科技情报的传递等方面,都是不可缺少的。特别是计算机技术的推广使用,对统一科技名词术语提出了更紧迫的要求。

为适应这种新形势的需要,经国务院批准,1985年4月正式成立了全国自然科学名词审定委员会。委员会的任务是确定工作方针,拟定科技名词术语审定工作计划、实施方案和步骤,组织审定自然科学各学科名词术语,并予以公布。根据国务院授权,委员会审定公布的名词术语,科研、教学、生产、经营以及新闻出版等各部门,均应遵照使用。

全国自然科学名词审定委员会由中国科学院、国家科学技术委员会、国家教育委员会、中国科学技术协会、国家技术监督局、国家新闻出版署、国家自然科学基金委员会分别委派了正、副主任担任领导工作。在中国科协各专业学会密切配合下,逐步建立各专业审定分委员会,并已建立起一支由各学科著名专家、学者组成的近千人的审定队伍,负责审定本学科的名词术语。我国的名词审定工作进入了一个新的阶段。

这次名词术语审定工作是对科学概念进行汉语订名,同时附以相应的英文名称,既有我国语言特色,又方便国内外科技交流。通过实践,初步摸索了具有我国特色的科技名词术语审定的原则与方法,以及名词术语的学科分类、相关概念等问题,并开始探讨当代术语学的理论和方法,以期逐步建立起符合我国语言规律的自然科学名词术语体系。

统一我国的科技名词术语,是一项繁重的任务,它既是一项专业性很强的学术性工作,又涉及到亿万人使用习惯的问题。审定工作中我们要认真处理好科学性、系统性和通俗性之间的关系;主科与副科间的关系;学科间交叉名词术语的协调一致;专家集中审定与广泛听取意见等问题。

汉语是世界五分之一人口使用的语言,也是联合国的工作语言之一。除我国外,世界上还有一些国家和地区使用汉语,或使用与汉语关系密切的语言。做好我国的科技名词术语统一工作,为今后对外科技交流创造了更好的条件,使我炎黄子孙,在世界科技进步中发挥更大的作用,作出重要的贡献。

统一我国科技名词术语需要较长的时间和过程,随着科学技术的不断发展,科技名词术语的审定工作,需要不断地发展、补充和完善。我们将本着实事求是的原则,严谨的科学态度做好审定工作,成熟一批公布一批,提供各界使用。我们特别希望得到科技界、教育界、经济界、文化界、新闻出版界等各方面同志的关心、支持和帮助,共同为早日实现我国科技名词术语的统一和规范化而努力。

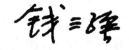

1992 年 2 月

前　　言

为适应航空科学技术的发展,进一步规范航空科技名词及其概念表述,受全国科学技术名词审定委员会(原称全国自然科学名词审定委员会,以下简称全国科技名词委)委托,中国航空学会于1993年7月在北京召开了有空军、民航、航空工业的科研、生产、教学等部门的代表和专家、教授参加的航空科学技术名词审定委员会(原称航空科学名词审定委员会,以下简称航空名词委)成立大会暨第一次全体委员大会,制定了航空科学名词审定委员会工作条例和审定工作计划;讨论确定了审定航空科技名词的收词方案和框架,各位委员按专业分工提出了第一批要审定的航空科技名词初稿。经航空名词委办公室汇总,整理出共5 106条,陆续打印分送各位委员。由委员对初稿的收词、排序、定名进行本专业和相关专业的审定,并对各条名词加注相对应的英文名。初稿返回办公室后,经整理、查重和补充,并附上由办公室搜集到的部分名词的定义或注释参考资料,再寄送各位分工委员组织编写和进行审查。1994年8月第二次全体委员会对二稿进行了讨论、协调和审议。办公室根据委员们的意见再次整理修改,形成附有定义或注释的第三稿,于1995年期间又分送各委员及专家再次审定并反馈意见。办公室根据反馈的意见整理后,提交1998年5月全体委员参加的终审会。季文美主任亲自领导了终审会。在终审会期间,全体委员分组对分工专业的词条定名、英文名和定义或注释进行了逐条审定;对一些重要或具有共性的问题,经大会讨论基本取得共识。终审会后,在顾诵芬副主任主持下,由办公室全体同志对全部文稿进行整理,根据终审会上决定的原则进行了释文的精练、压缩加工。于1999年7月完成了本批航空科技名词上报稿,并报送全国科技名词委审批公布。

这次公布的航空科技名词是航空科技领域较常使用的专业基本词,共2 773条,为便于组织名词收集、审定和查阅,划分为17个部分,这种划分并非全是学科分类。同一名词可能与多个部分相关,但在编排公布时,一般只出现一次,不重复列出。为在使用中更确切地了解各个规范名词的概念,在编制中均编写了简明定义或注释。在编制过程中主要以现行有效的相关国家标准、国家军用标准、行业标准及有关国际标准和规范为参考资料。

在整个审定工作中,得到全国科技名词委、航空工业总公司(原航空工业部)、中国航空学会、空军、民航总局的领导和支持,同时也得到了航空界许多单位和专家的热情支持与帮助,谨在此一并表示衷心感谢。竭诚希望各单位和专家、学者及读者在使用过程中不断提出宝贵意见和建议,以便今后研究修订,使其更趋科学与完善。

航空科学技术名词审定委员会

2003 年 6 月

编 排 说 明

一、本书公布的是航空科技第一批基本名词。

二、全书正文分为：通用概念；航空器；飞行原理；飞行器结构及其设计与强度理论；推进技术
与航空动力装置；飞行控制、导航、显示、控制和记录系统；航空电子与机载计算机系统；航
空机电系统；航空武器系统；航空安全、生命保障系统与航空医学；航空材料；航空制造工
程；航空器维修工程；飞行、飞行试验与测试技术；航空器适航性；航行与空中交通管理；机
场设施与飞行环境等 17 部分。

三、每部分的汉文名按学科的相关概念体系排列，汉文名后给出与该词概念对应的英文名。

四、每个汉文名都附有定义或注释。当一个汉文名有两个不同概念时，则用"(1)"、"(2)"分
述。

五、一个汉文名对应多个英文名时，一般列出两个英文名，将最常用的放在前面，其间用逗号
"，"分开。

六、英文名首字母一般用小写。

七、"［ ］"中的字为可省略部分。

八、主要异名和释文中的条目用楷体表示，"又称"、"简称"、"俗称"可继续使用；"曾称"为不
再使用的旧名。

九、正文后所附的英汉索引按英文字母排列；汉英索引按汉语拼音顺序排列，所示号码为该词
在正文中的序号。索引中带"＊"者为规范名的异名和在定义或注释中出现的词目。

目　　录

卢嘉锡序

钱三强序

前言

编排说明

正文

01. 通用概念 …………………………………………………………………… 1

02. 航空器 …………………………………………………………………… 1

03. 飞行原理 …………………………………………………………………… 12

04. 飞行器结构及其设计与强度理论 …………………………………… 34

05. 推进技术与航空动力装置 …………………………………………… 40

06. 飞行控制、导航、显示、控制和记录系统 ……………………… 58

07. 航空电子与机载计算机系统 ……………………………………… 70

08. 航空机电系统 …………………………………………………… 87

09. 航空武器系统 …………………………………………………… 93

10. 航空安全、生命保障系统与航空医学 ………………………… 104

11. 航空材料 ………………………………………………………… 117

12. 航空制造工程 …………………………………………………… 122

13. 航空器维修工程 ………………………………………………… 126

14. 飞行、飞行试验与测试技术 …………………………………… 131

15. 航空器适航性 …………………………………………………… 137

16. 航行与空中交通管理 …………………………………………… 140

17. 机场设施与飞行环境 …………………………………………… 148

附录

英汉索引 …………………………………………………………………… 156

汉英索引 …………………………………………………………………… 199

01. 通 用 概 念

01.001 航空航天 aerospace
飞行器在地球大气层中和太空的航行活动的总称。

01.002 航空 aviation
人类利用飞行器在地球大气层中从事飞行及有关的活动。

01.003 民用航空 civil aviation
利用各类航空器为国民经济服务的飞行活动。

01.004 军事航空 military aviation
又称"军用航空"。用于军事目的的一切航空活动。

01.005 通用航空 general aviation
是指除军事、警务、海关缉私飞行和公共航空运输飞行以外的航空活动。

01.006 飞行器 flight vehicle
在地球大气层中和太空飞行的器械的总称。

01.007 飞行 flight
物体在距地球表面一定距离的空间运动的总称。

02. 航 空 器

02.001 航空器 aircraft
能在大气层中飞行的各种飞行器。

02.002 气球 balloon
无推进装置,以轻于空气的气囊提供浮力支持其重量的航空器。

02.003 自由气球 free balloon
不加约束可以自由漂浮的气球。

02.004 系留气球 captive balloon
用绳索系在地面上的气球。

02.005 飞艇 airship
有推进装置,以流线型气囊提供浮力支持其重量,并且轻于空气的航空器。

02.006 飞机 airplane, aeroplane
由固定翼产生升力,由推进装置产生推(拉)力,在大气层中飞行的重于空气的航空器。

02.007 军用飞机 military airplane
专门用于各种军事目的的飞机。

02.008 歼击机 fighter
又称"战斗机"。其首要任务是用于在空中消灭敌机或其他飞航式空袭武器,但也用于攻击地面目标的军用飞机。

02.009 歼击轰炸机 fighter-bomber
以攻击战役战术地面目标为主,也具备一定空战能力的军用飞机。

02.010 轰炸机 bomber
携带空对地武器对敌方地(水)面目标实施攻击的军用飞机。

02.011 强击机 attack airplane
又称"攻击机"。用于直接支援地面部队

作战,从低空、超低空突防攻击地(水)面中小型目标的军用飞机。

02.012 侦察机 reconnaissance airplane
用于从空中获取敌方军事情报的军用飞机。

02.013 预警机 early warning airplane
用于搜索、监视、先期报警空中或海上目标并引导己方歼击机或防空武器实施截击的军用飞机。

02.014 反潜机 anti-submarine warfare airplane
用于搜索和攻击潜艇的军用飞机。

02.015 电子战飞机 electronic warfare airplane
用于削弱、破坏敌方电子设备使用效能的军用飞机。

02.016 空中加油机 tanker airplane
用于对飞行中的飞机或直升机补充燃料的飞机。

02.017 靶机 target drone
用于鉴定地空导弹、空空导弹、航空机炮或高射炮效能及供歼击机部队打靶训练使用的无人驾驶飞机。

02.018 民用飞机 civil airplane
简称"民机"。非军事用途的飞机。

02.019 运输机 transport airplane
用于运送人员和物资的飞机。

02.020 [旅]客机 passenger airplane
用于运送旅客的运输机。

02.021 货机 cargo airplane
用于运载货物的运输机。

02.022 干线客机 trunk liner
用于国际航线或国内大城市间航线上的旅客机。

02.023 支线客机 feeder liner
用于大城市与中、小城市或中、小城市之间航线上的旅客机。

02.024 公务机 business airplane, executive airplane
在商务活动和行政事务活动中用做交通工具的专用飞机。

02.025 超轻型飞机 ultralight airplane
空重一般不超过 150kg 的小型飞机。

02.026 农业机 agricultural airplane
用于为农业和林业服务的飞机。

02.027 教练机 trainer
培训驾驶员用的飞机。

02.028 水上飞机 seaplane
能在水面起降和停泊的飞机。

02.029 水陆两用飞机 amphibian
既能在水面上也能在陆上机场起、降的飞机。

02.030 舰载航空器 carrier aircraft, shipboard aircraft
载于航空母舰或其他特殊舰艇上并以之为起、降基地的航空器。

02.031 滑翔机 glider
与飞机外形相似,无动力装置,靠固定翼产生升力进行飞行的航空器。

02.032 地效飞行器 ground effect vehicle
装有固定翼面和发动机,贴近地面或水面飞行时利用翼面和地(水)面所产生的地面效应而飞行的飞行器。

02.033 气垫飞行器 air-cushion vehicle
利用增压气体使机体底部升离地(水)面高速行驶的运载工具。

02.034 短距起落飞机 short take-off and landing airplane, STOL airplane

能在很短距离内起飞和降落的飞机。

02.035　垂直起落飞机　vertical take-off and landing airplane，VTOL airplane
能垂直或接近垂直起飞(15m 距离内飞越 15m 高度)和降落的飞机。

02.036　转向旋翼航空器　tilt rotor aircraft
又称"倾转旋翼航空器"。装有机翼,在垂直起降时靠旋翼提供升力,在过渡到水平飞行时由旋翼或机翼转向约 90°角产生拉力而作水平飞行的一种垂直起落航空器。

02.037　无人驾驶飞行器　unmanned aerial vehicle
简称"无人机"。机上无驾驶员的飞行器。

02.038　遥控飞行器　remotely piloted vehicle
受地面或母机上的遥控站通过机载飞行控制系统控制飞行的飞行器。

02.039　斜翼飞机　oblique wing airplane
左右两翼为一整体且与机身斜交的飞机。

02.040　伞翼机　parawing
以纤维织物制成伞状柔性翼面以产生升力的航空器。

02.041　无尾飞机　tailless airplane
无水平尾翼也无鸭翼的飞机。

02.042　鸭式飞机　canard airplane
无水平尾翼但在机翼前面有水平小翼面(鸭翼)的飞机。

02.043　变稳飞机　variable stability airplane
能在较大范围内改变飞机气动力导数模拟特定飞机的稳定性和操纵性的研究用飞机。

02.044　扑翼机　ornithopter
机翼像鸟翼作上下扑动飞行的航空器。

02.045　全长　overall length
飞机纵轴线在水平位置时机体最前端和最后端垂直于飞机轴线的两个平面之间的距离。

02.046　机高　overall height
停机状态机体最高点至地面的距离。

02.047　翼展　span
左右机翼翼梢最外端点之间的距离。

02.048　安装角　angle of incidence
机翼根弦弦线与飞机纵轴水平面之间的夹角。

02.049　后掠角　sweep back angle
在俯视图上,机翼有代表性的基准线(一般取 25% 等百分比弦线)与飞机对称面法线之间的夹角。基准线向后折转时为后掠角。

02.050　前掠角　sweep forward angle
在俯视图上,机翼有代表性的基准线与飞机对称面法线之间的夹角。基准线向前折转时为前掠角。

02.051　上反角　dihedral angle
在前视图上,机翼基准线与飞机对称面法线之间的夹角。翼梢向上翘时为上反角。

02.052　下反角　anhedral angle
在前视图上,机翼基准线与飞机对称面法线之间的夹角。翼梢向下折转时为下反角。

02.053　前后轮距　wheel base
起落架主轮与前轮(或后轮)触地点之间的距离。

02.054　主轮距　wheel track
起落架两主轮触地点之间的距离。

02.055　停机角　ground angle
飞机在正常停机状态时机身纵轴与地面水平线之间的夹角。

02.056 擦地角 tail down angle

又称"后坐角"。前三点式起落架飞机停机时主轮触地点到飞机尾部最低点的连线与地面水平线之间的夹角。

02.057 防倒立角 nose over angle

后三点式起落架飞机纵轴水平时，飞机质心至主轮触地点的连线与质心至地面垂线之间的夹角，用以防止刹车时飞机倒立。

02.058 防擦地角 tip back angle

前三点式起落架飞机纵轴水平时，飞机质心至主轮触地点的连线与质心至地面垂线之间的夹角，用以防止着陆时尾部擦地。

02.059 机身 fuselage

用来装载人员、货物、机载设备及武器并将机翼、尾翼等连成一个整体的飞机部件。

02.060 隔框 bulkhead, frame

用以维持机身外形，支持纵向构件并可承受框平面内载荷的横向构件。

02.061 加强框 reinforced bulkhead

承受框平面内集中载荷的隔框。

02.062 气密框 pressure bulkhead

将机身隔成气密舱段并承受垂直于框平面的压力的加强框。

02.063 桁梁 longeron

机体结构中承受由弯矩引起的轴向力、截面面积较大的纵向构件。

02.064 桁条 stringer

机身纵向或机翼展向承受轴向力的杆状构件。

02.065 蒙皮 skin

蒙于机体或翼面骨架外面构成所需气动外形的板件。

02.066 驾驶舱 cockpit, flight deck

供驾驶员等机组人员工作的舱段，通常在机身前部。

02.067 驾驶杆 control stick

驾驶舱内由驾驶员操纵飞机升降舵和副翼的杆状手操纵装置。

02.068 侧置驾驶杆 side control stick

简称"侧杆"。位于驾驶舱内一侧，用以通过电传操纵机构发出互不干扰电信号，使飞机产生纵向和横向运动的手操纵机构。

02.069 驾驶盘 control column

驾驶舱内由驾驶员前后推拉或转动，用以操纵升降舵或副翼的轮盘式手操纵装置。

02.070 脚蹬 rudder pedal

驾驶员用脚操纵飞机方向舵的机构。

02.071 风挡 windscreen, wind shield

驾驶舱结构中驾驶员前方用于观察外界并防止高速气流或鸟撞等直接伤害人体的透明的整流保护装置。

02.072 座舱 cabin

供机组人员或旅客乘坐的舱段的总称。

02.073 座舱盖 canopy

驾驶员座舱顶部的流线型透明结构。

02.074 视界 field of vision

驾驶员在舱内可见范围所对应的立体角。

02.075 客舱 passenger cabin

客机上供旅客乘坐的舱段。

02.076 客舱门 passenger door

客机上供旅客进出的舱门。

02.077 应急出口 emergency exit

飞机发生意外事故时供机上人员紧急离机的出口。

02.078 舷窗 cabin window

飞机客舱的窗户。

02.079 增压座舱 pressurized cabin
飞机上密封的可保持一定压力和温度以保证机上人员正常工作和生活的舱段。

02.080 行李舱 luggage compartment，baggage compartment
客机上装载旅客行李的舱段。

02.081 货舱 cargo compartment，freight compartment
货机或客货两用机上装载货物的舱段。

02.082 货桥 loading ramp
运输机机身腹部或尾部可放下作为跳板以供人员和货物进出用的斜放平板。

02.083 伞舱 parachute bay
飞机上装载回收伞或减速伞的舱段。

02.084 设备舱 equipment bay
飞机上安装电子等设备并提供其正常工作环境的专门舱段。

02.085 炸弹舱 bomb bay
轰炸机上用于装载及投放航空炸弹和其他武器的舱段。

02.086 发动机舱 engine compartment
飞机上容纳安装发动机的舱段。

02.087 雷达天线罩 radome
用介电材料制成，罩于雷达或其他天线外部的流线型保护构件。

02.088 整流罩 fairing
飞机上罩于外突物或结构外形不连续处以减少空气阻力的流线型构件。

02.089 背鳍 dorsal fin
沿纵向装于机身背部用以整流并改善航向稳定性的鱼鳍形构件。

02.090 腹鳍 ventral fin
沿纵向装于后机身腹部以改善航向稳定性的鱼鳍形构件。

02.091 机翼 wing
飞机上用来产生升力的主要部件。

02.092 平直翼 straight wing
机翼后掠角小于20°的机翼。

02.093 后掠翼 swept back wing
机翼后掠角等于或大于20°的机翼。

02.094 变后掠翼 variable swept back wing
在飞行中可根据使用需要改变后掠角的机翼。

02.095 前掠翼 swept forward wing
有前掠角的机翼。

02.096 三角翼 delta wing
平面形状为三角形，后缘平直,有大后掠角的机翼。

02.097 层流机翼 laminar flow wing
采用可使翼表面边界层在大范围内保持为层流的特殊翼型,其表面极为光滑的机翼。

02.098 超临界机翼 supercritical wing
采用一种适用于超临界马赫数飞行的特殊翼型的机翼。

02.099 变弯度机翼 variable camber wing
按飞行要求可用偏转前后缘襟翼等方法以改变翼型弯度的机翼。

02.100 自适应机翼 adaptive wing
在飞行中可根据飞行情况自动改变几何参数以获得最优性能的机翼。

02.101 上单翼 high-wing
置于机身顶部的机翼布局形式。

02.102 中单翼 mid-wing
置于机身中部的机翼布局形式。

02.103 下单翼 low-wing
置于机身下部的机翼布局形式。

02.104 壁板 panel
由蒙皮和加筋条组成一体的板状结构。

02.105 盒形梁 box beam
机翼结构中由前、后梁和梁之间的上、下壁板组成,用以承受弯矩、扭矩和剪力的盒形构件。

02.106 翼梁 wing spar
翼面结构中由凸缘及腹板组成承受弯矩和剪力的展向受力构件。

02.107 翼肋 wing rib
翼面结构中保持翼面外形、传递局部气动载荷的弦向构件。

02.108 凸缘 flange
翼梁或翼肋上下缘承受弯曲产生的正应力的构件。

02.109 腹板 web
上下凸缘之间承受剪力的板状构件。

02.110 油箱 fuel tank
飞机上存贮燃料的容器。

02.111 整体油箱 integral fuel tank
飞机部分结构空间加以密封用以存贮燃料的油箱。

02.112 软油箱 bladder fuel tank
由耐油橡胶和专用材料等胶合而成的油箱。

02.113 倒飞油箱 inverted flight fuel tank
为保证飞机倒飞或有负过载飞行时向发动机连续供油的油箱。

02.114 副油箱 auxiliary fuel tank , drop tank
挂于飞机外部,必要时可以抛掉的油箱。

02.115 翼尖 wing tip
机翼梢部一般可以拆卸的流线型构件。

02.116 翼刀 wing fence
后掠机翼在上翼面顺气流方向设置的阻挡横向气流流动的、具有一定高度的挡板。

02.117 边条 strake
飞机机翼根部前缘向前延伸且后掠角很大的狭长翼片。

02.118 翼梢小翼 winglet
装于机翼翼梢处的直立翼形构件。

02.119 扰流片 spoiler
装在机翼上表面或下表面并可以打开和闭合,用以改变一侧机翼升力的片状构件。

02.120 调整片 tab
装在主操纵面后缘供配平或辅助操纵用的片状构件。

02.121 减升板 lift damper
装在机翼上表面,着陆时打开后可以迅速减小升力的板状构件。

02.122 减速板 airbrake , speed brake
飞机在飞行或着陆时可迅速打开以增大阻力的板状构件。

02.123 端板 endplate
垂直于机翼翼梢顺气流放置的平板。

02.124 扇翼 glove vane
变后掠翼飞机上一种装于翼根与机身间的可伸缩的小翼片。平时置于套匣内,机翼后掠到最大角度时伸出,以减小气动力中心后移。

02.125 涡流发生器 vortex generator
用以防止气流分离,安装在翼面或机身上产生小旋涡的翼片。

02.126 前缘缺口 leading edge notch
为防止翼梢气流分离,在后掠翼或三角翼前缘所开的凹槽。

02.127 前缘锯齿 leading edge sawtooth

为防止翼梢气流分离,位于后掠翼或三角翼的外侧相对于内侧设置的突出前缘。

02.128　前缘下垂　leading edge droop
机翼前缘绕铰链轴向下旋转以增大低速飞行时的可用迎角。

02.129　副翼　aileron
装在机翼外侧后缘(本身为翼剖面的一部分)可上下偏转操纵飞机绕纵轴滚动的操纵面。

02.130　升降副翼　elevon
装在无尾飞机机翼后缘、可以差动偏转亦可同向偏转,兼有副翼和升降舵作用的操纵面。

02.131　增升装置　high lift device
机翼上用以改善气流状况以增加升力的装置。

02.132　偏转副翼　rudderon
既可使飞机偏转(靠阻力)又可使之滚转的操纵面。

02.133　襟翼　flap
装在机翼后缘或前缘,可向下偏转或(和)向后(前)滑动,用以增加升力的翼面形装置。

02.134　后缘襟翼　trailing-edge flap
装在机翼后缘的襟翼。

02.135　前缘襟翼　leading edge flap
组成机翼前缘的一部分,可绕铰链轴向下偏转或向前下方折转的襟翼。

02.136　前缘缝翼　leading edge slat
装在机翼前缘,闭合时与机翼外形为一整体,可以前伸与机翼间形成缝隙的翼面形增升装置。

02.137　福勒襟翼　Fowler flap
位于机翼后缘下表面,可向后滑动同时向下偏转的襟翼。

02.138　吹气襟翼　blow flap
靠吹气进行边界层控制的后缘襟翼。

02.139　开裂襟翼　split flap
紧贴于机翼后缘下表面,可绕其前端铰链向下偏转的的襟翼。

02.140　开缝襟翼　slotted flap
位于机翼后缘形成机翼的一部分,向下偏转时与机翼本体间形成缝隙的襟翼。

02.141　机动襟翼　maneuver flap
在飞行中能根据飞行速度和迎角变化而自动调整偏转角以提高飞机机动性的襟翼。

02.142　克鲁格襟翼　Krueger flap
曾称"克吕格尔襟翼"。位于机翼前缘下表面,闭合时为机翼前缘的一部分,可打开向前下方折转的前缘襟翼。

02.143　外挂物　external store
飞行中悬挂于机身或机翼外部的物件,如副油箱、导弹等。

02.144　吊挂架　pylon
机身或机翼下部悬吊外挂物的结构。

02.145　尾撑　tail boom
又称"尾梁"。连接尾翼与短机身后端或机翼后缘的梁式结构。

02.146　尾翼　tail unit
装在飞机尾部起纵向和航向的平衡和稳定作用,并操纵飞机保持和改变飞行姿态的翼面。

02.147　水平尾翼　horizontal tail
简称"平尾"。保持飞机纵向(俯仰)平衡、稳定和操纵飞机俯仰运动的翼面。

02.148　水平安定面　horizontal stabilizer
水平尾翼前部的固定部分。

02.149 升降舵 elevator
铰接在水平安定面后缘,可以上下偏转操纵飞机俯仰运动的舵面。

02.150 可调安定面 adjustable horizontal stabilizer
飞行中可以改变其安装角的水平安定面。

02.151 全动平尾 all moving tailplane
水平安定面与升降舵合为一体并可绕自身转轴作整体转动的翼面。

02.152 差动平尾 differential tailplane, taileron
左右翼面可同向偏转又可向不同方向偏转,既可起升降舵作用又可起副翼作用的水平翼面。

02.153 垂直尾翼 vertical tail, [vertical] fin
简称"垂尾",又称"立尾"。顺气流直立于飞机尾部,以保持航向平衡、稳定和航向操纵用的翼面。

02.154 垂直安定面 vertical stabilizer
垂直尾翼前部固定部分。

02.155 方向舵 rudder
垂直尾翼后部可左右偏转的舵面。

02.156 全动垂尾 all moving fin
垂直安定面与方向舵合为一体并能绕自身转轴整体偏转的翼面。

02.157 双垂尾 twin vertical fin
飞机尾部后上方有两个垂尾的构形。

02.158 V 形尾翼 vee tail
飞机尾部两个安装成 V 形,既可起水平尾翼作用又可起垂尾作用的翼面。

02.159 方向升降舵 ruddervator
蝶形尾翼上既起方向舵作用又起升降舵作用的可差动操纵的翼面。

02.160 T 形尾翼 T-tail
装于垂直尾翼顶端的一种起水平尾翼作用的翼面。

02.161 前翼 canard
又称"鸭翼"。装于机翼前方机身两侧起水平尾翼作用的小翼面。

02.162 起落装置 landing gear, undercarriage
飞行器在地(水)面停放、滑行、起降时用于支持其重量并吸收撞击能量的装置。

02.163 前三点起落架 tricycle landing gear
两主轮置于飞机重心之后,前轮置于机身前部远离重心处的起落装置。

02.164 后三点起落架 tail wheel landing gear, taildragger
两主轮置于飞机重心之前,尾轮置于机身尾部的起落装置。

02.165 自行车式起落架 bicycle landing gear
一前轮和一主轮分置机身下部飞机重心前后,左右机翼下各装一护翼轮的起落装置形式。

02.166 护翼轮 outrigger wheel
采用自行车式起落架时装在左右机翼翼梢下面的小轮。

02.167 主起落架 main gear
靠近飞机重心并承受大部分载荷的起落装置。

02.168 车架式起落架 bogie landing gear
多个机轮安装在一车架上,车架与承力支柱铰接的一种起落装置。

02.169 摇臂式起落架 levered suspension landing gear
机轮通过摇臂与减震器活塞杆相连的一种起落装置。

02.170 支柱式起落架 telescopic landing gear
承力支柱即为减震器外筒,减震器活塞杆直接与机轮相连的一种起落装置。

02.171 双腔起落架 landing gear with two stage shock absorber
减震器兼有高压腔和低压腔以适应不同受载情况的起落装置。

02.172 前起落架 nose landing gear
在前三点起落装置中位于飞机重心之前的起落架。

02.173 尾轮 tail wheel
在后三点起落装置中位于飞机重心之后的机身尾部的起落架。

02.174 尾橇 tail skid
装在机身尾部可吸收撞击能量并保护尾部结构的装置。

02.175 滑橇式起落架 skid landing gear
用滑橇代替机轮便于在冰雪或松软机场起降的起落装置。

02.176 固定式起落架 fixed landing gear
在飞行时不能收藏于机体内的一种起落装置。

02.177 收放式起落架 retractable landing gear
飞机在起降时可收放(在飞行中可收藏于机体内)的起落装置。

02.178 浮筒式起落架 float gear
由浮筒浮力支持飞机重量,供飞机在水面停放、滑行和起降的装置。

02.179 气垫式起落架 air-cushion landing gear
利用气垫产生的浮力供飞机滑跑起飞和降落并吸收着陆能量的起落装置。

02.180 减震器 shock absorber
吸收飞机着陆时撞击动能,减少飞机滑跑时结构振动载荷的承载装置。

02.181 减摆器 shimmy damper
防止和消除前起落架在飞机滑跑时产生摆振现象的阻尼装置。

02.182 拦阻钩 arresting hook
装在飞机尾部在降落时钩住地面或舰上拦阻索使飞机迅速停下来的钩状装置。

02.183 航空器动力装置 aircraft power-plant
航空发动机以及保证其正常工作所必需的附件和系统的总称。

02.184 螺旋桨 propeller
靠桨叶在空气中旋转将发动机转动功率转化为推进力的装置。

02.185 进气道 air intake
空气喷气发动机所需空气的进口和通道。

02.186 船体 hull
水上飞机既满足水面滑行时水动力要求,又满足空中飞行时气动力要求的特殊形状的机身。

02.187 断阶 step, planing step
水上飞机船体沿纵向外形发生台阶式突变的部分。

02.188 喷溅抑制槽 groove type spray suppressor
船体前部舷线附近抑制水流主喷溅的一段凹槽。

02.189 旋翼机 autogyro
一种利用前飞时的相对气流吹动旋翼自转以产生升力的旋翼航空器。它的前进力由发动机带动螺旋桨直接提供。旋翼机必须滑跑加速才能起飞。

02.190 直升机 helicopter
一种以动力装置驱动的旋翼作为主要升力和推进力来源,能垂直起落及前后、左右飞行的旋翼航空器。

02.191 双旋翼纵列式直升机 tandem heli-copter
具有两副沿机体纵向前后排列并相逆旋转的旋翼的直升机。

02.192 双旋翼共轴式直升机 coaxial heli-copter
具有两副旋翼,沿同一旋翼轴上下排列并相逆旋转的直升机。

02.193 双旋翼交叉式直升机 synchropter
具有两副沿机体横向呈"V"形旋转轴左右排列、桨叶相互交叉、协调相逆旋转的旋翼的直升机。

02.194 起重直升机 crane helicopter
用外挂方式吊装和吊运货物的直升机。

02.195 武装直升机 attack helicopter
专为攻击地面、水面、水下目标及护航、空战而研制的直升机。

02.196 旋翼 rotor, lifting rotor
又称"升力螺旋桨"。直升机和旋翼机等旋翼航空器的主要升力部件。

02.197 铰接式旋翼 articulated rotor
桨叶与具有挥舞铰(水平铰)、摆振铰(垂直铰)及变距铰(轴向铰)的桨毂相连的旋翼。

02.198 半铰接式旋翼 semi-articulated rotor
又称"半刚接式旋翼","跷板式旋翼"。没有垂直铰,实际上桨叶只有两片,与具有一个共同的中心挥舞铰的桨毂相连的旋翼。

02.199 无铰式旋翼 hingeless rotor
又称"刚接式旋翼"。没有摆振铰和挥舞铰,桨叶与只有轴向铰的桨毂相连的旋翼。

02.200 无轴承式旋翼 bearingless rotor
既无摆振铰和挥舞铰,也无变距铰,桨叶完全固连于桨毂上的旋翼。

02.201 旋翼桨叶 rotor blade
连接于旋翼桨毂上且旋转时产生空气动力的细长翼面。

02.202 旋翼桨毂 rotor hub
用于安装旋翼桨叶、并使旋翼与直升机传动系统和操纵系统相连接的中间部件。

02.203 挥舞铰 flapping hinge
又称"水平铰"。铰接式或半铰接式旋翼桨毂上能让桨叶上下挥舞运动的转动关节。

02.204 摆振铰 lead-lag hinge
又称"垂直铰"。铰接式旋翼桨毂上能让桨叶前后摆振运动的转动关节。

02.205 变距铰 pitch hinge, feathering hinge
又称"轴向铰"。铰接式或半铰接式或无铰式旋翼桨毂上实现桨叶变距运动的转动关节。

02.206 弹性轴承 elastomeric bearing
由多个金属片与橡胶层相间黏合而成的球面或锥形零件,用来代替传统轴承,无需润滑,靠弹性变形以实现桨叶的挥舞、摆振甚至变距运动。

02.207 跷板式桨毂 seesaw hub, feathering hub
一种半铰接式旋翼或尾桨的桨毂。

02.208 万向接头式桨毂 gimbaled hub
一种半铰接式尾桨的桨毂。多片桨叶与这种具有中心万向接头的桨毂相连,在实践中仅见于尾桨。

02.209 星形柔性桨毂 starflex hub

一种介于铰接式与无铰式之间的桨毂。由中央星形件、弹性轴承、夹板、黏弹减摆器及球关节轴承等组成,实际上是有弹性约束的铰接式桨毂。

02.210 球形柔性桨毂 spheriflex hub

一种介于铰接式与无铰式之间的桨毂。完全由三铰合一的球面弹性轴承提供挥舞、摆振及变距的运动和弹性约束。

02.211 倾斜盘 swashplate

又称"自动倾斜器"。直升机操纵系统中用来操纵旋翼总距和桨叶周期变距的一种特殊装置,以实现直升机的升降、前后、左右运动。

02.212 总距操纵杆 collective pitch stick

又称"总距-油门杆"。座舱内用来控制旋翼总距,以保持或改变旋翼的拉力大小的杆状操纵机构。一般,总距操纵与发动机的油门操纵相交连。

02.213 周期变距操纵杆 cyclic-pitch stick

又称"驾驶杆"。座舱内用来控制旋翼各片桨叶的桨距周期变化,以保持或改变旋翼拉力方向的杆状操纵机构。

02.214 主减速器 main gearbox

连接发动机输出轴与旋翼轴(及尾传动轴),将发动机功率传递给旋翼(及尾桨)的减速装置。

02.215 尾桨 tail rotor

单旋翼机械驱动式直升机上用于平衡旋翼反扭矩和实现航向操纵的尾部螺旋桨。

02.216 涵道尾桨 ducted tail rotor

全称"涵道风扇式尾桨"。把尾桨置于机身尾斜梁的环形通道内,构成涵道尾桨系统,以提高气动效率及使用安全性。

02.217 直升机起落装置 helicopter land-ing gear

直升机上用于地面停放时支撑重量和着陆时吸收撞击能量的部件。一般有橇式及轮式两种。

02.218 直升机着水装置 helicopter floata-tion gear

直升机上用于水面停泊及滑行的部件。

02.219 直升机着舰装置 helicopter deck-landing devices

舰载直升机上用于安全快速着舰的一种助降设备。一般有拉降装置和鱼叉装置两种。

02.220 旋翼桨盘载荷 rotor disk loading

旋翼单位桨盘面积所需承受的直升机重量,为直升机总体设计主要参数之一。

02.221 直升机功率载荷 helicopter power loading

发动机单位额定功率所能举起的直升机重量,为直升机总体设计主要参数之一。

02.222 旋翼实度 rotor solidity

又称"填充系数"。旋翼全部桨叶实占面积与整个桨盘面积之比。

02.223 旋翼轴前倾角 forward tilting angle of rotor shaft

旋翼轴相对于机身垂直轴的向前倾角,以避免在大速度时机身处于过大的负迎角状态。

02.224 旋翼中心间距 distance between rotor centers

双旋翼直升机两旋翼中心间的距离。

02.225 桨盘面积 rotor disk area

旋翼半径在旋翼构造平面内所形成的圆盘面积。

02.226 桨根切除 blade root cut-off

桨叶根部不具有空气动力翼面的部分。

02.227 桨叶剖面安装角 blade section pitch

一片桨叶上各剖面处翼型弦线相对于构造旋转平面的夹角。

02.228 桨距 blade pitch

一片桨叶上某一指定剖面处（通常在相对半径0.7处）的安装角，用以代表整片桨叶的安装角。

02.229 总距 collective pitch

一副旋翼上各片桨叶的平均桨距，用以说明整副旋翼的桨距。

03．飞 行 原 理

03.001 标准大气 standard atmosphere

根据对大气的大量实测资料，由权威性机构制定并颁布的一种模式大气。其垂直地面方向的温度、压强和密度等参数依某种特定规律随高度变化。

03.002 气体状态方程 equation of state of gas

气体的一个状态参数与其他两个独立的状态参数之间的关系式。

03.003 压强 pressure

全称"压力强度"。流体沿某一平面的法线方向作用于该面上的每单位面积上的力，力的方向指向被作用的面。

03.004 完全气体 perfect gas

符合气体状态方程：$p = \rho RT$ 的气体，式中 p——压强；ρ——密度；R——气体常数；T——温度。

03.005 可压缩流体 compressible fluid

因压强或温度变化而改变其密度或体积的流体。

03.006 不可压缩流体 incompressible fluid

虽有压强或温度变化而不改变其密度或体积的流体。

03.007 声速 sound speed

又称"音速"。声波在介质中传播的速率。

03.008 马赫数 Mach number

流场中某点的速度与该点处的声速之比。

03.009 临界马赫数 critical Mach number

物体表面上最大流速达到当地声速时所对应的自由流的马赫数。

03.010 理想流体 ideal fluid

认为其黏性系数为零的流体。

03.011 黏性流体 viscous fluid

未被理想化的、具有真实黏性的流体。

03.012 黏性系数 coefficient of viscosity

流体中的剪切应力与垂直于流动方向的速度梯度之比。

03.013 雷诺数 Reynolds number

衡量作用于流体上的惯性力与黏性力相对大小的一个无量纲相似参数，用 Re 表示，即 $Re = \rho vl/\eta$，式中 ρ——流体密度；v——流场中的特征速度；l——特征长度；η——流体的黏性系数。

03.014 普朗特数 Prandtl number

表征流体流动中动量交换与热交换相对重要性的一个无量纲参数。$Pr = \mu c_p/\lambda$ 式中 Pr——普朗特数；μ——流体的黏性系数；c_p——流体的定压比热；λ——流体的热传导系数。

03.015 努塞特数 Nusselt number

表征流体流动中与传热有关的一个无量纲参数。$Nu = hl/\lambda$ 式中 Nu——努塞特数；h——流体的传热系数；l——特征长度；λ——流体的热传导系数。

03.016 施特鲁哈尔数 Strouhal number
表征在非定常流动中周期性影响的一个无量纲相似数，通常表示：$S = \omega l/v$。式中 ω——圆频率；l——特征长度；v——自由流速度。

03.017 弗劳德数 Froude number
表征流体流动中流体惯性力与重力相对大小的一个无量纲参数。$Fr = v^2/(gl)$ 式中 v——自由流速度；g——重力加速度；l——特征长度。

03.018 流场 flow field
运动流体所占有的空间区域。

03.019 流线 stream line
流体中的一条曲线，在该曲线上的任一点的切线方向与该点处的速度方向相同。

03.020 流管 stream tube
流场中，通过一封闭曲线的所有各点的流线所形成的管。只有当每一条流线与该封闭曲线只有一个交点时，才能形成一个流管。

03.021 流谱 flow pattern
在某一瞬时，流场中许多流线的集合构成的该瞬时的流动形态。

03.022 迹线 path line
一个流体质点的轨迹。

03.023 旋涡 vortex
流场中速度旋度不为零的那部分流体。

03.024 有旋流 rotational flow
流场中速度旋度不为零的流动。

03.025 无旋流 irrotational flow, potential flow
又称"势流"。流场中速度旋度处处为零的流动。此时流场中有速度势存在。

03.026 等熵流动 isoentropic flow
每个流体质点的熵保持不变的流动。

03.027 定常流 steady flow
流场中任一点的流动参数不随时间变化的流动。

03.028 非定常流 unsteady flow
流场中的流动参数随时间变化的流动。

03.029 亚声速流 subsonic flow
一般规定 $0.3 \leqslant M < 0.8$ 的流动为亚声速流动。M——未扰动气流的马赫数。

03.030 跨声速流 transonic flow
一般规定为 $0.8 \leqslant M < 1.2$ 的流动。M——未扰动气流的马赫数。

03.031 超声速流 supersonic flow
一般规定为 $1.2 \leqslant M < 5$ 的流动。M——未扰动气流的马赫数。

03.032 马赫波 Mach wave
超声速流中，微弱扰动的传播形成的波阵面。

03.033 马赫角 Mach angle
超声速流中，微弱扰动的传播形成的波阵面与流速方向的夹角。

03.034 马赫锥 Mach cone
超声速三维流中，以马赫角为半顶角的圆锥。

03.035 膨胀波 expansion wave
超声速流中，通过波阵面，气流压强降低、流速增大的马赫波。

03.036 压缩波 compression wave
超声速流中，通过波阵面，气流压强增大、流速降低的马赫波。

03.037　激波　shock wave

超、跨声速气流中，压强、密度和温度等参数通过波阵面发生突跃变化的强压缩波。

03.038　层流　laminar flow

黏性流体质点互不掺混，迹线有条不紊、层次分明的流动。

03.039　湍流　turbulent flow

又称"紊流"。黏性流体质点互相掺混，局部压强、速度等随时间和空间有随机脉动的流动。

03.040　转捩　transition

层流到湍流的过渡。

03.041　分离［流］　separated flow

流体绕物体流动的流线离开物体表面的现象。

03.042　尾流　wake

物体后面，由物体上边界层内流来的或由分离引起的充满涡流的流动区域。

03.043　边界层　boundary layer

又称"附面层"。高雷诺数的流体绕固体流动时，在壁面附近形成的黏性流体薄层。

03.044　边界层位移厚度　boundary layer displacement thickness

边界层位移厚度 δ^* 定义为：$\delta^* = \int_0^\infty (1 - \dfrac{\rho}{\rho_e}\dfrac{u}{V_e})dy$ 式中 ρ——边界层内的当地流体密度；u——边界层内的当地速度；ρ_e——边界层外边界处的当地流体密度；V_e——边界层外边界处的当地流速。对于不可压缩边界层，上式中的 $\rho/\rho_e = 1$。

03.045　边界层动量厚度　boundary layer momentum thickness

边界层动量厚度 δ^{**} 定义为：$\delta^{**} = \int_0^\infty \dfrac{\rho}{\rho_e} \cdot \dfrac{u}{V_e}(1 - \dfrac{u}{V_e})dy$ 式中 ρ——边界层内的当地

流体密度；u——边界层内的当地流速；ρ_e——边界层外边界处的当地流体密度；V_e——边界层外边界处的当地流速。对于不可压缩边界层，上式中的 $\rho/\rho_e = 1$。

03.046　激波－边界层干扰　shock wave-boundary layer interaction

流场中激波与边界层相交时，激波后的压强陡增影响了边界层的流动，而边界层的改变（厚度改变或分离）又反过来影响激波的形态和压强变化。这种相互作用称为激波－边界层干扰。

03.047　高超声速流　hypersonic flow

一般指 $M \geqslant 5$ 的流动。M——未扰动气流马赫数。

03.048　高超声速激波层　hypersonic shock layer

在钝头体的高超声速绕流流场中，在钝头体前方形成一个脱体的弓形激波，该激波和物面边界层之间存在的一个受到强烈压缩并有一定厚度的高温气体层。

03.049　气动加热　aerodynamic heating

超声速和高超声速气流绕物体流动时所引起的物体加热。

03.050　伯努利方程　Bernoulli's equation

反映理想流体运动中速度、压强等参数之间关系的方程式。

03.051　逆压梯度　adverse pressure gradient

沿流动方向，压强递增的压强梯度。

03.052　顺压梯度　favorable pressure gradient

沿流动方向，压强递减的压强梯度。

03.053　气动噪声　aerodynamic noise

由气体流动造成的噪声。

03.054　声爆　sonic boom

飞行器在超声速飞行时产生的强压力波传

到地面上形成如同雷鸣的爆炸声。

03.055 空气动力学 aerodynamics
研究空气和其他气体的运动以及它们与物体相对运动时相互作用规律的科学。

03.056 理论空气动力学 theoretical aero-dynamics
在实验的基础上建立正确的流动模型,应用质量、动量和能量守恒定律建立描述流动的基本方程,利用这些方程用数学分析方法来研究各种流动规律的科学。

03.057 稀薄气体力学 mechanics of rarefied gas
研究密度很低,必须考虑分子平均自由行程大小的气体的流动以及它与物体相对运动时相互作用规律的科学。

03.058 磁流体动力学 magnetofluid dynamics
研究导电流体在磁场中的运动规律的一门学科。

03.059 声障 sonic barrier
飞机的飞行速度接近声速时,进一步提高飞行速度所遇到的阻力激增、升力下降、力矩不稳定以及机翼和尾翼出现抖振等问题。

03.060 热障 thermal barrier
飞机作高速飞行时,因气动加热而引起的结构和材料上的困难。

03.061 自由流 free-stream
尚未受到流场中物体影响的流体流动。

03.062 源 source
流体自流场中某处向外流出的一种流动。

03.063 汇 sink
流体向流场中某处流入的一种流动。

03.064 偶极子 doublet
等强度的一个点源和一个点汇,令其无限接近并保持其强度和距离的乘积为常数的一种极限流动。

03.065 旋涡破碎 vortex breakdown
流动中一个绕某一轴线旋转的旋涡,在向下游发展过程中突然破裂的现象。

03.066 环量 circulation
流体速度与弧微分矢量的内积,沿一有向简单封闭曲线的线积分。

03.067 流函数 stream function
沿流线为常数的标量函数。

03.068 速度势 velocity potential
表示势流的一个标量函数,该函数的梯度等于该流动在该点处的速度向量。

03.069 静压 static pressure
运动流体的当地压强。

03.070 动压 dynamic pressure
又称"速压"。总压与静压之差,运动流体密度和速度平方积之半。

03.071 总压 total pressure
又称"驻点压强"。气流等熵地滞止到速度为零时的压强。

03.072 静温 static temperature
运动流体的当地温度。

03.073 总温 total temperature
又称"驻点温度"。气流绝热滞止到速度为零时的温度。

03.074 驻点 stagnation point
又称"滞止点"。流速滞止到零的点。

03.075 拉瓦尔管 Laval nozzle
通常用来获得超声速气流的先收缩后扩张的管道。

03.076 普朗特－迈耶流 Prandtl-Meyer

flow

二维无黏性定常超声速气流绕外凸角的流动。

03.077 锥形流 conical flow

在通过一个共同顶点的射线上,所有气体属性(如流速、压强、密度等)沿每个垂直于对称轴的圆环上都是均一的流动。

03.078 纳维－斯托克斯方程 Navier-Stokes equation

表达黏性流体运动的动量方程。

03.079 连续方程 continuity equation

质量守恒定律在流体力学中的表达式。

03.080 动量方程 momentum equation

动量守恒定律在流体力学中的表达式。

03.081 能量方程 energy equation

能量守恒定律在流体力学中的表达式。

03.082 雷诺方程 Reynolds equation

对湍流流动,把纳维－斯托克斯方程的各项取时间平均值后的方程。

03.083 欧拉方程 Euler equation

表达理想流体运动的动量方程。

03.084 全速势方程 full-potential equation

用速度势表示的未经近似化的势流流动的运动方程。

03.085 速度边界层 velocity boundary layer

黏性流体流动在壁面附近形成的以速度剧变为特征的流体薄层。

03.086 热边界层 thermal boundary layer

黏性流体流动在壁面附近形成的以热焓(或温度)剧变为特征的流体薄层。

03.087 间歇因子 intermittency factor

大气在层流到湍流之间过渡区中某一固定点处的流动保持为湍流的时间份额(完全

为湍流时,间歇因子等于1,完全为层流时,间歇因子等于0)。

03.088 边界层积分关系式 boundary layer integral relations

沿边界层横向,以某种方式对边界层微分方程进行积分,得到以积分形式表示的方程各项的关系式。

03.089 小扰动方程 small perturbation equation

若流体受到的扰动量很小,略去扰动小量的高阶量而得到的简化的流体运动方程。

03.090 扰动速度势 perturbation velocity potential

与扰动速度对应的速度势。

03.091 细长体理论 slender body theory

对于细长体飞行器,纵向扰动远小于横向扰动,因此,小扰动方程可进一步简化得出,某一横截面内的流动与其他横截面内的流动无关,流动支配方程简化成二维方程,仅在边界条件中体现三维真实物体的问题。

03.092 汤姆孙定理 Thomson theorem, Kelvin theorem

又称"开尔文定理"。理想流体中,当体力有单值位势,流体有正压性,则沿任意一条封闭回线的速度环量是守恒的。

03.093 库塔－茹科夫斯基定理 Kutta-Joukowski theorem

在低速无黏均匀来流中的二维机翼单位展长上的作用力垂直于来流方向(升力),其大小等于流体密度、来流速度和绕该机翼的环量之积。

03.094 达朗贝尔佯谬 D'Alembert paradox

又称"达朗贝尔疑题"。根据无黏不可压缩流体无旋流动的理论,一个有限大小的物体在无边际的流体中匀速运动时,只要是附体流动、没有分离,则不论物体的形状如何,都不会受到阻力。

03.095 毕奥－萨伐尔公式 Biot-Savart formula

无黏不可压缩有势流动中,线涡在流体空间任一点的诱导速度的计算公式。

03.096 布拉休斯定理 Blasius theorem

二维不可压缩有势流动中,计算作用在柱体或翼型上压强合力的定理。

03.097 库塔－茹科夫斯基条件 Kutta-Joukowski condition

当翼型后缘为尖点时,翼型上下表面上流过的气流应在后缘处平滑相会,具有有限的速度值。

03.098 欧拉观点 Euler viewpoint

又称"欧拉法"。着眼于空间固定点,研究流场中流体在该点的速度随时间的变化,以及由该点转移到空间其他点时的变化。

03.099 拉格朗日观点 Lagrange viewpoint

又称"拉格朗日法"。着眼于流体质点,研究它的运动过程。

03.100 激波极曲线 shock polar

在波前速度与马赫数给定的条件下,所有可能的平面斜激波后气流速度矢端所描绘的曲线。

03.101 苹果曲线 apple curve

超声速气流绕圆锥的零迎角流动中,所有可能的附体波后沿锥体表面的速度矢端的轨迹。

03.102 速度图法 hodograph method

将二维流动的支配方程变换为以两个速度分量(或用速度大小与倾角)作为自变量的求解方法。

03.103 布拉休斯平板解 Blasius solution for flat plate flow

二维不可压缩平板边界层微分方程的精确解。

03.104 曼格勒变换 Mangler transformation

将轴对称边界层微分方程变换成二维平面流动的边界层微分方程形式。

03.105 波尔豪森法 Pohlhausen method

波尔豪森采用四次多项式近似边界层速度剖面,用以求解边界层动量积分关系式的近似方法。

03.106 镜像法 method of image

用物体或基本流动(如旋涡、偶极子等)的镜像来代替固体边界或射流边界影响的一种处理方法。

03.107 相似律 similarity law

相似物体的空气动力特性间的联系规律。

03.108 格特尔特法则 Goethert rule

由格特尔特提出的,符合线化势流方程条件的两个相似物体的空气动力特性之间的联系规律,显示物体几何参数关系和压缩性影响。

03.109 普朗特－格劳特法则 Prandtl-Glauert rule

对于薄翼型,它指出迎角和相对厚度相同的两个物体表面上对应点的压强系数与压缩性影响的关系。此法则比格特尔特法则更简单。

03.110 卡门－钱公式 Karman-Tsien formula

卡门引用钱学森于1939年发表的论文而提出的亚声速气流中空气压缩性对翼型压强分布的修正公式。

03.111 升力线理论 lifting-line theory

用线涡代替机翼、模拟机翼升力作用的一种机翼理论。

03.112 自由涡 free vortex

流体中随物体向前运动的涡。

03.113 附着涡 bound vortex
模拟机翼升力作用并固定于机翼位置上的不随流体运动的涡。

03.114 马蹄涡 horse-shoe vortex
模拟机翼升力作用的一段直线附着涡和由附着涡两端折向无限远后方的两条直线自由涡构成马蹄形的涡系。

03.115 升力面理论 lifting-surface theory
用布满机翼平面的旋涡面来模拟机翼升力作用的一种机翼理论。

03.116 涡面 vortex surface sheet
理想流体中无限薄的旋涡层。

03.117 尾随涡 trailing vortex
从物体尾部逸出并向下游延伸的旋涡。

03.118 脱体涡 shed vortex
泛指流动流体脱离物体表面而形成的旋涡。

03.119 翼尖涡 wing tip vortex
在有限翼展机翼的翼尖处,由机翼上下表面压强不同而引起空气绕经翼尖流动而形成的旋涡,该旋涡从翼尖向下游延伸。

03.120 螺旋桨滑流 propeller slipstream
被螺旋桨搅动后的气流。

03.121 薄翼理论 thin airfoil theory
对于相对厚度比较小的机翼和翼型,假设其厚度为零,而以其中弧面(线)来代替,其升力效应则用分布涡来体现,这种理论称为薄翼理论。

03.122 实验空气动力学 experimental aerodynamics
空气动力学的一个分支,用物理实验方法研究空气流动特性和空气流经物体时的相互作用规律。

03.123 量纲分析 dimensional analysis
从分析参与某一现象各物理量的量纲出发,来求得所研究现象中各物理量之间一般关系的一种分析方法。

03.124 Ⅱ - 定理 Ⅱ-theorem
任何一个由 n 个有量纲的物理量参与的物理过程中的函数关系都可以转换成由 $n - k$ 个这些物理量组成的无量纲量 Π_i 之间的函数关系,其中 k 是具有独立量纲的物理量的数。由于这些无量纲量是以不同的 Π_i 数来表示的,故称为 Π 定理。

03.125 相似准则 similarity criterion
两种现象相似的充分条件是参与现象的各个物理量组成的所有独立的无量纲量数值各自相等。这一诊断称为相似准则。

03.126 风洞 wind tunnel
在一个按一定要求设计的管道内,产生控制流动参数的人工气流,以供作空气动力学实验用的设备。

03.127 低速风洞 low speed wind tunnel
风洞实验段气流的马赫数 M 小于 0.4 的风洞。

03.128 跨声速风洞 transonic wind tunnel
风洞实验段气流的马赫数 M 在 0.4 ~ 1.4 之间的风洞。

03.129 超声速风洞 supersonic wind tunnel
风洞实验段气流的马赫数 M 在 1.4 ~ 5 之间的风洞。

03.130 高超声速风洞 hypersonic wind tunnel
风洞实验段气流的马赫数 M 在 5 ~ 14 之间的风洞。

03.131 二维风洞 two-dimensional wind tunnel
专门用于研究绕二维物体的二维流动的特

性的风洞。

03.132　尾旋风洞　spin wind tunnel
可进行飞机尾旋的发展和改进过程研究的特种风洞,其实验段的气流是垂直向上吹的。

03.133　变密度风洞　variable-density wind tunnel
用改变风洞实验气体介质密度的方法来提高实验雷诺数的风洞。

03.134　低温风洞　cryogenic wind tunnel
用降低工作介质温度的方法来提高实验雷诺数的风洞。通常介质的工作温度低于 $-100℃$ 。

03.135　水洞　water tunnel
用水作为工作介质的流体力学实验设备,主要用于流态观察。

03.136　稳定段　settling chamber
位于风洞收缩段前的一个尺寸较大的等截面管道,其主要作用是改善气流的均匀性和降低其湍流强度。

03.137　收缩段　contraction section
紧接着稳定段的一段收缩管道。收缩段的主要作用是使气流加速到所要求的速度,并改善气流的均匀性和适当降低其湍流强度。

03.138　喷管段　nozzle section
在高速风洞中紧接着收缩段并使气流进一步加速的一段管道。在结构上,喷管段有刚性壁和柔性壁两种形式。对于超声速和高超声速风洞,喷管是收缩－膨胀式的拉瓦尔喷管。

03.139　实验段　test section
又称"试验段"。风洞进行模型空气动力学实验的主要部段。为了有效地进行实验,风洞实验段除了要求有良好的气流品质外,还配备有模型支撑、测量和观察装置。

03.140　驻室　plenum chamber
跨声速风洞实验段通气壁外面的一个空腔。由于驻室的存在,风洞实验段的气流可以通过通气壁流出或返回实验段。

03.141　通气壁　ventilating wall
风洞试验段采用的一种能容许部分气流穿过壁面的开孔或开槽壁板,主要是用来减少洞壁干扰,并起消波作用。

03.142　开闭比　porosity
通气壁的通气部分面积与壁板总面积之比。

03.143　自适应壁　adaptive wall, self-correcting wall
又称"自修正壁"。一种可调节壁板,可使在风洞中绕模型的流线与飞行器实物在自由大气中运动时的流线尽量一致。

03.144　扩压段　diffuser
又称"扩散段"。是紧接着风洞实验段的一个部段。扩压段的主要作用是把气流的动能转变成压力能,以减少风洞的能量损失。

03.145　第二喉道　second throat
超声速风洞扩压段常采用收缩－扩散的形式,它的最小截面处称为第二喉道。

03.146　风洞能量比　wind tunnel energy ratio
单位时间内流过风洞实验段的气流动能与风洞动力装置所输入的功率之比。风洞能量比是衡量风洞经济性的一个重要参数。

03.147　流场品质　flow quality
评价风洞实验段气流品质的一些重要指标。包括气流速度(马赫数)均匀性、气流偏角、轴向静压梯度、湍流度、噪声等。

03.148　湍流度　turbulence
衡量气流脉动程度的一种统计量。根据脉动速度的方向,可分为纵向湍流度和横向湍流度。一般指总湍流度。

03.149　流向探头　flow direction probe
又称"方向仪"。感受气流方向的探头。

03.150　湍流球　turbulence sphere
根据圆球上边界层分离点随湍流度变化的原理,在实验时改变气流速度,确定圆球后部压力系数达一定值时的雷诺数,以此来求得气流湍流度的一种专门测量用的光滑圆球。

03.151　热线风速仪　hot wire anemometer
利用加热的金属丝(热线)的热量损失速率和气流流速之间的关系来求得气流速度的一种仪器。

03.152　皮托管　Pitot tube
又称"空速管"。感受空气自由流总压的一种压力探测管。

03.153　皮托静压管　Pitot static tube
能同时感受气流总压和静压的压力探测管。

03.154　测压排管　pressure rake
装有一排或数排感受总压力(或静压)的压力感受仪。

03.155　风洞天平　wind tunnel balance
风洞实验中用来测量作用在模型上空气动力和力矩的一种专用测力装置。

03.156　激光多普勒测速仪　laser Doppler velocimeter
利用激光的多普勒效应来测量流速的一种仪器。它是通过测量散射体内散射质点产生的多普勒频移来求得流速的。

03.157　流态显示　flow visualization
采用专门的方法,使气流的流动状况(如流线、旋涡、边界层的转捩和分离等)能直接用视觉进行观察并进行测量的一种方法。

03.158　蒸气屏法　vapor screen technique
在气流中人工加入一定浓度的雾状物(如水蒸气)并以强的片光源进行照明,由此得到片光源照射平面内的流动图像的方法。

03.159　气泡流动显示　bubble flow visualization
用气泡作为示踪粒子来显示流态的一种方法。

03.160　油流法　oil flow technique
将适当的油剂和有颜色的显示剂混合,涂于实验模型的表面。在风洞实验时气流将使油膜沿模型表面流动,在模型表面形成不同的流谱。

03.161　阴影法　shadowgraph technique
一种利用光在不同的流动状态下偏折不同,因而使光线集聚或发散,并形成光学图像的流动显示方法。

03.162　纹影法　schlieren technique
用适当的光源对流动照明,然后用透镜或凹面镜把这些光线聚焦。在焦点处放置刀口并用它来切割焦点处的光源像,便可在刀口后摄得实验区的纹影图。

03.163　干涉图法　interferogram technique
一种利用光的干涉效应来得到流动特性图像的方法。

03.164　片光流态显示　light-sheet flow visualization
一种用高亮度的片光来照射流场并摄取照射面内流动图像的方法。

03.165　粒子图像测速　particle image velocimetry

一种用多次摄像以记录流场中粒子的位置,并分析摄得的图像,从而测出流动速度的方法。

03.166 风洞实验 wind tunnel testing
在风洞中进行模拟飞行器在大气中运动时的空气动力学现象。

03.167 半模实验 half-model test
利用飞行器对称的特性,可通过做半个模型实验来得到全模型的某些气动特性的一种实验方法。

03.168 标模实验 calibration-model test
用公认的、有标准风洞实验数据的模型在风洞中进行实验,以此来检验风洞的综合质量。

03.169 旋翼塔实验 rotor tower test
旋翼塔是在地面进行直升机旋翼性能实验的一种专用设备。旋翼模型或实物在旋翼塔上可进行旋翼的空气动力学和结构动力学实验研究。

03.170 地面效应实验 ground effect test
在风洞中装有模拟地面、水面的装置,进行飞行器模型风洞实验,以确定飞行器靠近地面时地面对飞行器气动特性影响。

03.171 风洞自由飞实验 wind tunnel free-flight test
模型在风洞中进行自由飞行,通过测量模型的运动参数,推算出作用在模型上空气动力和力矩的一种实验方法。

03.172 浮力修正 buoyancy correction
当风洞实验段存在静压梯度时,相当于在模型上作用了一个附加力(例如,轴向静压梯度使模型上作用了一个水平浮力),故必须对阻力进行修正。对风洞实验数据进行的这种修正便是浮力修正。

03.173 洞壁干扰 wall interference
由于风洞洞壁的存在而引起对模型空气动力的影响。

03.174 阻塞效应 blockage effect
由于模型及其尾流的存在,使得风洞实验段中模型区的流动特性发生变化的效应。

03.175 壁压信息法 wall pressure information method
在风洞实验的同时,测量风洞边壁的压力分布,根据洞壁上压力分布的信息,计算出洞壁对作用在模型上空气动力和力矩的干扰修正量的方法。

03.176 支架干扰修正 support interference correction
在风洞实验时修正由于支撑的存在对模型所产生的空气动力影响。

03.177 尺度效应 scale effect
在常规风洞中实验时,模型雷诺数较实物在实际飞行中的雷诺数为小。由此引起的实验数据和实物情况下数据的差异便是尺度效应。

03.178 人工转捩 artificial transition
在模型表面固定位置处粘贴粗糙带(金刚砂或玻璃球粗糙带)的人工办法使边界层转捩的一种实验方法。

03.179 计算空气动力学 computational aerodynamics
利用电子计算机、采用数值计算方法进行空气动力学问题研究的一门学科。

03.180 守恒型方程 equation in conservation form
以散度形式表示的满足物理上守恒律的方程。

03.181 非守恒型方程 equation in nonconservation form
以非散度形式表示的满足物理上守恒律的

方程。

03.182 有限基本解法 method of finite fundamental solution, method of singularities

又称"奇点法"。在物体表面或内部,用布置有限多个基本流动的解来代替物体作用的一种气动数值模拟方法。

03.183 面元法 panel method

又称"板块法"。将物体表面或机翼中弧面等特征面进行离散,生成网格后对每个网格,用一个平面或曲面代替原来的物面称为面元,在该面元上布置流动的奇点如源、涡、偶极子及其组合,进行求解气动问题的方法。

03.184 涡格法 vortex-lattice method

在模拟物体的离散网格面上布置涡线并形成涡格系统,进行数值求解气动问题的方法。

03.185 特征线法 method of characteristics

在流场的超声速区内,利用特征线理论,沿特征线方向进行流动参量计算的方法。

03.186 激波捕捉算法 shock capturing algorithm

双曲型方程数值解法中处理激波的一种方法。对激波不需作任何特殊处理,而在计算公式中直接或间接引进"黏性效应"项,以便自动算出激波位置和强度,捕捉激波。

03.187 人工黏性 artificial viscosity

又称"人工耗散"。对流场进行数值模拟时,在计算方程中人为地引入类似于黏性(耗散)作用的项,以提高数值计算稳定性和抑制非物理振荡。

03.188 气动力布局 aerodynamic configuration layout

飞机的机翼、尾翼、机身及进、排气装置等与气流接触的部件,按飞机任务,组合成的

有利外形方案。

03.189 翼身融合 blended wing-body configuration

机翼和机身结合处的外形,无论取纵向截面或横向截面,其轮廓线都是连续曲线。

03.190 翼型 airfoil profile, wing section

又称"翼剖面"。平行于机翼或其他升力面的对称面或垂直于其前缘(或某等百分比弦线)的机翼或其他升力面的横截面外形。

03.191 翼弦 wing chord

连接翼型前缘和后缘端点的直线段。

03.192 翼型中弧线 airfoil mean line

翼型当地几何厚度中点沿弦线的连线。

03.193 弯度 camber

中弧线至弦线的最大垂直距离。

03.194 厚度分布 thickness distribution

翼型上下轮廓线与中弧线的法线相交所形成的线段长度沿翼弦的分布。

03.195 前缘半径 leading edge radius

翼型前缘的曲率半径。

03.196 后缘角 trailing-edge angle

翼型上下轮廓线在后缘处的夹角。

03.197 层流翼型 laminar flow aerofoil profile

在正常使用的迎角范围,翼型上表面的顺压梯度能保持到较大的弦长范围,而且没有负压力峰,使之能保持较长的层流段的翼型。

03.198 尖峰翼型 peaky aerofoil profile

一种利用前缘高吸力峰,跨声速时控制气流膨胀压缩,形成弱结尾激波,使之有较高激波失速 M 数的翼型。

03.199 超临界翼型 supercritical aerofoil

profile

一种上翼面中部比较平坦,下翼面后部向里凹的翼型,在超过临界 M 数飞行时,虽有激波但很弱,接近无激波状态,故称超临界翼型。

03.200 菱形翼型 double wedge aerofoil profile

一种上、下翼面用直线构成的菱形翼型,适用于超声速飞行。

03.201 双圆弧翼型 biconvex aerofoil profile

一种上、下翼面为两段圆弧构成的翼型,适用于超声速飞行。

03.202 自然层流翼型 natural laminar flow aerofoil profile

一种利用翼型几何形状控制上、下翼面逆压梯度的形成,使翼型有较长层流段的翼型。

03.203 无限翼展机翼 infinite span wing

翼展无限长的机翼,实质指机翼处于二维流动。

03.204 有限翼展机翼 finite span wing

翼展有限度的机翼,实质指机翼处于三维流动。

03.205 机翼面积 wing area

机翼在水平基准面上投影的面积。包括机身所占的部分称毛机翼面积,否则称外露机翼面积。

03.206 根弦 root chord

机翼或其他升力面在对称平面内翼型的弦长。

03.207 梢弦 tip chord

机翼或其他升力面在翼梢处翼型的弦长。

03.208 展弦比 aspect ratio

机翼或其他升力面的翼展平方与翼面积的比值。

03.209 梢根比 taper ratio

机翼或其他升力面的梢弦与根弦的比值。

03.210 等百分线 constant percentage chord line

机翼或其他升力面其等百分比弦长点沿展向的连线。

03.211 平均空气动力弦 mean aerodynamic chord

平均空气动力弦指平行于飞机对称面的线段 (b_A), $b_A = \frac{1}{S}\int_0^1 b(\bar{z})^2 \mathrm{d}\bar{z}$, 式中 S——翼面积; z——沿翼面横轴 oz 的坐标; $\bar{z} = z/(l/2)$ 为展向相对坐标; l 为机翼翼展。

03.212 平均几何弦 mean geometric chord

翼面积除以翼展。

03.213 机翼扭转 wing twist

机翼梢弦相对机翼根弦转一定的角度。

03.214 几何扭转 geometric twist

机翼梢弦相对机翼根弦转动的角度是按几何弦线度量的。

03.215 气动扭转 aerodynamic twist

在梢弦和根弦的几何夹角基础上,还计及梢弦和根弦翼型的零升力角的差别。

03.216 锥形扭转 conical camber

以翼根前缘为顶点,将机翼前缘向翼梢按锥面扭转,即机翼前缘沿翼展逐渐扩大扭转区的弦长和弯度。

03.217 前缘下垂 leading edge drop

翼型前缘段有固定的偏转。

03.218 气动补偿 aerodynamic balance

为减少气动操纵面的铰链力矩所采取的气动力措施。

03.219 机身长细比 fuselage fineness ratio

机身长度与机身最大横截面的当量直径的比值。

03.220　机身最大横截面积　fuselage maximum cross-sectional area
垂直于机身轴线所截取的机身横截面中的最大者。

03.221　船尾角　boat tail angle
水上飞机机身尾段的当量收缩角。

03.222　迎角　angle of attack
又称"攻角"。翼弦与来流矢量在飞机对称面内投影的夹角。

03.223　升力　lift
作用于航空器上垂直于航迹的气动力分量。

03.224　升力曲线　lift curve
升力系数随迎角变化的关系曲线。

03.225　零升力角　zero-lift angle
升力系数为零的迎角。

03.226　最大升力系数　maximum lift coefficient
升力系数曲线上升力系数的最大值。

03.227　升力线斜率　slope of lift curve
升力系数曲线的线性段的斜率。

03.228　失速迎角　stalling angle of attack
达到最大升力系数时的迎角。

03.229　失速偏离　stalling departure
飞机临近失速迎角时,发生的上仰、机翼发散性滚摆振荡、自动倾斜以及机头突然偏转等失控现象。

03.230　机翼滚摆　wing rock
飞机在大迎角时由于气流分离产生的阻尼很小或发散的机翼小振幅横侧滚摆振荡。

03.231　阻力　drag

作用于航空器上,平行于航迹且与飞行速度方向相反的气动力分量。

03.232　极曲线　polar, polar curve
在迎角变化时,飞机的升力系数随阻力系数变化的关系曲线。

03.233　摩擦阻力　friction drag
由于空气有黏性流经物体产生的切向力所引起的那部分阻力。

03.234　型阻　form drag
气流流经物体由于压力差及摩擦引起的阻力之和,与物体形状有关。

03.235　底阻　base drag
气流流经物体时在底部气流分离形成负压所产生的阻力。

03.236　浸润面积　wetted area
物体与流经的气流直接接触的总面积(用于计算摩擦阻力)。

03.237　波阻　wave drag
物体在跨、超声速流中,由于出现激波而造成气流能量损失所形成的阻力。

03.238　干扰阻力　interference drag
气流流经飞机的邻近部件时产生流动相互干扰所引起的阻力。

03.239　阻力发散　drag divergence
由于空气压缩性的影响,随着 M 数的增长流经物体局部流速迅速超过声速,产生强激波,因而使阻力激增的现象。

03.240　诱导阻力　induced drag
机翼尾随涡诱生的阻力。

03.241　前缘吸力　leading edge suction
气流绕过机翼前缘,迅速加速,在没有离体时,能形成很大的负压,由此产生的向前的气动力分量。

03.242　升致阻力　drag due to lift

伴随升力产生的阻力。

03.243　面积律　area rule

在跨声速或超声速飞行时,飞机的零升力波阻与其沿马赫锥切面截取的飞机横截面面积沿纵轴分布的形状有关,与相同面积分布的当量旋转体的零升力波阻值相同。

03.244　升阻比　lift-drag ratio

在一定迎角下飞机的升力与阻力之比,是衡量飞机气动力效率的重要参数,以 L/D 表示。

03.245　侧力　side force

空气动力沿航空器横轴(垂直于对称面)的分量。

03.246　侧滑角　angle of sideslip

来流速度矢量与航空器对称面的夹角。

03.247　俯仰力矩　pitching moment

作用在飞机上的空气动力对其重心所产生的力矩沿横轴的分量。

03.248　零升力矩　zero-lift moment

升力为零时的俯仰力矩。

03.249　上仰　pitch-up

由于飞机的俯仰力矩随迎角的增加,当出现翼尖气流分离或尾翼进入强下洗区,飞机会出现随迎角增加而急骤抬头的现象。

03.250　压力中心　pressure center

作用在物体上的空气动力合力的作用点。

03.251　气动力中心　aerodynamic center, aerodynamic focus

又称"气动力焦点"。由于飞机迎角变化引起的升力变化量的作用点。

03.252　偏航力矩　yawing moment

对飞机重心的空气动力力矩沿竖轴的分量。

03.253　滚转力矩　rolling moment

对飞机重心的空气动力力矩沿纵轴的分量。

03.254　铰链力矩　hinge moment

操纵面上的气动力对操纵面的转轴产生的力矩。

03.255　气动导数　aerodynamic derivative

飞机单位运动参数变化引起的气动力或力矩的变化,以导数形式表达。

03.256　静导数　static derivative

飞机单位迎角或侧滑角等变化引起的气动力或力矩的变化,以导数形式表达。

03.257　操纵导数　control derivative

操纵面单位偏角变化引起的飞机气动力或力矩的变化,以导数形式表达。

03.258　铰链力矩导数　hinge moment derivative

操纵面单位偏角、迎角或侧滑角变化引起的操纵面铰链力矩的变化,以导数形式表达。

03.259　动导数　dynamic derivative

飞机运动中单位速度或角速度变化引起的气动力或力矩的变化,以导数形式表达。

03.260　交叉导数　cross derivative

飞机绕某轴转动时,引起绕其他轴的气动力矩和对应的气动力的变化率,以导数形式表达。

03.261　阻尼导数　damping derivative

飞机绕某一轴旋转引起绕该轴的气动力矩的变化率,以导数形式表达。

03.262　下洗　downwash

气流流经有限翼展机翼时产生向下偏转,其流速的向下分量即下洗。

03.263　洗流时差　lag of wash

飞机在非定常运动时,尾翼处的下洗改变

要滞后于机翼迎角改变的现象。

03.264　地面效应　ground effect
当飞机靠近地面飞行时,由于地面的限制使机翼的下洗减少,因而在迎角不变的情况下可以增加升力,减少诱导阻力,并增加飞机的俯仰稳定性。

03.265　飞行力学　flight mechanics
研究在外力作用下的航空器运动规律的学科。

03.266　地面坐标系　earth-fixed axis system
原点和三个坐标轴均相对于地面固定不动且遵循右手法则的正交直角坐标系。用 $OXYZ$ 表示。

03.267　铅垂地面坐标系　normal earth-fixed axis system
地面坐标系之一,其 Z'_g 轴铅垂向下。用 $O X'_g Y'_g Z'_g$ 表示。

03.268　航空器牵连铅垂地面坐标系　aircraft-carried normal earth-fixed system
原点通常位于航空器重心,各个坐标轴 $O X_g Y_g Z_g$ 的方向分别与 $X'_g Y'_g Z'_g$ 相同的坐标系。

03.269　机体坐标系　body axis system
固定在航空器上的遵循右手法则的三维正交直角坐标系,其原点通常位于航空器的重心,X 轴位于航空器参考面内平行于机身轴线或翼根弦线并指向航空器前方,Y 轴垂直于航空器参考面并指向航空器右方,Z 轴在参考面内垂直于 XY 平面,指向航空器下方。用 $OXYZ$ 表示。

03.270　航迹坐标系　flight-path axis system
原点固定于航空器的质心。X_k 轴沿航迹速度方向,Z_k 轴在包含 X_k 轴的铅垂平面内垂直于 X_k 轴并指向下方,Y_k 轴垂直于 $Z_k X_k$ 平面且指向右方。用 $O X_k Y_k Z_k$ 表示。

示。

03.271　气流坐标系　air-path axis system
原点固定于航空器的质心。X_a 轴沿飞行速度(相对于空气的速度)方向,Z_a 轴在飞机参考面内垂直于 X_a 轴并指向下方,Y_a 轴垂直于 $Z_a X_a$ 面,指向右方。用 $O X_a Y_a Z_a$ 表示。

03.272　俯仰角　pitch angle
机体坐标系 X 轴与水平面的夹角。当 X 轴的正半轴位于过坐标原点的水平面之上时,俯仰角为正,按习惯,俯仰角 θ 的范围为:$-\pi/2 \leqslant \theta \leqslant \pi/2$。

03.273　滚转角　roll angle,angle of bank
又称"坡度","倾斜角"。机体坐标系 Z 轴与过 X 轴的铅垂平面的夹角。当 Z 轴的正半轴位于该铅垂平面之左时,滚转角 φ 为正。

03.274　爬升角　angle of climb
航迹坐标系的 X_k 轴与水平面的夹角。当 X_k 轴的正半轴位于过坐标原点的水平面之上时,爬升角 γ 为正,按习惯,γ 角的范围为:$-\pi/2 \leqslant \gamma \leqslant \pi/2$。

03.275　航迹方位角　flight-path azimuth angle
航迹速度在水平面的投影与 X_g 轴的夹角。当航迹速度沿 Y_g 轴的分量为正时,航迹方位角 χ 为正。

03.276　飞行性能　flight performance
飞行力学中的一部分。研究在外力作用下,航空器质心运动的规律。

03.277　抖振边界　buffet boundary
飞机抖振开始时的迎角(或升力系数)随飞行高度和马赫数的变化关系曲线。

03.278　飞行速度　flight velocity
气流坐标轴系的原点相对于未受航空器流

场影响的无风的大气的速度。

03.279 空速 air speed
飞行速度的标量。航空器相对于空气团运动的速度。

03.280 飞机推重比 airplane thrust weight ratio
航空发动机最大静推力与飞机重量之比。

03.281 需用推力 thrust required
维持航空器作水平等速直线飞行所需的推力。

03.282 需用功率 power required
维持航空器水平等速直线飞行所需的功率。

03.283 可用推力 thrust available
在给定的油门状态下,安装在航空器上的动力装置所能发出的实际推力。

03.284 可用功率 power available
在给定的油门状态下,安装在航空器上的动力装置所能发出的实际推进功率。

03.285 最大平飞速度 maximum level speed
航空器作等速水平飞行所能达到的最大速度。

03.286 最小平飞速度 minimum level speed
在给定的航空器构形和飞行高度下,航空器能维持定常水平飞行的最低速度。

03.287 爬升 climb
在飞行中,当发动机推力大于空气阻力,利用剩余的那部分推力做功,使航空器增加高度的飞行。

03.288 爬升率 rate of climb
航空器单位时间内增加的高度。

03.289 爬升梯度 gradient of climb
航空器爬升过程中,单位时间内高度变化量与前进的水平距离变化量的比值(即飞行速度的垂直分量与水平分量之比)。

03.290 单位剩余功率 specific excess power, SEP
在给定的油门状态下,飞机能量高度在飞行过程中随时间的变化率。

03.291 升限 ceiling
航空器在规定条件下所能达到的最大飞行高度。

03.292 下降 descent
高度不断降低的飞行。

03.293 下滑 glide
发动机无推力或接近无推力时航空器所作的一种可操纵的、降低高度而速度近似不变的飞行动作。

03.294 巡航 cruise
航空器为执行一定的任务而选定的适宜于长时间或远距离的一种飞行状态。

03.295 航程因子 range factor
又称"燃油效率"。衡量航空器巡航经济性的指标,通常用飞行马赫数和航空器升阻比的乘积与发动机燃油消耗率之比表示。

03.296 续航时间 endurance
航空器耗尽其可用燃料所能持续飞行的时间。

03.297 航程 range
航空器在无风大气中,沿预定的航线飞行,使用完规定的燃油所经过的水平距离。

03.298 飞行任务剖面 flight mission profile
根据规定的飞行任务进行飞行参数变化的飞行轨迹。

03.299 活动半径 mission radius

在无风的大气中,航空器以任务所需的几何构形及起飞重量,从机场起飞,沿预定的飞行剖面到达某一空域,完成指定任务后返回机场,并使用完规定的燃油情况下,由机场至该空域的水平距离。

03.300 尾旋 spin
航空器在持续的失速状态下,以很小的半径沿很陡的螺旋线航迹面旋转,同时急剧下降的运动。

03.301 机动性 maneuverability
航空器在空间改变其航迹速度矢量的能力。

03.302 盘旋 turn
航空器在水平面内连续改变飞行方向而高度保持不变的一种曲线运动。当航向改变小于360°时,则称为转弯。

03.303 协调转弯 coordinate turn
协调地操纵副翼和方向舵以保证侧滑角为零的转弯飞行。

03.304 过载 load factor
又称"载荷因数"。作用在航空器上除重力以外所有力的合力与航空器重力之比值。

03.305 非对称飞行 unsymmetrical flight
航空器由于外形、装载的不对称,或多发动机出现动力不对称时的飞行。

03.306 俯冲 dive
飞机在铅垂平面内以很陡的航迹急剧下降的机动飞行。

03.307 跃升 zoom
飞机在铅垂面内,在大速度条件下利用动能转化为势能而迅速爬高的机动飞行。

03.308 起飞距离 take-off distance
飞机从起飞线开始,上升到安全高度(一般为15m)所经过的水平距离。

03.309 起飞滑跑距离 distance of take-off run
飞机从起飞线开始,加速滑跑到离地所经过的水平距离。

03.310 起飞离地速度 take-off speed, lift-off speed
起飞滑跑结束时,飞机离地时的瞬时速度。

03.311 起飞决断速度 take-off decision speed
多发动机飞机在起飞滑跑过程中,临界发动机突然失效后飞机既可继续起飞,也可中断起飞时的速度。

03.312 抬前轮速度 rotation speed
起飞滑跑过程中,飞机前轮离地时的瞬时速度。

03.313 起飞平衡场长 take-off balance field length
临界发动机突然停车时的起飞距离与加速中止距离相等时的机场跑道长度。

03.314 失速速度 stalling speed
在给定飞机构形下,飞机能维持稳定飞行的最小速度。

03.315 接地速度 touchdown speed
飞机在着陆过程中,主起落架轮胎刚接触地面时的瞬时速度。

03.316 刹车速度 brake speed
允许使用机轮刹车时飞机的滑跑速度。

03.317 着陆距离 landing distance
飞机从安全高度开始下滑、接地、地面滑跑直至完全停止所经过的水平距离。

03.318 着陆滑跑距离 distance of landing run
飞机从接地后减速至完全停止所经过的水平距离。

03.319 纵向运动 longitudinal motion
航空器在其对称面内的运动。

03.320 横侧运动 lateral-directional motion
航空器偏离对称面的运动。

03.321 飞行剖面 flight profile, mission profile
一种表示航空器航迹的几何图形。分为垂直飞行剖面和水平剖面,分别表示航空器按某方案飞行时,航迹在某铅垂面和水平面内的投影图形。

03.322 模态特性 characteristics of mode
表征模态特征的某些参数。包括半衰时间或倍增时间、周期或频率、半衰时间或倍增时间内振荡的次数和模态矢量图等。

03.323 沉浮模态 phugoid mode
航空器纵向小扰动运动方程诸特征根中,小复根或小实根所代表的运动模态。其主要运动特征是:飞行速度和俯仰角均呈缓慢的周期性或非周期性变化,而迎角近似不变。

03.324 短周期模态 short-period mode
航空器纵向小扰动运动方程诸特征根中,大复根所代表的运动模态。其主要运动特征是:迎角和俯仰角速度均呈周期短、衰减快的振荡,而速度的变化甚小。

03.325 滚转收敛模态 rolling subsidence mode
航空器横侧向小扰动运动方程诸特征根中,大实根所代表的运动模态。其主要运动特征是:滚转角和滚转角速度呈衰减快的非周期性运动。

03.326 螺旋模态 spiral mode
航空器横侧向小扰动运动方程诸特征根中,小实根所代表的运动模态。其主要运动特征是:非周期性的缓慢滚转和偏航运动。

03.327 荷兰滚模态 Dutch roll mode
航空器横侧向小扰动运动方程诸特征根中,复根所代表的运动模态。其主要运动特征是:滚转角、侧滑角和偏航角呈频率较高的周期性振荡。

03.328 惯性耦合 inertial coupling
又称"惯性交感"。飞机在快速滚转时,由于其本身质量的惯性力矩而使飞机的迎角或侧滑角发生变化的现象。

03.329 稳定性 stability
又称"安定性"。当作用于航空器上的扰动停止后,航空器能恢复原来飞行状态的能力。

03.330 静稳定性 static stability
当航空器受小的扰动偏离平衡状态时所形成的力和力矩,在干扰停止的瞬间,有使航空器恢复原来飞行状态趋势的特性。

03.331 动稳定性 dynamic stability
若航空器受到小的扰动时偏离其平稳飞行状态,在干扰停止后,航空器在扰动所形成的力和力矩作用下,扰动运动为减幅振动或单调衰减运动,并最终趋向于其原始平稳飞行状态的特性。

03.332 动方向稳定性 dynamic directional stability
当航空器在平稳飞行状态,若受到非对称干扰,出现小的侧滑角时,在干扰停止后,航空器在扰动所形成的力和力矩作用下,其侧滑角不断减小,并最终趋向于其原来侧滑角等于零的飞行状态的特性。

03.333 操纵力 control force
又称"驾驶力"。飞行过程中驾驶员施加于驾驶装置的力。

03.334 每克驾驶杆力 stick force per gram
驾驶员自配平状态以一定的力后拉驾驶杆,使航空器以近似为常值的迎角、速度和俯仰角速度在铅垂平面内作曲线运动,此时的杆力与法向过载增量之比。

03.335 每克升降舵偏角 elevator angle per gram

驾驶员后拉驾驶杆带动升降舵向上偏转,使航空器以近似为常值的迎角、速度和俯仰角速度在铅垂平面内作曲线运动,此时升降舵偏角的增量与所产生的法向过载增量之比。

03.336 操纵性 controllability

航空器以相应的运动反应使驾驶员或自动器施加于操纵机构的动作(包括行程和作用力)的能力。

03.337 纵向操纵 longitudinal control

改变航空器纵向运动参数的操纵,主要由驾驶员通过偏转升降舵或全动平尾、前后缘襟翼和改变油门位置来实现。

03.338 横向操纵 lateral control

使航空器绕机体纵轴旋转的操纵,主要由偏转滚转操纵面来实现。

03.339 航向操纵 directional control

改变航空器航向运动参数的操纵,主要由偏转航向操纵面来实现。

03.340 配平 trimming

为了使航空器保持在所要求定常飞行状态飞行,通过操纵机构使作用在驾驶杆上的力等于零的措施。

03.341 横向操纵偏离参数 lateral control departure parameter, LCDP

预测横向操纵时航空器是否会出现滚转反逆的一个参数。

03.342 操纵期望参数 control anticipation parameter, CAP

在升降舵作阶跃偏转后,飞机单位舵偏角引起的初始俯仰角加速度与稳态时单位舵偏角引起的过载增量之比。

03.343 重心前限 forward limit of center of gravity

飞行时允许飞机重心最靠前的位置。常以重心在平均气动弦上的投影至前缘的距离与平均气动弦长之比的百分数来表示。

03.344 重心后限 afterward limit of center of gravity

飞行时允许飞机重心最靠后的位置。常以重心在平均气动弦上的投影至前缘的距离与平均气动弦长之比的百分数来表示。

03.345 中性点 neutral point

又称"中立重心位置"。当飞机重心与此点重合时,飞机呈纵向静中立稳定。

03.346 机动点 maneuver point

对称面和 XY 平面相交线上的一点,设飞机在铅垂面内作准定常的等速曲线运动,且俯仰操纵器固定(或俯仰操纵器松浮),当升力系数有微小改变时,绕该点的俯仰力矩保持不变。

03.347 静稳定裕度 static margin

航空器处于定常直线飞行状态,俯仰力矩系数对升力系数的全导数的负值。

03.348 机动裕度 maneuver margin

航空器在铅垂面内作准定常的等速曲线运动,其俯仰力矩系数对升力系数的全导数的负值。

03.349 飞行品质 flying qualities

为使飞机能安全、有效地完成所规定的各飞行阶段的飞行任务,飞机在稳定性和操纵性方面应具备的基本特性。

03.350 飞行包线 flight envelope

一系列飞行点的连线。以包络线的形式表示允许航空器飞行的速度、高度范围。

03.351 驾驶员诱发振荡 pilot induced oscillation

驾驶员操纵引起的飞机持续的,或不可操纵的纵向或横向振荡。

03.352 敏捷性 agility

又称"机动性"。迅速而准确地改变航空器机动飞行状态的能力。

03.353 叶素 blade element

沿桨叶展向所截取的桨叶微段。叶素的剖面即翼型(或叶型)。

03.354 悬停 hovering

直升机能在空中保持某一位置,相对于地面不移动也不转动的一种特征飞行状态。

03.355 悬停升限 hovering ceiling

又称"直升机静升限"。直升机垂直上升所达到的能保持悬停状态的最大高度;通常分为无地效悬停升限和有地效悬停升限。

03.356 垂直上升 vertical ascent

直升机垂直向上运动的一种特征飞行状态。

03.357 叶端损失系数 root and tip loss factor

计入桨叶根部和尖部两端升力缺损而采用的旋翼桨盘面积的修正系数。

03.358 旋翼前进比 rotor advance ratio

直升机前飞时相对来流速度在旋翼桨盘上的投影与桨尖的旋转线速度之比。

03.359 旋翼入流比 rotor inflow ratio

直升机前飞时相对来流速度(也有的计入诱导速度)在旋翼桨盘垂直方向上的投影与桨尖的旋转线速度之比。

03.360 桨叶方位角 blade azimuth angle

旋翼桨叶旋转时在桨盘上瞬时位置所处的角度,从前飞速度在桨盘上的正后方算起,沿桨叶旋转方向度量。

03.361 前行桨叶 advancing blade

直升机前飞时处于迎风旋转半圈($\psi = 0° \sim 180°$)内的桨叶。

03.362 后行桨叶 retreating blade

直升机前飞时处于顺风旋转半圈($\psi = 180° \sim 360°$)内的桨叶。

03.363 反流区 reversed flow region

直升机前飞时,在后行桨叶一侧靠近桨根部分,相对气流由后缘吹向前缘的一个区域。

03.364 桨叶挥舞 blade flapping

旋翼桨叶旋转时因气动力、离心力、惯性力等作用而上下偏离构造旋转平面的运动。桨叶与构造旋转平面之间夹角称挥舞角,以向上为正。

03.365 旋翼锥度 rotor coning

旋翼桨叶旋转且挥舞时所形成的倒锥体。倒锥体的底面是桨尖轨迹平面。在悬停状态,锥体底面朝上;在其他飞行状态,锥底的倾斜方向基本上代表旋翼气动合力方向。

03.366 桨尖轨迹平面 tip path plane

又称"挥舞不变平面"。旋翼桨叶旋转且挥舞时桨尖轨迹所形成的平面。如果挥舞角为零阶或一阶周期变化,则挥舞角相对于该平面不变。

03.367 桨叶周期变距 blade cyclic pitch

驾驶员通过自动倾斜器,使桨叶在旋转中周期地改变桨距的一种方式。周期变距引起桨叶人工挥舞,使旋翼锥体倾斜,以控制旋翼气动合力的方向,实现对直升机的稳定和操纵。

03.368 桨距不变平面 no-feathering plane

又称"旋翼等效平面"。旋翼桨叶旋转时的桨距相对它不变的一个参考平面。如果变距与挥舞之间不存在耦合,它就是自动倾斜器的操纵平面。

03.369 挥舞变距耦合系数 pitch-flap coupling coefficient

又称"挥舞调节系数"。旋翼桨叶的变距运动与挥舞运动之间存在耦合时,单位挥舞角所引起的桨距变化值。

03.370 桨叶摆振 blade lagging, lead-lag motion

旋翼桨叶旋转时在旋转平面内因各种力,特别是因挥舞而产生的哥氏力所引起的前后摆振运动。

03.371 旋翼尾流 rotor wake

受到旋翼桨叶的诱导作用而在桨盘后下游区引起的涡流。

03.372 桨－涡干扰 blade vortex interaction, BVI

旋翼旋转时,先行桨叶的自由涡跟后继桨叶相撞或靠近的瞬间,由于桨涡的相互作用导致后继桨叶上气动载荷局部发生急剧变化的一种干扰效应。

03.373 直升机功率传递系数 helicopter power utilization coefficient

又称"直升机功率利用系数"。直升机发动机的出轴功率,经过多个环节的损耗,传递到旋翼而为可用功率的折扣系数,即可用功率与出轴功率的比值。

03.374 旋翼反扭矩 antitorque of rotor

机械驱动式旋翼旋转时作用于空气以扭矩的同时,空气反作用于旋翼上所产生的大小相等方向相反的扭矩。

03.375 悬停效率 hovering efficiency

又称"完善系数"。直升机悬停时理想旋翼的需用功率与实际旋翼的需用功率之比,通常为 0.6~0.7 。

03.376 自转下降 autorotative descent

直升机空中停车后旋翼自转时的垂直下降状态。当发动机没有功率输出时,驾驶员通过操纵可使旋翼继续自行旋转,控制下降速度,设法安全着陆。

03.377 自转下滑 autorotative glide

直升机空中停车后旋翼自转时的斜向下滑状态。

03.378 直升机回避区 helicopter forbidden region

直升机停车后,为了安全着陆,防止操纵来不及或接地速度过大所规定的一个应予回避的高度速度组合区。在此范围内直升机禁止进行自转下降或下滑。

03.379 旋翼拉力 rotor thrust

旋翼工作时沿旋转轴向的气动合力投影。在直升机上,旋翼拉力相当于飞机上的机翼的升力;在各种飞行状态其值都基本上等于气动合力。

03.380 旋翼涡环 rotor vortex ring

直升机以小速度下降,特别是以小速度垂直下降时,旋翼所经历的一种状态。此时,旋翼的诱导速度与相对来流速度方向相逆,在数值上大致相等,下方相对来流绕过桨盘周围,在上方重新被旋翼吸入,形成环状气团。

03.381 旋翼风车制动 rotor windmill braking

直升机以中速度垂直下降或陡下降时旋翼所经历的一种状态。此时,旋翼的诱导速度小于相逆的来流速度,下方相对来流穿过桨盘而在上方形成较好的尾流。在这种状态中,旋翼类似于一风车,由来流提供能量,尾流内速度受到抑制。

03.382 直升机前飞升限 helicopter service ceiling

又称"直升机动升限"。直升机斜向爬升

所能达到的最大高度。在实际情况中爬升率不可能为零,通常取爬升率等于0.5m/s的前飞时高度作为直升机使用升限。

03.383 悬停回转 turning in hover
直升机空中悬停时在原地进行360°左右回转的一种特定飞行状态。

03.384 贴地飞行 nap-of-the-earth flight
直升机贴近地面、依地势起伏的一种机动飞行状态。

03.385 水上飞机水动性能 seaplane hydrodynamic performance
水上飞机在水面运动时的特性和能力,包括在水面漂泊时的浮性及起飞滑行和着水滑行性能等。

03.386 浮性 buoyancy
水上飞机在静水面漂泊时保持一定浮态的能力。浮态指水上飞机相对于静水面的位置。

03.387 水动阻力 water resistance
水上飞机在水面运动时船身所受到的水阻力,包括摩擦阻力、兴波阻力和喷溅阻力。

03.388 兴波阻力 wave making resistance
水上飞机在水面运动,特别在起飞初始阶段,由于船身推动水运动,使水面兴起重力波浪而产生的一种水动阻力。

03.389 喷溅阻力 spray resistance
又称"滑行阻力"。水上飞机在水面高速滑行时,由于船身前体底部一部分水产生喷溅而导致的一种水动阻力。

03.390 纵倾角 trim angle
又称"配平角"。水上飞机上构造水平线与水平面的夹角,以抬头为正,用来表示船身纵向倾斜度。

03.391 纵摇 pitching
水上飞机在水面运动过程中绕横轴的俯仰姿态变化。

03.392 横摇 rolling
水上飞机在水面运动过程中绕纵轴的横向姿态变化。

03.393 吃水 draft
从水上飞机下构造水平线沿铅垂方向上量至水面的距离。

03.394 适海性 seaworthiness
水上飞机在规定的水域和使用范围内具有保证漂泊、起落、着水安全及其设备、动力、乘员适应的性质和能力。

03.395 着水撞击 landing impact
水上飞机向水面降落着水时船底与水碰撞的过程。

03.396 离水速度 get-away speed
水上飞机在水面起飞滑行离开水面的瞬时速度。

03.397 水上飞机起飞滑行 seaplane take-off taxiing
水上飞机从水面起飞过程中由起飞位置开始加速滑行到整个船身离水时的一个阶段。

03.398 水上飞机着水滑行 seaplane landing taxiing
水上飞机在水面降落过程中由船底触水瞬间减速到3m/s速度的一个阶段。

04. 飞行器结构及其设计与强度理论

04.001 破损安全结构 fail safe structure
机体受力构件破损后，可通过其相邻传力路径传递载荷或通过裂纹止裂措施，在预定的定期检查之前仍可承受规定的载荷以保证飞行安全的结构。

04.002 复合材料结构 composite structure
由两种或两种以上不同材料经过适当的工艺方法形成的多相材料所制成的结构。

04.003 蒙布式结构 cloth-skin structure
在金属或木质骨架上覆以布质蒙皮以保持气动外形并通过布的张力传递局部气动载荷的机体结构。

04.004 铆接结构 riveted structure
组成构件的各元件之间或构件之间用铆钉连接组成的结构。

04.005 焊接结构 welded structure
组成构件的各元件之间或构件之间采用焊接连接的结构。

04.006 胶接结构 bonded structure
组成构件的各元件之间或构件之间用胶黏剂连接的结构。

04.007 胶接点焊结构 spot-weld bonding structure
被连接件间涂胶黏剂并加点焊组成的结构。

04.008 刚架式结构 framed structure
由简单梁式杆件组成且刚性结点处各构件之间不产生相对线位移和角位移的结构。

04.009 薄壁结构 thin-walled structure
由纵横加筋构件为骨架且以薄板件为蒙皮组成的结构。

04.010 整体结构 integral structure
由整块毛坯经加工制成的大型构件所组成的结构。

04.011 桁梁式结构 longeron structure
由承受大部分纵向轴力的剖面积较大的桁梁与桁条、蒙皮及隔框组成的机身结构。

04.012 硬壳式结构 monocoque structure
没有桁梁和桁条而由间距较密的隔框和蒙皮组成的机身结构。

04.013 半硬壳式结构 semi-monocoque structure
没有桁梁而由间距较密的桁条与蒙皮、隔框组成的机身结构。

04.014 夹层结构 sandwich structure
由面板与疏松的或较轻的夹芯层组成的板、壳结构。

04.015 蜂窝结构 honeycomb structure
由金属或非金属制成的六角形蜂窝夹芯与面板组成的夹层结构。

04.016 防热结构 thermal protection structure
能在热环境下正常工作的结构。

04.017 密封结构 seal structure
在整体油箱或气密舱中能防止液体或气体渗漏的结构。

04.018 消声结构 noise elimination structure
用于衰减或阻隔噪声传播的结构。

04.019 吸波结构 absorbent structure
使入射到部件上的电磁波被大量吸收的结构。

04.020 透波结构 transparent structure
使入射到构件表面的电磁波可大量透过的结构。

04.021 屏蔽结构 shielding structure
保证部件或其内部装置可正常工作的工质可以通过,但阻止入射电磁波通过并反射到所需要方向的结构。

04.022 耐坠毁性 crashworthiness
航空器在发生地面坠撞时保证乘员有较高的生存率及设备有较高完好率的性能。

04.023 安全寿命设计 safe life design
使承力结构在规定的寿命期内不进行检查和维修的条件下疲劳失效概率极小的设计。

04.024 声疲劳 acoustic fatigue
结构因喷气发动机等噪声激励而引起的疲劳损伤和破坏。

04.025 耐久性设计 durability design
在规定使用寿命期内,使结构具有抗开裂(含应力腐蚀开裂和氢致开裂)、腐蚀、热退化、剥离、磨损和外来物损伤能力的设计。

04.026 损伤容限设计 damage tolerance design
承认结构中含有初始缺陷,通过多途径传力、裂纹缓慢扩展、裂纹止裂等措施和相应的定期检查,保证在规定使用期间结构安全的设计。

04.027 止裂 crack arrest
扩展中的裂纹在裂尖进入低应力区或高断裂韧性材料区时停止扩展的现象。

04.028 方案设计 conceptual design
根据战术技术要求或使用技术要求,确定飞机概念,形成飞机外貌和各分系统概貌,提出飞机初步设计方案的设计阶段。

04.029 初步设计 preliminary design
确定飞机各部件结构形式,进行部位安排和重心定位,绘制结构打样图,进行必要的计算和实验并制造样机的设计阶段。

04.030 细节设计 detail design
完成零件图纸和部件、系统与全机装配工作图纸,拟定技术文件,进行详细计算和必要的实验的设计阶段。

04.031 可靠性设计 reliability design
对系统和结构进行可靠性分析和预测,采用简化系统和结构、余度设计和可维修设计等措施以提高系统和结构可靠度的设计。

04.032 优化设计 optimal design
选定在设计时力图改善的一个或几个量作为目标函数,在一定约束条件下,以数学方法和电子计算机为工具,不断调整设计参量,最后使目标函数获得最佳的设计。

04.033 强度 strength
材料或结构在不同的环境条件下承受外载荷的能力。

04.034 张力场 tension field
薄壁加筋结构在外载下腹板受剪失稳后形成波纹状,外载继续增大时由薄板的张力分量承担载荷的受力状态。

04.035 张力场梁 tension field beam
在受力时腹板进入张力场状态的薄壁梁。

04.036 有效宽度 effective width
薄壁加筋结构在轴压下薄板失稳后、外载荷继续增大时,筋条两侧仍可承受与筋条同样压应力的那部分薄板的当量宽度。

04.037 安全裕度 margin of safety

结构的失效应力与设计应力的比值减去
1.0后的一个正小数,用以表征结构强度
的富余程度。

04.038 剩余强度 residual strength
结构内部出现裂纹型的损伤后所具有的承
载能力。

04.039 残余应变 residual strain
材料或结构经冷、热加工后或承受超过比
例极限的应力后在其内部残留的未能自动
消除的应变。

04.040 静力试验 static test
在静载荷下观测研究航空器结构的强度、
刚度和应力、应变分布以验证航空器结构
静强度的试验。

04.041 协调加载 coordinated loading
按照给定载荷分布、加载程序和试验要求,
使所有加载点能协调地施加载荷的方式。

04.042 气动弹性力学 aeroelasticity
研究空气动力与航空器结构变形相互作用
及其对结构强度等影响的学科。

04.043 流固耦合 fluid-solid coupling
流体与固体之间流体动力、结构弹性与惯
性力之间的耦合作用。

04.044 颤振 flutter
航空器结构在均匀气流中由于受到气动
力、弹性力和惯性力耦合作用而发生的振
幅不衰减的自激振动。

04.045 抖振 buffeting
航空器结构由于某部件本身或另一部件上
的气流分离所造成的湍流激励而引起的不
规则振动。

04.046 嗡鸣 buzz
飞机跨声速飞行时,由于激波及边界层相
互作用引起的操纵面偏转的单自由度颤
振。

04.047 伺服气动弹性 servo aeroelasticity
计及航空器自动控制系统耦合作用的气动
弹性问题。

04.048 气动弹性剪裁 aeroelastic tailoring
利用复合材料层压板的刚度方向性和耦合
效应,使载荷作用下的翼面结构产生有利
的弹性变形,以提高设计性能和静、动气动
弹性特性的一种复合材料结构优化设计方
法。

04.049 失速颤振 stall flutter
接近机翼失速迎角时发生的某一个或某几
个自由度的颤振。

04.050 旋转颤振 whirl flutter
由于发动机架刚度不足而产生的以涡桨动
力装置偏摆、俯仰为主的一种颤振,其中涉
及旋转桨叶的空气动力及陀螺力矩效应。

04.051 壁板颤振 panel flutter
各种能产生空气动力的外露壁板(如机翼
蒙皮)由于超声速气流的激励而产生的局
部颤振。

04.052 颤振余量 flutter margin
在等马赫数和高度线上所求得的飞机极限
速度包线的所有点上,要提高某个百分数
的当量空速以保证飞行器偶然超过包线或
存在结构特性的分散性及制造误差等因素
时都不致发生颤振。上述百分比数即为颤
振余量。

04.053 质量平衡 mass balance
在操纵面前缘附近配置集中质量使结构质
心前移以防止颤振发生。

04.054 跨声速凹坑 transonic dip
在颤振边界曲线(在给定高度上绘制的马
赫数与颤振当量空速的关系曲线)上对应
于马赫数为1的附近的区间,颤振速度下
降,形成曲线的凹坑。它反映了空气动力
压缩性的影响。

04.055　变形扩大　divergence

又称"变形发散"。在结构变形与空气动力交互作用下结构变形不断增大的现象。

04.056　动力响应　dynamic response

结构在动载荷作用下所引起的结构运动、变形和应力。

04.057　前轮摆振　nose wheel shimmy

飞机滑跑时前起落架绕支柱自由旋转运动与起落架系统的结构变形耦合作用引起的自激振动。

04.058　地面共振试验　ground resonance test

利用共振原理在地面测定飞机结构固有振动特性的一种试验方法。

04.059　起落架落震试验　landing gear drop test

在落震试验台上对起落架进行投放以检验其减震系统功能的试验。

04.060　颤振模型试验　flutter model test

根据空气动力学、结构动力学和几何形状等方面相似律的要求,用缩比模型在风洞中研究飞机颤振特性的试验。

04.061　飞行颤振试验　flight flutter test

用真实航空器在空中飞行所做的颤振试验。

04.062　热强度　thermo-strength

材料或结构在高温环境下承受外载荷的能力。

04.063　裂纹扩展寿命　crack propagation life

含裂纹结构在疲劳载荷作用下由可检初始裂纹扩展到临界裂纹长度所经历的载荷循环数(或时间)。

04.064　裂纹形成寿命　crack initiation life

在给定循环载荷和试验条件下,认为无初始缺陷的结构或试件由开始加载至出现疲劳裂纹所经历的载荷循环数。

04.065　S-N 曲线　S-N curves

在循环应力中给定应力比或平均应力时,材料或构件的疲劳寿命 N 与应力幅值 S 的关系曲线。

04.066　P-S-N 曲线　P-S-N curves

考虑到疲劳寿命的分散性而绘制的对应于不同存活率 P 的 S-N 曲线。

04.067　缺口敏感系数　sensitivity factor of notch

表征材料塑性对试件缺口疲劳强度影响的系数,其值在 0 与 1 之间。

04.068　细节疲劳额定强度　detail fatigue rating

结构细节在应力比 0.06 的等幅循环载荷下,对应于疲劳寿命为 10^5 循环的疲劳强度。

04.069　疲劳寿命　fatigue life

又称"安全寿命"。在给定循环载荷条件下,试件或结构由开始加载至出现可检裂纹时的载荷循环数。

04.070　疲劳总寿命　total fatigue life

试件或构件在给定的循环载荷下由开始加载直至试件(构件)完全断裂时的载荷循环数,即裂纹形成寿命与裂纹扩展寿命之和。

04.071　航空器全寿命费用　aircraft life cycle cost

航空器从制订设计方案起到停止使用为止整个期间所花的总费用。

04.072　经济寿命　economic life

航空器结构出现广泛疲劳开裂或其他功能衰退,以至于不修理可能影响其功用而修理又不经济时的寿命。

04.073 剩余寿命 residual life
结构总寿命减去已用寿命。即裂纹扩展已至某一长度后,再扩展至临界裂纹长度所需的载荷循环数。

04.074 名义应力法 nominal stress method
根据航空器载荷谱求出结构危险部位的名义应力谱,应用相应的 S-N 曲线和疲劳累积损伤法则计算结构疲劳寿命的方法。

04.075 应力严重系数法 stress severity factor method
考虑连接件孔边由多种因素引起的应力集中严重程度,用一个应力严重系数计算局部应力并结合 S-N 曲线估算疲劳寿命的一种方法。

04.076 局部应变法 local strain method
计算结构危险部位真实弹塑性应变后,利用 ε-N 曲线及疲劳累积损伤法则求构件疲劳寿命的一种方法。ε 为疲劳延性。

04.077 疲劳载荷谱 fatigue load spectrum
航空器在运行中结构所承受的典型交变循环载荷的统计表示。

04.078 程序块谱 program block spectrum
各级交变载荷及其出现频次组成一个载荷块,再按一定顺序排列的疲劳载荷谱。

04.079 飞续飞谱 flight by flight spectrum
考虑航空器的地-空-地交替运行效应的表示一次接一次飞行的疲劳载荷谱。

04.080 随机谱 random spectrum
将交变载荷块随机排列或直接将交变载荷各个峰和谷进行随机排列所得到的疲劳载荷谱。

04.081 累积损伤法则 cumulative damage rule
计算交变载荷下所造成损伤不断累积以至破坏的法则。

04.082 存活率 probability of survivability
结构在承受疲劳载荷时寿命达到或超过某一指定值的概率。

04.083 腐蚀疲劳 corrosion fatigue
金属构件在腐蚀介质和交变载荷联合作用下的疲劳损伤或破坏。

04.084 磨蚀疲劳 fretting fatigue
在交变载荷下互相接触的构件表面之间存在微小相对运动,因摩擦损伤而产生的疲劳破坏。

04.085 航空器结构完整性 aircraft structural integrity
综合考虑结构静强度、动强度、热强度及疲劳断裂特性以保证航空器结构系统良好的一种研制新航空器的强度设计要求。

04.086 载荷系数 load factor
航空器设计中规定的限制载荷与航空器设计重量的比值。

04.087 限制载荷 limit load
又称"使用载荷"。航空器正常使用中各结构允许承受的最大载荷,在该载荷下结构中应力一般不大于屈服应力,卸载后不存在残留变形。

04.088 极限载荷 ultimate load
又称"设计载荷"。限制载荷乘以安全系数得到结构所能承受的最大载荷。

04.089 限制动压 limiting dynamic pressure
飞机强度规范中规定的在设计中使用的最大动压。

04.090 设计俯冲速度 design diving speed
飞机设计中使用的一种特征飞行速度。以 v_D 表示。

04.091 限制马赫数 limiting Mach number
飞机强度规范中规定的在设计中使用的最

大马赫数。

04.092 翼载荷 wing loading
飞机飞行重量与机翼面积的比值。

04.093 功率载荷 power loading
航空器飞行重量与发动机总功率的比值。

04.094 载荷等级数 load classification number, LCN
表示机场跑道等路面承载能力(不产生裂纹或永久变形)的分级数。

04.095 飞机等级数 aircraft classification number, ACN
国际民航组织(ICAO)建议的按飞机起落架机轮对机场跑道所加载荷大小而划分的通用分级数。

04.096 载荷历程 load history
航空器所受交变载荷随时间变化的过程。

04.097 使用环境谱 service environment spectrum
航空器结构在使用中受载环境(温度、湿度和腐蚀介质等)随时间变化的历程。

04.098 机动载荷 maneuver load
航空器在机动飞行时作用在机体上的载荷。

04.099 阵风载荷 gust load
航空器在不稳定气流(阵风)中飞行时,由扰动气流引起的载荷。

04.100 阵风速率 gust speed
大气不稳定气流的扰动速率。

04.101 阵风载荷减缓 gust load alleviation
航空器的动态响应对阵风载荷产生的减缓作用。

04.102 阵风响应 gust response
在大气湍流的扰动下,航空器的飞行参数、结构受载状况的瞬态变化。

04.103 地－空－地载荷循环 ground-air-ground load cycle
航空器由地面最大过载上升到空中最大正过载再回到地面最小负过载所组成的载荷循环。

04.104 着陆能量 landing energy
航空器着陆接地时在铅垂方向速度的动能与接地后飞机重心下移所引起的位能变化之和。它也是航空器起落架减震系统需要吸收的能量。

04.105 起转 spin up
又称"起旋"。航空器着陆触地后轮胎与地面之间由滑动摩擦转变为滚动摩擦的过程。

04.106 回弹 spring back
飞机着陆时机轮触地点的线速度达到飞机前进速度时,由于起落架向后变形所积累的应变能释放所产生的减震器支柱系统向前的回弹和振荡。

04.107 冲击载荷 impact load
瞬时突然施加在结构上的载荷(如飞机着陆、机炮发射等)。

04.108 副翼反效 aileron reversal
副翼下偏产生的空气动力使弹性机翼低头扭转,从而抵消副翼增升作用,飞行速度增大时最终导致副翼囊丧失效用。

04.109 直升机地面共振 helicopter ground resonance
铰接式旋翼直升机在地面开车时,由于多片桨叶摆动与机身晃动耦合而产生的一种危险的自激振动。

04.110 空重 empty weight
航空器出厂交付使用时的标定空机重量。

04.111 起飞重量 take-off weight
带有为完成任务所需要的燃料量和有效装

载的航空器在起飞开始时的总重量。

04.112 最大起飞重量 maximum take off weight
按设计要求或使用部门专门推荐所确定的航空器在起飞开始时的最大重量。

04.113 零燃油重量 zero fuel weight
扣除可用燃油重量的航空器总量。

04.114 最大停机坪重量 maximum ramp weight
最大飞行重量加上发动机起动、暖机、试

车、滑行和起飞过程中所消耗的燃料、水等航空器的重量。

04.115 最大着陆重量 maximum landing weight
在着陆情况下,由结构强度确定的最大的航空器重量。

04.116 商载 payload
又称"酬载"。航空器装载中收费的那一部分装载(如旅客、货物等)的重量。

05. 推进技术与航空动力装置

05.001 理想循环 ideal cycle
研究发动机循环时,为简化分析所作的假设的理想化循环。即假定循环是在封闭的、工质为完全气体且其成分和质量不变、比热容为定值、各热力过程均为可逆的条件下组成的。

05.002 实际循环 non-ideal cycle
与理想循环相比,取消理想化假设的循环。即工质为实际气体,比热容可变,循环中各热力过程为不可逆过程组成的循环。

05.003 一维定常管流 one-dimensional steady channel flow
在管内气流参数只沿流动方向变化,在垂直于流动方向的任一截面上气流参数均匀分布,且不随时间变化。范围包括变截面管流、等截面摩擦管流和等截面换热管流等。

05.004 变流量管流 channel flow with variable mass flow rate
流量沿流动方向变化(加入或引出气流)的一维定常管流。

05.005 火焰传播 flame propagation

高温火焰靠向邻近的未燃混气层导热或传递活性分子将其点燃,从而使火焰得以在空间混气中扩展和推进的过程。

05.006 火焰前峰 flame front
又称"火焰前沿","火焰面"。已燃区与未燃区的分界面。

05.007 扩散火焰 diffusion flame
通过扩散的燃料和氧化剂在反应区中相遇后燃烧所形成的火焰。

05.008 两相燃烧 two phase combustion
由固态或液态燃料颗粒群悬浮物与气态氧化剂所组成的两相流动体系中发生的燃烧。

05.009 燃烧不稳定性 combustion instability
空气喷气发动机或火箭发动机燃烧室中产生的周期性振荡燃烧现象。

05.010 推进系统 propulsion system
利用反作用原理为飞行器提供推力的装置。

05.011 进气道－发动机相容性 inlet-engine compatibility

表征进气道与发动机共同工作相互影响和匹配的特性,其中包括影响发动机气动稳定性、性能和结构完整性的流量与流场相容性。

05.012　进气总压畸变　inlet total pressure distortion

在进气道出口、发动机进口的界面上出现总压不均匀的现象。

05.013　进气总温畸变　inlet total temperature distortion

在进气道出口,发动机进口的界面上出现总温不均匀的现象。

05.014　进气旋流畸变　inlet swirl flow distortion

"S"形弯曲进气道出口处,由于出现双旋涡引起的流场不均匀的现象。

05.015　畸变图谱　distortion pattern

用总压或总温等值线描绘流场不均匀的图谱。

05.016　气动稳定性　aerodynamic stability

表征发动机在整个工作包线内各主要部件气动力稳定工作的能力,可用稳定性裕度或喘振裕度等表示。

05.017　[发动机]稳定性裕度　engine stability margin

又称"[发动机]喘振裕度"。发动机压缩部件工作点距离喘振边界的量度。

05.018　飞机-发动机一体化　aircraft/engine integration

综合考虑飞机-发动机间气流流动相互干扰或结构相互干扰的设计方法。

05.019　飞行任务分析　flight mission analysis

航空器和发动机的组合完成一种或多种飞行任务能力的分析。

05.020　安装损失　installation loss

发动机安装在航空器上,与进气道、尾喷管构成推进系统后,进气道和尾喷管内、外流阻力造成的推力损失。

05.021　安装推力　installed thrust

发动机安装在航空器上,与进气道、尾喷管构成推进系统后产生的推进系统的推力。

05.022　安装耗油率　installed specific fuel consumption

发动机安装在航空器上,与进气道、尾喷管构成推进系统后,燃油流量和安装推力之比。

05.023　吸空气发动机　air breathing engine

由航空器周围大气中吸取空气作为燃料燃烧氧化剂的发动机。

05.024　航空发动机　aero-engine

为航空器提供飞行所需动力的发动机。

05.025　活塞式发动机　piston engine

依靠活塞在汽缸中作往复运动,使气体工质完成热力循环,并将燃料的部分化学能转化为机械功的动力装置。

05.026　燃气涡轮发动机　gas turbine engine

利用燃气涡轮驱动的压气机将气体工质压缩,经加热后在涡轮中膨胀并将部分热能转化为机械功的旋转式动力机械。

05.027　涡轮喷气发动机　turbo-jet engine

在单个流道内靠发动机喷出的高速燃气产生反作用推力的燃气涡轮发动机。

05.028　涡轮风扇发动机　turbo-fan engine

又称"内外涵发动机"。由在压气机前安装的一级或多级风扇形成的外涵气流与内涵喷管排出的或内外涵气流掺混后排出的燃气共同产生推力的燃气涡轮发动机。

05.029 涡轮螺旋桨发动机 turbo-prop engine

由螺旋桨提供拉力(或推力)的燃气涡轮发动机。

05.030 涡轮轴发动机 turbo-shaft engine

输出轴功率的燃气涡轮发动机。

05.031 桨扇发动机 propfan engine

又称"无涵道风扇发动机"。它既可看做带先进高速螺旋桨的涡轮螺旋桨发动机,又可看做除去外涵道的超高涵道比涡轮风扇发动机。

05.032 冲压喷气发动机 ramjet engine

没有压气机和涡轮,靠迎面高速气流减速来实现空气的压缩过程的喷气发动机。

05.033 超燃冲压发动机 scramjet engine

燃料在超声速气流中进行燃烧的冲压发动机。

05.034 脉冲喷气发动机 pulse jet engine

空气和燃料间歇地供入燃烧室的一种无压气机的喷气发动机。

05.035 火箭发动机 rocket engine

由飞行器自带推进剂,不依赖外界空气提供氧化剂的喷气发动机。

05.036 固体火箭发动机 solid propellant rocket engine

又称"固体推进剂火箭发动机"。在燃烧室内直接装填固体推进剂的火箭发动机。

05.037 液体火箭发动机 liquid propellant rocket engine

又称"液体推进剂火箭发动机"。使用在常温或低温下呈液态的一种或多种化学物质作为推进剂的火箭发动机。

05.038 脉冲固体火箭发动机 pulse solid rocket engine

可以多次点火和工作的固体火箭发动机。

05.039 混合推进剂火箭发动机 hybrid propellant rocket engine

使用固体燃料和液体氧化剂的火箭发动机。

05.040 组合发动机 combined engine, hybrid engine

由两种以上不同工作模式的发动机组合而成的发动机。

05.041 助推发动机 booster engine

为改善飞行器性能,或为适应高原、炎热地区起飞等要求而安装的一种短时间工作的小型发动机。

05.042 垂直-短距起落动力装置 VTOL/STOL power plant

垂直起落和(或)短距起落飞机所使用的动力装置。

05.043 推力转向发动机 thrust-vectoring engine

又称"推力矢量发动机"。利用改变喷气方向而提供不同方向推力的喷气发动机。

05.044 升力发动机 lift engine

为垂直起落和(或)短距起落飞机专门提供升力的动力装置。

05.045 升力风扇 lift fan

由燃气涡轮发动机所产生的热燃气驱动装在飞机机身或机翼上的风扇旋转,并专门产生升力的装置。

05.046 短寿命发动机 expendable engine

通常指工作寿命不超过50小时的发动机。

05.047 发动机性能 engine performance

航空发动机推力(或功率)和耗油率随使用条件变化的特性。使用条件包括发动机工作的外部条件(如飞行速度、飞行高度、大气温度、大气压力和湿度等)及发动机本身的工作状态。

05.048 爆震 detonation
又称"爆震波"。在可燃混合气中传播的由激波和紧贴其后的放热化学反应所形成的一种燃烧波。

05.049 外特性 external characteristics
又称"负荷特性","转速特性"。活塞式发动机在海平面保持节风门全开或进气压力不变情况下,有效功率和燃油消耗率随转速的变化关系。

05.050 螺桨特性 propeller characteristics
螺桨功率系数、安装角、效率和进距比之间的关系。

05.051 推力 thrust
发动机所产生的推动飞行器运动的力,是气流作用在发动机内、外表面上各种力的合力。

05.052 功率提取 power take off
通过发动机输出取得驱动附件和其他机件的功率。

05.053 单位推力 specific thrust
喷气发动机的推力与空气质量流量之比。

05.054 单位迎面推力 thrust per frontal area
喷气发动机的推力与其最大横截面积之比。

05.055 推重比 thrust to weight ratio
发动机推力与重量之比。

05.056 功重比 power to weight ratio
发动机轴功率(或当量功率)与重量之比。

05.057 耗油率 specific fuel consumption
又称"单位燃油消耗率"。每小时喷入发动机的燃油质量与发动机推力之比。

05.058 热效率 thermal efficiency
发动机产生的有效功率与单位时间所喷入燃料的化学能之比。

05.059 推进效率 propulsive efficiency
发动机所产生的推进功率(推力和飞行速度的乘积)与有效功率之比。

05.060 总效率 overall efficiency
发动机所产生的推进功率与单位时间所喷入燃料的化学能之比,即热效率与推进效率的乘积。

05.061 涵道比 bypass ratio
又称"流量比"。涡轮风扇发动机的外涵道和内涵道的空气流量之比。

05.062 加力比 augmentation ratio
又称"加力度"。在同样飞行条件下,加力式喷气发动机的加力推力与它的最大不加力推力之比。

05.063 最大状态 maximum rating
发动机产生最大推力的工作状态。

05.064 最小加力状态 minimum augmentation rating
加力式喷气发动机产生最小加力推力的工作状态。

05.065 中间状态 intermediate rating
加力式喷气发动机产生最大的不加力推力的工作状态。

05.066 额定状态 normal rating
在海平面静止条件下,推力为最大不加力推力的80% ~ 85%的工作状态。在规定的寿命范围内,连续工作时间不受限制。

05.067 最大连续状态 maximum continuous rating
发动机可以连续工作的最大推力的工作状态。

05.068 慢车状态 idling rating
发动机能稳定和可靠工作的最小推力的工

作状态。

05.069 经济巡航状态 economic cruising rating
巡航飞行条件下发动机工作最经济的工作状态。

05.070 应急状态 emergency rating
当有发动机失效时,其余正常发动机所处的超温、超转的高负荷工作状态。

05.071 反推力状态 thrust reversing rating
发动机推力方向和飞行方向相反的工作状态。

05.072 设计点 – 非设计点 design/off-design points
设计发动机时,被确定发动机及其部件的气动热力参数及几何尺寸对应的一个特定飞行条件和发动机工作状态,称为设计点(发动机设计点可不同于其部件的设计点)。发动机在使用中所遇到的不在设计点的飞行条件和工作状态,称为非设计点。

05.073 共同工作线 operating line
在部件特性图上表示的发动机各部件共同工作时部件参数的关系曲线。

05.074 速度特性 velocity characteristics
在给定的飞行高度、发动机工作状态和控制规律下,发动机的推力和耗油率随飞行速度(或飞行马赫数)的变化关系。

05.075 高度特性 altitude characteristics
在给定的飞行速度(或飞行马赫数)、发动机工作状态和控制规律下,发动机的推力和耗油率随飞行高度的变化关系。

05.076 节流特性 throttle characteristics
又称"油门特性"。在给定的飞行条件和控制规律下,发动机推力(或功率)和耗油率随油门位置的变化关系 。

05.077 发动机加速性 engine acceleration
发动机从指定的低推力(或功率)状态安全迅速地过渡到指定的高推力(或功率)状态的能力。用加速时间作为评价加速性的指标。

05.078 发动机减速性 engine deceleration
发动机从指定的高推力(或功率)状态安全迅速地过渡到指定的低推力(或功率)状态的能力。用减速时间作为评价减速性的指标。

05.079 稳态性能 steady state performance
发动机在稳定状态工作时的发动机特性,其工作参数和性能参数均不随时间变化。

05.080 瞬态性能 transient performance
在发动机工作状态的转换过程中,发动机工作参数和性能参数随时间的变化关系。

05.081 环境特性 environmental character-istics
在发动机使用的环境条件下,发动机工作参数和性能参数随环境条件的变化关系。环境条件包括大气温度变化、结冰、霉菌生长、高湿度和盐雾环境以及吞咽外物。此外,也包括发动机工作时产生的噪声和排放物对周围环境的污染。

05.082 喷流噪声 jet noise
发动机尾喷管排出的高速气流与周围流速较低的空气产生摩擦并急剧混合,形成强烈压力脉动而产生的噪声。

05.083 管道噪声 duct noise
气流流过管道所产生的噪声,包括气流流动中的湍流所造成的噪声和管道振动所造成的噪声。

05.084 叶片噪声 blade noise
绕流叶片或叶栅的气流所产生的噪声。其主要来源是绕流叶片时气流的湍流和叶片后缘分离的旋涡。

05.085　机械噪声　mechanical noise

各种机械部件在运动中由于摩擦、冲击、振动等原因所产生的噪声。

05.086　燃烧噪声　combustion noise

在航空发动机的高速气流的燃烧过程中，由于燃料的喷入、气体的涡流、火焰的传播、混合气体在燃烧时体积膨胀等原因所产生的噪声。振荡燃烧将产生更强的噪声。

05.087　消声　noise suppression

为使噪声级符合规定的噪声标准而采取的降低噪声的措施。

**05.088　消声衬　noise suppression gasket,
　　　　　　　noise suppression liner**

安装在进气道和发动机短舱排气通道内壁的具有吸声能力或阻止发动机内的噪声外传功能的特殊衬垫。

05.089　消声喷管　noise suppression nozzle

具有降低喷流噪声功能的喷管。

05.090　气动声学设计　aero-acoustic design

在保证发动机总体性能前提下，以发动机可能的最低噪声级为目标进行的声学设计。

05.091　排放污染　exhaust emission, exhaust pollution

发动机排气中所含有害物质对人类生存环境所造成的污染。

05.092　红外抑制　infrared inhibition

采用减少红外信号的措施，如降低红外辐射源的辐射强度和改变红外辐射源的辐射波段等技术措施。

05.093　发动机适用性　engine operability

发动机在飞机上工作的寿命期内，在整个飞行包线和发动机工作状态变化的范围内，保证稳定工作（或只发生少量能允许的且可恢复的气动不稳定性）的能力。

05.094　单元体设计　modular design

发动机分成若干个结构上独立的能在外场甚至在飞机上拆换的大单元体的一种结构设计方法。

05.095　卸荷腔　unloading cavity

又称"平衡腔"。用以减少作用于燃气涡轮发动机转子止推轴承上轴向力的装置。

05.096　密封装置　seal

防止容腔内的气体或液体向外泄漏的组件。

05.097　推力平衡　thrust balance

又称"转子轴向力平衡"。调整压气机和涡轮转子的轴向力，以保证发动机在工作包线内所有功率状态下，装于转子上的止推轴承的轴向力在允许范围内的措施。

05.098　联轴器　coupling

在燃气涡轮发动机中，将涡轮转子与压气机转子连接起来并传递轴向力和扭矩的组件。

05.099　承力系统　load supporting system

在燃气涡轮发动机中，承受负荷并将负荷传递到发动机安装节的承力框架和承力壳体组成的系统。

05.100　安装节　mount

将发动机固定到飞行器上并将发动机的各种负荷传至飞行器的组件。

05.101　外压式进气道　external compression inlet

在进气道唇口前使超声速来流，通过激波系降为亚声速流的发动机进气道。

05.102　内压式进气道　internal compression inlet

在进气道内使超声速来流，通过激波系降为亚声速流的发动机进气道。

05.103　混压式进气道　mixed compression inlet

在进口内外设置波系(即进口内的激波系和进口外的斜激波系),使超声速来流降为亚声流的发动机进气道。

05.104　可调进气道　variable geometry inlet

采用进气道几何尺寸可变的方式,使波系或(和)进气量发生变化,以改善飞机与发动机在不同的飞行条件和工况下进气道与发动机的匹配。

05.105　进气道总压恢复　inlet total pressure recovery

又称"进气扩压效率"。进气道出口气瓶总压与远前方来流总压之比值。

05.106　进气道唇口　inlet lip

进气道进口外圈的前缘部分。

05.107　进气道喉道　inlet throat

进气道通道内的最小流通截面。

05.108　扩压器　diffuser

进气道喉部的下游的扩压型管道,使亚声流或低超声流经结尾正激波降为亚声流后继续减速扩压。

05.109　进气道附加阻力　inlet additive drag

进气道进口前流管扩散部分中的流体,因动量改变而产生的阻力。它等于该段流管外表面上的气流压力与大气压力之差的合力的轴向分量。

05.110　进气道外阻　inlet external drag

进气道外罩阻力(外罩压阻和摩擦阻力)与附加阻力之和。

05.111　进气道稳定裕度　inlet stability margin

进气道设计工作点流量系数与喘振点的流量系数的相对差值。

05.112　进气道动态响应　inlet dynamic response

进气道对时变上、下游气流干扰的反应。

05.113　进气道辅助进气门　auxiliary inlet door

进气道外罩上开设的进气门,以提高高速飞机在起飞或低速飞行时进气效率。

05.114　边界层泄除　boundary layer bleed

用吸气或分流等方式,将发动机进气道内壁面附近的低能部分气流排出体外。

05.115　进气道动态畸变　inlet dynamic distortion

发动机进气道出口流场出现随时间变化的气流不均匀性。

05.116　畸变指数　distortion index

衡量进气道出口截面上气流的不均匀程度的指标。

05.117　粒子分离器　particle separator

为防止地面上的砂石随气流被发动机吸入,损坏压气机叶片或其他机械部分而在发动机进口前增设的利用离心力将吸入的砂石分离的装置。

05.118　压气机　compressor

向气体输入机械功并提高其压力的旋转机械装置。

05.119　轴流压气机　axial-flow compressor

气流基本平行于旋转叶轮轴线流动的压气机。

05.120　离心压气机　centrifugal compressor

在叶轮内气流基本沿着径向向外流动的压气机。

05.121　组合压气机　combined compressor

由轴流压气机级和离心压气机级组合而成的压气机。

05.122 高压压气机 high pressure compressor

在双转子或三转子燃气涡轮发动机中把气流压缩到高出口压力的最后一个压气机。

05.123 低压压气机 low pressure compressor

在双转子或三转子燃气涡轮发动机的压气机中第一个压气机。

05.124 风扇 fan

在双涵燃气涡轮发动机中直接从大气中吸入空气进行压缩,提供内、外涵全部空气的部件。

05.125 增压级 booster stage

为改善前置风扇和高压压气机的气动性能和提高高压压气机入口处的压力而专门设置在风扇和高压压气机间的压气机级。

05.126 压气机基元级 compressor element stage

由一个与压气机轴线同轴的锥面或柱面切割出的一排动叶栅和其后的一排静叶栅的组合。

05.127 压气机增压比 compressor pressure ratio

压气机最后一级静子叶片排的出口平均压力与第一级(含进口导向器)前的平均压力之比。

05.128 压气机流道 compressor passage, compressor flow path

由压气机内外环壁组成的环形流路。

05.129 叶型 profile

按一定气动要求设计的叶片横截面形状。它是组成叶片的基本单元。

05.130 叶栅 cascade

按等间隔距离和等安装角排列的多个叶片组成的叶列。

05.131 旋转失速 rotating stall

压气机中气流不稳定的一种形态。气流以大迎角流入叶片排形成的单个或多个失速团,以小于转子转速并和转子同向围绕环形通道旋转的失速现象。其本质是气流出现的一种沿周向的自激振荡。

05.132 喘振 surge

当压气机中,气流以大迎角流入叶片排形成严重的分离时,引起压气机出口气流压力和流量强烈脉动的现象。其本质是气流出现的一种沿轴向的自激振荡。

05.133 喘振边界 surge limit, surge line

又称"失速边界"。压气机在不同工作转速下,流量减小时能保持气流不失去稳定性的极限界线。

05.134 喘振裕度 surge margin

又称"失速裕度"。衡量压气机在一定的工作转速下,工作点上的压比和流量与喘振边界对应点上的压比和流量间保持稳定工作的可变化范围的尺度。

05.135 叶轮 impeller

轮盘与安装其上的转动叶片的总称。

05.136 压气机转子 compressor rotor

压气机中转动件的总称。

05.137 压气机机匣 compressor casing

包容压气机转子和静子的外壳体。

05.138 叶片 blade, vane

按一定规律作空间积叠的叶型,或按气动设计直接造型所形成的空间曲面体,并通过它与气流进行能量交换和转换的叶状元件。

05.139 转子叶片 rotor blade

安装在轮鼓或转盘上并对气流做功的叶片。

05.140 整流叶片 stator vane

固定在机匣上用来提高气流静压并整流的叶片。

05.141 导流叶片 guide vane
压气机中第一排转子叶片前形成通道使气流按要求方向导入转子叶片并且使静压降低的固定叶片。

05.142 串列叶栅 tandem cascade
为改善气流在大转折条件下的气动性能,在轴向设置的相距一个小间隔的双排整流叶栅。

05.143 超声速通流级 supersonic through-flow stage
在整个压缩系统中始终能保持气流轴向流动为超声速的压气机级。

05.144 叶盘转子结构 blisk rotor configuration
使转子叶片与旋转轮盘成为一体的结构。

05.145 放气 air bleed
又称"引气"。在多级压气机的某一级之后,由外壳体上开窗口引出一部分气体,以避免压气机在部分转速下进入不稳定工作状态的气动措施。

05.146 机匣处理 casing treatment
一种用来扩大压气机稳定工作范围和改进性能的技术措施,即在压气机机匣上与一级或几级转子顶部的相应部位,开槽、开缝或构造成多孔内壁,以抑制叶尖区气流的失速和改变流动损失。

05.147 可控扩散叶型 controlled diffusion airfoil
经过修整叶型的型线使其表面的扩压程度得到合理的控制,以求实现降低流动损失和扩大稳定工作范围而设计的一种叶型。

05.148 落后角 deviation angle
又称"偏角"。气流离开叶栅的出气角与叶栅出口构造角之差。

05.149 叶栅稠度 cascade solidity
叶栅中叶型的弦长与相邻两叶型沿周向间的间距之比。

05.150 倾斜叶片 dihedral vane, lean blade
叶片前、后缘中心连线在子午平面和旋转平面中,从叶根到叶尖逐渐偏离通过叶根前后缘的径向线而构造出的静子叶片。

05.151 叶片阻尼凸台 part-span shroud of blade
在叶片高度的适当位置上设置的并互相对接的凸起部分。其作用是使叶片间形成一个环带,以增强叶片的刚性并防止颤振。

05.152 燃烧室 combustion chamber
将燃料的化学能转变为工质的热能的装置。

05.153 分管燃烧室 tubular combustor
又称"单管燃烧室"。有各自的火焰筒和外壳的若干个单独的筒体,筒体之间用联焰管连接而成的燃烧装置。

05.154 联管燃烧室 cannular combustor
在内外环形壳体内,火焰筒沿周向均匀分布,火焰筒之间用联焰管连接的燃烧装置。

05.155 环形燃烧室 annular combustor
火焰筒与内外壳体均为同心圆环并无联焰管的燃烧装置。

05.156 直流燃烧室 throughflow combustor
常用的一种结构形式的燃烧装置。燃烧室气流流动方向与发动机轴线近似平行或呈一定角度。

05.157 回流燃烧室 reverse flow combustor
从压气机流出的空气经过两次 180° 转弯后流到涡轮的一种燃烧装置。常用于装有离心式压气机的小型涡轮轴发动机上。

05.158 突扩扩压器 dump diffuser

在环形扩压器进口有一个前置扩压器,在其出口突然扩张并产生一对大旋涡,用来缩短扩压器长度,突扩扩压器对进口流场变化不敏感。

05.159 变几何燃烧室 variable geometry combustor

使用中通过改变燃烧室几何参数控制燃烧室主燃区、中间区及掺混区中空气分配,以保证燃烧室在变工况下性能最佳的燃烧室。

05.160 当量扩张角 equivalent divergent angle

非圆锥形扩压器转换成圆锥扩压器时表示扩压器扩张的程度的圆锥角。它根据扩压器进出口当量直径来计算。

05.161 火焰筒 liner

控制燃烧、掺混、冷却的金属薄壁筒体。它可以防止高温燃烧产物对发动机机匣和轴的影响。

05.162 旋流器 swirler

装在火焰筒头部产生旋流并在其下游形成回流区以便稳定火焰的装置。

05.163 燃油总管 fuel manifold

向燃烧室燃油喷嘴供油的主管路。

05.164 燃油雾化喷嘴 fuel atomizer

向燃烧室提供雾状燃油的装置。

05.165 直射喷嘴 plain orifice atomizer

燃油在一定供油压力下通过喷嘴壁上一个或多个孔喷入燃烧室的喷嘴。

05.166 离心喷嘴 swirl injector

使燃油在油压作用下经过喷嘴切向孔进入旋流室,由喷口喷出进入燃烧室的喷嘴。燃料在离心力作用下在喷嘴出口形成锥形薄膜,破碎后产生较细的油珠。

05.167 空气雾化喷嘴 air blast atomizer

利用高速空气射流与低速燃油射流相互作用产生可调雾化细度的喷嘴。

05.168 蒸发管 vaporizer

燃烧区内使燃油蒸发的管形装置。在管内燃油蒸气和进入的空气混合形成富油混合气。

05.169 甩油盘 slinger ring atomizer

燃油在低压下沿发动机空心主轴上的径向孔进入靠离心力作用使燃油雾化的空心圆盘。

05.170 传焰管 interconnector

在分管燃烧室或联管燃烧室中相邻火焰筒之间传播火焰的装置。

05.171 燃烧完全系数 combustion effectiveness

燃料燃烧时实际放热量与燃料理论放热量(化学能)之比。

05.172 热阻 heat resistance, heat loss

又称"热损失"。流体在一定流速下由于加热引起的总压损失。

05.173 当量比 equivalent ratio

燃料完全燃烧所需空气量与实际供给空气量之比。

05.174 容热强度 volumetric heat intensity

单位压力下,单位燃烧室容积内,单位时间燃料燃烧所释放的热量。

05.175 余气系数 excess air coefficient

燃烧过程中实际供给的空气量与燃料完全燃烧所需空气量之比。

05.176 油气比 fuel-air ratio

燃料流量与空气流量之比。

05.177 化学恰当比 stoichiometric ratio

燃料与空气完全燃烧时,燃料质量与空气

质量之比。

05.178 稳定燃烧边界 combustion stability limit
在一定气流参数条件下稳定燃烧的混气浓度范围。

05.179 点火边界 ignition limit
在一定进气条件下,能点燃的混气浓度极限。

05.180 点火高度 ignition altitude
航空发动机燃烧室能点火的最大飞行高度。

05.181 加温比 temperature rise ratio
主燃烧室或加力燃烧室出口燃气平均总温与进口总温之比。

05.182 出口温度分布 exit temperature distribution
燃烧室出口燃气温度沿径向或周向的分布。

05.183 一股流 primary air
由火焰筒旋流器,头部小孔及主燃孔进入的空气。主要用于燃烧和稳定火焰。

05.184 二股流 secondary air
由补燃孔和掺混孔进入火焰筒的空气。主要用来补充燃烧和掺混降温。

05.185 主燃区 primary combustion zone
主要用于燃烧和稳定火焰的区域。

05.186 掺混区 dilution zone
由掺混孔至火焰筒出口所形成的区域。用于掺混降温,提供涡轮进口所需的温度分布。

05.187 回流区 recirculation zone
气流由旋流器与主燃孔进入所形成的逆流区。其中充满高温燃烧产物可提供自动点火源,回流区的低速区用于稳定火焰,增加

可燃混气停留时间,有利于提高燃烧完全度。

05.188 气流穿透深度 flow penetration depth
气流从火焰筒壁上的孔进入火焰筒形成的横向射流的中心线到火焰筒壁面的垂直距离。

05.189 燃油浓度分布 fuel concentration distribution
燃料经过雾化、蒸发、混合在火焰筒内的空间的分布。

05.190 点火能量 ignition energy
点火器所提供的能点着火的能量。

05.191 燃烧产物 combustion product
燃料与氧化剂燃烧所生成的物质。

05.192 燃烧模化准则 combustion simulation criteria, combustion scaling rule
在进行燃烧室模型试验时,综合燃烧室气动热力参数和几何参数所遵循的准则。通常用相似准则或性能综合参数,或经验综合参数表示。

05.193 涡轮 turbine
将流动工质的能量转换为机械功的叶轮机械。

05.194 动力涡轮 power turbine
在燃气涡轮发动机中,将燃气的能量转换为机械功用来驱动外部负载(如螺旋桨或旋翼等)的叶轮机械。

05.195 自由涡轮 free turbine
动力涡轮的一种,专指转轴与发动机内驱动压气机的轴不相连的动力涡轮。

05.196 冲击涡轮 impulse turbine
工质的膨胀全部在导叶内完成,动叶进、出口维持相对速度与相对总温近似不变的涡轮。

05.197 反力涡轮 reaction turbine
工质先后在导叶和动叶内膨胀,工质压力与温度在导叶和动叶内均发生变化的涡轮。

05.198 涡轮进口温度 turbine inlet temperature
第一级涡轮导向器进口截面处的总温,亦称涡轮前温度。

05.199 导向器 turbine nozzle
又称"涡轮静子","涡轮喷嘴环"。由内、外环和导向器叶片组成,用来使燃气膨胀加速和折转方向的装置。

05.200 导向器叶片 nozzle guide vane
简称"导叶",又称"涡轮静叶"。安装在涡轮导向器内、外环上沿周向等距分布的叶片。

05.201 叶片造型 blade profiling
根据气动计算得出的气流速度三角形和流路的几何尺寸,确定叶身型面沿叶高各截面的几何形状。

05.202 冲击冷却 impingement cooling
冷却气流垂直冲击被冷却物体表面的对流冷却。

05.203 对流冷却 convective cooling
冷却气流流过被冷却物体表面时,通过对流换热,带走部分热量,使其降温的冷却方式。

05.204 气膜冷却 film cooling
冷却空气通过物体壁面上按一定方式分布的孔或缝隙流出,在高温燃气和物体壁面间形成一层低温隔热气膜以减少燃气对物体的换热。

05.205 发散冷却 transpiration cooling
又称"发汗冷却"。冷却介质通过多孔材料的错综细密的小孔进行有效的对流冷却后流出小孔,随即形成一层冷气膜将热燃气与物体壁面隔开以减少燃气对物体的换热。

05.206 复合冷却 combined cooling
同时采用对流、冲击和气膜等冷却方式。

05.207 层板叶片 laminated blade
由多层薄金属板组合成复杂冷却通道以提高冷却效果的叶片。

05.208 定向结晶叶片 directional crystallization blade
又称"定向凝固叶片"。金属的所有晶界方向均与叶高方向相同,没有横向晶界的叶片。

05.209 单晶叶片 single crystal blade
只有一个晶粒的铸造叶片。

05.210 对转涡轮 counter-rotating turbine
由两个相反方向旋转的涡轮前、后排列组成的双转子涡轮。

05.211 弯扭叶片 twisted blade
又称"复合倾斜叶片"。从叶根到叶尖叶型不相同,沿叶高方向叶片不仅是扭转的而且叶片的母线又是弯曲的叶片。

05.212 可控涡设计 controlled vortex design
在叶轮机械通流计算中,通过控制沿叶高环量的变化规律来控制反力度沿叶高的变化,以使气流参数沿叶高合理变化的设计方法。

05.213 主动间隙控制 active clearance control
控制由于温度变化造成的涡轮动叶叶尖与涡轮外环内壁之间的径向间隙的控制技术与结构。

05.214 变几何设计 variable geometry design

发动机某一部位的几何形状可以通过控制进行调整的设计。如压气机和涡轮的静叶安装角,以及燃油喷嘴喷油孔面积均为变几何设计等。

05.215 加力燃烧室 afterburner
又称"复燃室","补燃室"。在燃气涡轮发动机中,向涡轮或风扇后的气流中喷油并燃烧,使气流温度大幅度增加,并从喷管高速排出以获得额外推力的装置。

05.216 外涵加力燃烧室 duct burner
又称"管道加力燃烧室"。在涡扇发动机风扇后的气流中喷油燃烧,使气流温度大幅度增加,并从喷管高速排出以获得额外推力的装置。

05.217 旋流加力燃烧室 swirl afterburner
在涡轮后旋转燃气中喷油燃烧,靠已燃气和未燃油气在强离心力场中的向内和向外运动传焰和稳定燃烧的加力燃烧室。

05.218 [内外涵]混合器 mixer
又称"混合室"。涡扇发动机使内、外涵气流强迫掺混的装置。

05.219 火焰稳定器 flame holder
在高速气流中形成回流区用以稳定火焰的装置。

05.220 隔热防振屏 afterburner liner
安装在加力筒体外壳内,用以隔热和防止振荡燃烧的多孔薄板筒形组件。

05.221 热堵塞 thermal choking
气体在等截面管内流动并受热,开始流速增加而流量不变,当加热量达到或超过一定值时,流量下降,流速保持在临界速度的现象。

05.222 催化点火 catalytic ignition
在催化点火器内,燃油和气体流过催化剂(如铂金丝网)的催化床,反应速度骤增而

产生火焰的点火方法。

05.223 软点火 soft ignition
加力燃烧室点火时,在点燃的瞬间不产生大的压力突升的点火过程。

05.224 振荡燃烧 oscillating combustion
发动机工作过程中,燃烧室或加力燃烧室出现大幅度压力脉动的不稳定燃烧现象。

05.225 排气系统 exhaust system
用于排出发动机燃气的系统。

05.226 尾喷管 exhaust nozzle
发动机排气系统中的使气流膨胀加速的管道。

05.227 尾喷口 exhaust nozzle exit
发动机排气系统的出口。

05.228 收敛－扩张喷管 convergent-divergent nozzle
横截面沿轴向先收缩后扩张的尾喷管,是用于超声速飞机发动机的一种常见的尾喷管类型。

05.229 引射喷管 ejector nozzle
发动机主喷管外附加环形套管,使主喷管排气流在其出口之后借引射作用在主喷管与外套管之间形成二次流,使排气流得以继续膨胀为超声速流的尾喷管。

05.230 塞式喷管 plug nozzle
发动机喷管轴心设有一外伸的特殊型面的中心塞体,使排气流流经喷管出口后,能继续膨胀为超声速流的尾喷管。

05.231 转向喷管 vectoring nozzle
又称"矢量喷管"。能使排气的流向在一定范围内变化的喷管。

05.232 反推力装置 thrust reverser
能使排气流逆向排出产生负推力的装置。

05.233 喷管膨胀比 nozzle expansion ratio

喷管内气流总压与外界大气压力之比值。

05.234 喷管底阻 nozzle base drag
喷管底部面积上的压力小于外界大气压力时所产生的阻力。

05.235 排气冲量 exhaust impulse
喷口截面上排气的动量（总质量流量与流速之积）加上出口截面平均静压与截面积之乘积。

05.236 过度膨胀 overexpansion
气流在喷管内膨胀至出口截面上的静压小于外界大气压力时的状态。

05.237 不完全膨胀 underexpansion
气流在喷管内膨胀至出口截面上的静压大于外界大气压力时的状态。

05.238 完全膨胀 full expansion
气流在喷管内膨胀至出口截面上的静压等于外界大气压力时的状态。

05.239 空气螺旋桨 air propeller, air screw
利用桨叶的螺旋运动而获得拉力或推力的航空器的一种推进器。

05.240 桨距 propeller pitch
螺旋桨绕其轴线旋转一周时，任何一个桨叶截面在轴线方向前进的距离。

05.241 螺旋桨进距比 propeller advance ratio
螺旋桨前进速度与桨尖切向速度之比。

05.242 螺桨调速器 propeller speed governor
当发动机工况和飞行状况变化时，通过改变桨叶安装角对转速进行调节的调节装置。

05.243 转速同步器 speed synchronizer
使飞机的多台螺旋桨保持转速及相位间的

差异小于给定值的调节装置。

05.244 恒速螺桨 constant speed propeller
飞行中转速保持恒定的螺旋桨。

05.245 变距螺桨 variable pitch propeller
飞行中藉助调速器自动改变安装角的螺旋桨。

05.246 大距 high pitch
又称"高距"。为适于高速飞行而调大的桨叶安装角。

05.247 小距 low pitch
又称"低距"。为适于起飞及低速飞行而调小的桨叶安装角。

05.248 定距螺桨 fixed pitch propeller
桨叶安装角在地面调定后，飞行中不能调整的螺旋桨。

05.249 顺桨 propeller feathering
当发动机空中停车后，为了减少迎面阻力，将桨叶顺飞行方向安置，即调至与桨平面约成90°角位置。

05.250 反桨 propeller reversing
将桨叶调至负的安装角，用以产生负拉力。

05.251 中间减速器 intermediate reduction gearbox
安装于直升机主减速器和尾减速器之间，降低尾桨转速的减速器。

05.252 体内减速器 inner reduction gearbox
安装在航空发动机内，降低输出轴转速的减速器。

05.253 测扭机构 torque-measuring mechanism
测量发动机输出扭矩的装置。

05.254 燃油泵 fuel pump
将燃油供往航空发动机燃烧室所用的泵。

05.255 空穴 cavitation
当流动液体的静压达到相应温度下的空气分离压力时液体加速气化,并产生大量气泡,随着液体流动时压力和温度的变化,气泡出现冷凝时产生瞬间真空的现象。

05.256 气蚀 cavitation erosion
如果气穴产生过程发生在金属零件内壁附近,这些零件的内表面由于受到局部液压撞击的长期作用而出现撞击坑疤的腐蚀过程。

05.257 油滤 oil filter
过滤出工作油中大于允许尺寸的固体杂质,保持工作油清洁的装置。

05.258 调节器 governor, regulator
使航空发动机某个参数保持在一个预定值或使它按预定规律变化的装置。

05.259 限制器 limiter
为保证航空发动机正常可靠地工作,限制它的某些参数,不超过最大允许值的装置。

05.260 金属刷密封 metal brush seal
采用金属刷形式在动件和静件间相互接触的一种密封装置。

05.261 液[压]锁 hydraulic lock
利用液压原理,将液体锁闭在一个容积内,使执行元件能较长时间保持在静止状态的一种方法。

05.262 滑油泵 oil pump
在发动机润滑系统中,用于提高滑油压力,以输送滑油的装置。

05.263 油气分离器 deaerator
将滑油回油中的气体分离出来以保证润滑系统能正常工作的装置。

05.264 滑油通风器 oil vent
又称"油雾分离器"。利用离心作用,将发动机内腔(如油池)空气中混入的滑油油雾分离出来并回收到润滑系统中,以降低滑油消耗量的装置。

05.265 滑油热交换器 oil heat exchanger
实现热量从高温介质发动机滑油传给低温介质的散热装置。

05.266 屑末探测器 chip detector
简称"检屑器"。检查、收集滑油中金属碎屑的装置。

05.267 起动机 starter
带动航空发动机转子旋转,使发动机起动的动力装置。

05.268 超转离合器 overrunning clutch
又称"超越离合器"。在被动传动轴的转速低于主动传动轴时,起合闸作用,使两轴一起转动,当超过主动传动轴的转速时使两轴脱开的机构。

05.269 内部空气系统 internal air system
又称"二次流系统"。引自压气机适当级的增压空气,以一定的流动方式和状态流过发动机内部腔室,专门形成的流路。用于内部冷却,平衡轴向力或密封等。

05.270 节流嘴 metering orifice
用固定流通面积来控制流体流动的一种元件。

05.271 轮盘破裂转速 disc burst speed
轮盘在旋转条件下破裂或变形达到不允许程度时的转速。

05.272 叶片动频 blade natural frequency under rotation
转子叶片在发动机工作状态下的自振频率。

05.273 叶片颤振 blade flutter
叶片在气动力以及由此而引起的叶片的变形和位移相互作用下形成的气动弹性耦合的自激振动。

05.274 转子临界转速 critical rotor speed
转子系统在旋转状态下发生共振时的转速。通常是指旋转时由转子不平衡力激起的转子系统的共振转速。

05.275 刚性转子 rigid rotor
在工作转速范围内不会出现使转子轴线发生弯曲变形的临界转速的转子。

05.276 柔性转子 flexible rotor
在工作转速范围内出现使转子轴线发生弯曲变形的临界转速的转子。

05.277 刚性支承 rigid support
其刚性远高于转(子)轴刚性的支承。

05.278 弹性支承 flexible support
又称"柔性支承"。其刚性远低于转子轴刚性的支承。

05.279 支承刚度 support stiffness
转子支承结构的有效刚度。从轴承内圈开始向外延伸到离之最近的机匣安装边结构为转子支承结构。

05.280 挤压油膜阻尼器 squeeze［oil］film damper
又称"挤压油膜轴承"。由阻尼器轴颈(内环)的运动和径向运动所产生的油膜的挤压和剪切作用而有效抑制振动的阻尼器。

05.281 挠度限制器 deflection limiter
限制转子振幅的机构。

05.282 轴心轨迹 orbit of shaft center
转子旋转时,轴线上任一点在旋转平面内的位置随时间变化形成的迹线。

05.283 叶盘耦合振动 blade-disc coupling vibration
将叶轮机械的叶片和轮盘作为一个整体时,叶片与轮盘组合件的振动。

05.284 坎贝尔图 Campbell diagram

简称"共振图",又称"叶片共振转速特性图"。表明发动机转子叶片自振频率随转速变化及发动机转速范围内叶片的振动特性的图线。

05.285 转子平衡 rotor balancing
用专门的手段对转子旋转时产生的不平衡力和力矩进行调整、修正。

05.286 本机平衡 in-field balancing
又称"现场平衡"。在发动机或试验器本机现场,在与转子实际工作相同或接近的状态下进行转子平衡。

05.287 模态平衡 modal balancing
又称"振型平衡"。通过测量模态并消除或减小模态幅值的平衡方法。

05.288 热疲劳 thermal fatigue
在材料和结构中,由温度梯度和不均匀膨胀的循环变化产生的循环热应力和应变所导致的疲劳损伤。

05.289 微动磨损疲劳 fretting fatigue
在叶片榫齿和榫槽接触面上,由变化的载荷引起的微动摩擦导致的疲劳损伤。

05.290 蠕变疲劳 creep fatigue
发动机高温构件由于蠕变和疲劳交互作用引起的损伤。

05.291 古德曼曲线 Goodman diagram
又称"等寿命曲线"。受交变应力的零件,在等寿命(等破坏循环次数)的条件下,其平均应力与最大应力和最小应力的关系曲线。

05.292 载荷谱 loading spectrum
航空发动机工作时,其零部件所受的各种载荷随时间变化的历程。具体可分为飞行(使用)载荷谱和试验载荷谱。

05.293 外物吞咽 foreign object ingestion
在模拟发动机的不同工作状态下,将外物

（如鸟、石块等）射向进气道,以检验发动机对吞咽这些外物的适应能力和零部件的抗外物冲击能力,并检验发动机吞咽外物后性能的变化和恢复情况的试验方法。

05.294 包容性 containment
发动机在最大瞬态转速下,风扇、压气机或涡轮叶片在缘板以上圆角处单个叶身部位被破坏后,机匣能完全予以包容,且必须阻止单个叶片损坏而飞出的物体造成飞机损坏的能力。

05.295 发动机结构完整性大纲 engine structure integrity program
对燃气涡轮发动机结构设计、分析、试验、研究、生产和寿命管理的有组织的方法。

05.296 空中停车率 in-flight shutdown rate
发动机在平均每 1000 飞行小时中空中停车的次数,是表征发动机可靠性的主要指标。发动机停车是由于零件损坏、滑油中断、振动过大、超温等发动机本身原因造成的,方能计及空中停车率。

05.297 提前换发率 unscheduled engine removal rate
在平均每 1 000 飞行小时中,由于发动机本身原因造成的并且是非计划内的换发次数。

05.298 工厂试车 factory test, acceptance test
又称"验收试车"。批生产发动机首次装配后,发动机制造部门为磨合发动机零部件,检查发动机和各附件工作情况及制造和装配质量而在地面试车台上进行的试车。

05.299 检验试车 check test
发动机制造部门在发动机工厂试车后,分解检查,重新装配,向订货部门交付前,在地面试车台上,按照规定试车程序,检查装

配质量和性能数据所进行的试车。

05.300 交付试车 delivery test
又称"提交试车"。在发动机经工厂试车和检验试车合格后,最终由订货部门验收发动机进行的试车。

05.301 长期试车 endurance test
又称"持久试车"。为检查发动机的性能、结构可靠性和耐久性,并验证新工艺、新材料和新油料的可用性,在地面试车台上进行的长时间试车。

05.302 全寿命试车 full life test
为确定发动机的寿命,在地面试车台上,按照规定的试车程序及任务循环进行的长期试车。

05.303 150 小时长期试车 150 h endurance test
发动机研制定型的长期试车。按照通用规范或适航条例规定,在一台或两台发动机上所进行的 150 小时的试车。

05.304 加速任务试车 accelerated mission test, AMT
为使发动机在地面试车台上试车时能提早暴露发动机在外场使用时可能出现的结构上的故障和缺陷,使发动机在地面试车台上按照预先制定能充分反映外场使用情况的加速任务试车循环所进行的一种试车。

05.305 超温试车 overtemperature test
为考核发动机转子结构完整性,在完成超转试车后,用同一台发动机在超过最高允许稳态气体测量温度一定值以上,并在不低于最高允许稳态转速下进行一定时间的试车。

05.306 超转试车 overspeed test
为考核发动机转子结构完整性,按照通用规范规定,涡轮和压气机转子应在发动机最高允许气体测量温度和超过最高允许稳

态转速一定值以下,至少稳定工作一定时间且没有出现即将破坏的迹象的试车。

05.307 飞行前规定试验 preliminary flight rating test, PFRT

发动机首次装机飞行试验前,为了根据型号规范规定满意地完成飞行而提前规定进行的规定项目试验。在获得订货部门批准后,方可装上飞机做首次飞行试验。

05.308 定型试验 qualification test

在提交定型的发动机上按照型号规范规定要求进行的分析、验证和试验。

05.309 转速悬挂 speed hang-up

燃气涡轮发动机在起动或加速供油时出现的一种转速滞迟现象。它分为热悬挂和冷悬挂。热悬挂是当发动机起动或加速时,转速不上升或上升很慢,而涡轮后燃气温度却急剧上升伴有发动机抖动现象;冷悬挂是当发动机起动和加速时,转速和涡轮后燃气温度都不上升或上升很慢的现象。

05.310 转差 speed difference, slip

又称"转速差"。发动机高压转子与低压转子转速之差。

05.311 风车试验 windmill test

当发动机处于停车状态下,因前方气流进入风扇和压气机,发动机转子处于旋转状态下(即风车状态下)测量风车转速、风车阻力、滑油压力等所进行的试验。

05.312 推进风洞 propulsion wind tunnel

可放置整个推进系统和飞行器机体的有关部分并能模拟飞机推进系统在飞行条件下内部和外部流动的亚、跨声速或超声速气流的大型风洞。

05.313 堵塞技术 choked technique

利用气动力学中扰动不能逆着超声速气流向前传播的特性,能在高空模拟试验设备上,保持尾喷管始终处于临界条件下并尽

量提高试验舱中模拟的静压,以减小抽气系统的规模,或在给定抽气能力下,扩大发动机试验范围的一种试验技术。

05.314 舱效应 chamber effect

由于舱的直径限制及舱内台架设备设施等,使舱内气流受阻即产生阻力损失而使得在高空模拟试车台的高空舱内发动机测量推力要比在大气条件下试车测得的推力小的现象。

05.315 飞行慢车 flight idle speed

在规定速度飞行时,可维持发动机工作的最小状态并可用发动机油门杆位置进行调整的发动机转速。

05.316 地面慢车 ground idle speed

在地面时,可维持发动机工作的最小状态并可用发动机油门杆位置进行调整的发动机转速。

05.317 风车状态 windmilling

在飞机飞行中发动机处于停车状态时,由于进入发动机气流的冲击而使风扇和压气机空转的工作状态。

05.318 畸变容限 distortion tolerance

发动机能承受的不稳定气流影响造成的进气流场畸变在一定范围内产生变化的值。

05.319 核心机 core engine

为缩短新机研制周期、提高可靠性或发展各种类型的燃气涡轮发动机而研制的由压气机、燃烧室和涡轮组成的发动机核心部件。

05.320 验证机 demonstration engine

为在型号研制之前验证发动机总体方案的性能、结构强度及加力燃烧室与主发动机之间和高低压压气机之间的匹配、各系统之间的协调性、初步的耐久性和可靠性的验证发动机。

05.321　燃气发生器　gas generator
由压气机、燃烧室和涡轮组成的发动机核心部件,对于涡桨、涡轴和燃气轮机等单转子发动机常称为燃气发生器,其作用与核心机基本相同。

05.322　空中起动边界　airstart boundary
发动机在空中熄火后,重新点火起动的极限高度和飞行状态。

05.323　发动机飞行试验台　engine flight test bed
又称"空中试车台"。根据试验需要而将重型飞机改装成能将被试发动机固定在机身下面、机身上面、机翼下面或尾部并在飞行状态下进行性能和稳定性等试验的设备。

05.324　发动机试车台　engine test bed
供全尺寸航空发动机在地面条件下试验的设备。

05.325　发动机高空模拟试车台　engine altitude simulated test facility
为测取发动机性能和功能并考核发动机的工作适用性及其系统的工作可靠性等而设计的能装入被试发动机并具有控制进气条件和模拟高空环境压力、温度等参数能力的高空舱等的试验设备。

06.　飞行控制、导航、显示、控制和记录系统

06.001　飞行控制系统　flight control system
简称"飞控系统"。以航空器为被控对象的控制系统。分人工飞行控制(操纵)与自动飞行控制系统,主要是稳定和控制航空器的姿态和航迹运动。

06.002　容错　tolerance fault
系统或装置在错误信息或元部件损坏情况下仍能维持工作的能力。

06.003　制导　guidance
按照一定的规律将航空器从空间某一点导引到另一点。

06.004　导引律　guidance law
制导装置输出量与各制导信号间的函数关系。

06.005　全权限飞行控制　full authority flight control
飞控系统的执行机构控制舵面能在整个工作范围内运行。

06.006　控制律　control law
控制系统中执行机构的输出量与各控制信号间的函数关系。

06.007　姿态保持　attitude hold
通过飞控系统控制,飞行中自动保持航空器姿态不变的一种工作模式。

06.008　高度保持　altitude hold
控制航空器在给定高度上飞行,是飞控系统的一种工作模式。

06.009　航向保持　heading hold
控制航空器在给定航向上飞行,是飞控系统的一种工作模式。

06.010　马赫数配平　Mach trim
在跨声速飞行时,力矩配平系统感受飞行马赫数(M数)的变化,由配平舵机驱动舵面或水平安定面使航空器的纵向力矩自动平衡。

06.011　马赫数保持　Mach hold
通过飞控系统控制航空器在给定马赫数下飞行的一种工作模式。

06.012 轨迹控制 trajectory control
控制航空器重心沿给定轨迹运动。

06.013 惯性耦合控制系统 inertial cross-coupling control system
利用反馈原理,抑制航空器因惯性耦合引起的滚动不稳定,从而保证大机动飞行时航空器安全的自动控制系统。

06.014 生存力 survivability
航空器或设备因故障或战伤后仍能完成指定任务的能力。

06.015 阻尼器 damper
利用航空器角速度反馈系统增强角运动阻尼的自动装置。

06.016 增稳系统 stability augmentation system
由阻尼器和加速度(或迎角、侧滑角)反馈构成的用以提高航空器静稳定性的自动控制系统。

06.017 控制增稳系统 control augmentation system
用来提高航空器稳定性和操纵性的飞行自动控制系统。

06.018 可变稳定性飞行控制 variable stability flight control
按照预定方式可在较大飞行范围内自动改变航空器稳定性和控制参数的飞行控制系统。

06.019 人感系统 artificial feel system
又称"载荷感觉机构"。模拟驾驶员操纵航空器时给驾驶员施加控制力感觉的载荷自动模拟装置。

06.020 自动驾驶仪 autopilot
自动稳定和控制航空器姿态运动的装置。

06.021 自动配平系统 automatic trim system
使航空器纵向力矩和驾驶杆力自动保持平衡的控制系统。

06.022 自动调整片系统 automatic tab system
在飞行自动控制状态下,通过航空器配平舵机驱动调整片实现自动配平的控制系统。

06.023 自适应自动驾驶仪 adaptive autopilot
能对系统动态性能自行测量、识别并自动改变本身参数,以保持系统性能优良的自动驾驶仪。

06.024 自适应控制 adaptive control
不论外界发生巨大变化或系统产生不确定性,控制系统能自行调整参数或产生控制作用,使系统仍能按某一性能指标运行在最佳状态的一种控制方法。

06.025 程序飞行控制系统 program flight control system
使航空器的飞行轨迹或姿态角按照预先给定的规律,随时间或某个飞行参数(如飞行高度、飞行速度等)变化的自动飞行控制系统。

06.026 自动油门系统 autothrottle system
感受航空器空速、加速度和迎角的变化,形成发动机油门位置的自动调节,以实现发动机推力自动控制的系统。

06.027 推力矢量控制 thrust vector control
通过改变发动机或其他动力装置的推力大小和方向而获得控制力或控制力矩。

06.028 拉平控制律 control law of flareout
在航空器自动着陆拉平阶段,飞行控制系统和推力控制系统所使用的控制规律。

06.029 自动着陆系统 autolanding system
引导航空器着陆的自动控制系统。由地面

设备和机上设备两部分组成。分为仪表着陆系统和微波着陆系统等。

06.030 低空避撞 low-level collision avoidance

低空突防时,根据机上雷达显示的规定高度以上前方障碍物的方向,操纵航空器绕开障碍物飞行。

06.031 地形跟随 terrain following

在预选航向上,利用地形跟随系统引导航空器按照地形实际起伏情况作纵向机动的超低空突防方式。

06.032 地形敏感装置 terrain sensing unit

基于雷达、红外或其他光学原理来感受、测量地形变化的设备,用来作为地形跟踪系统的敏感元件。

06.033 地形回避 terrain avoidance

利用地形回避系统引导航空器在规定高度上避开障碍物作平面横向机动飞行的低空突防技术。

06.034 地形存储 terrain storage

将突防区域内的地形地貌以及敌方防御系统分布位置特征参数,以数字量的形式存储到地形匹配计算机中,供低空突防系统使用。

06.035 地形匹配 terrain matching

在低空突防系统中,依据突防区域地形图数据综合设计出最佳飞行航迹。

06.036 电传飞行控制 fly-by-wire control

把驾驶员操纵指令变为电信号,通过包括航空器在内的闭环系统对航空器进行控制。

06.037 握杆控制 hands-on throttle and stick, HOTAS

在驾驶员握持驾驶杆和油门杆保持航空器状态的操纵的情况下,通过驾驶杆上的按钮、开关和电位计对航空器的火控、通信等系统进行控制的技术。

06.038 飞行边界控制系统 flight boundary control system

航空器作大机动飞行时,能自动地对一些重要状态变量的极限值加以限制的控制系统。用以防止航空器结构应力过大和失速,提高飞行安全性和舒适性。

06.039 光传飞行控制 fly-by-light control

采用光缆传输指令信号的飞行控制系统。

06.040 主动控制技术 active control technology

在设计航空器时采用反馈控制技术与气动设计、结构设计和动力装置系统设计等综合协调以获得布局合理、性能先进的航空器设计技术。

06.041 放宽静稳定性控制 relaxed static stability control

对于静稳定度不足或中立稳定和静不稳定的航空器,应用主动控制技术使其具有足够的静稳定性和良好的飞行品质。

06.042 机动载荷控制 maneuver load control

根据航空器的机动状态,应用主动控制技术使机翼载荷的重新分布实时达到所要求的性能。

06.043 机翼变弯度控制 variable wing camber control

应用对前缘和后缘襟翼控制的方法,使机翼剖面弯度能自动地按飞行任务的需要连续平滑地改变,以提高升阻比,改善机动性的主动控制技术应用之一。

06.044 直接力控制 direct force control

在不改变飞机飞行姿态的条件下,通过适当的操纵面控制,提供飞机的附加升力或侧力,使飞机作垂直或横侧方向的平移运动的主动控制技术应用之一。

06.045 阵风缓和 gust alleviation
采用主动控制技术对航空器在大气紊流中由阵风引起的扰动运动和结构振动加以限制或减缓。

06.046 乘坐品质控制 ride quality control
采用主动控制技术对航空器的结构弹性振动和加速度加以抑制,以提高乘员的舒适性。

06.047 颤振抑制控制 flutter suppression control
采用主动控制技术来抑制气动弹性自激振动。

06.048 飞行管理系统 flight management system
现代航空器上采用的以计算机为核心,集导引、导航、显示、动力和气动力控制等技术于一体,实现整个飞行过程的自动管理和控制的成套装置。

06.049 性能管理系统 performance management system
在垂直平面内按成本指标因素对每一个飞行阶段和整个飞行计划过程的整个飞行剖面都进行计算和预测后制定出优化为最佳状态的飞行管理系统。

06.050 能量管理系统 energy management system
用能量状态近似法作为飞行轨迹优化算法的性能管理系统。

06.051 总能量控制 total energy control
在爬升、巡航和下降的整个飞行过程中都以能量消耗最少为最佳指标的控制。

06.052 三维制导系统 3-dimension guidance system
实现航空器在空间三维飞行轨迹参数的生

成、实时测定和控制的综合控制系统。

06.053 四维制导系统 4-dimension guidance system
在三维制导的基础上引入时间因素,以终端时间为约束条件制定整个飞行计划和飞行剖面图的飞行控制系统。

06.054 自动过渡控制 automatic transition control
直升机飞行控制的一种功能,分向上和向下过渡两种形式。通过飞控系统将直升机自动地从巡航状态某一高度和速度的初始点,平滑精确地减速下降到较低预定悬停高度点上,称为向下自动过渡控制。反之,则称向上自动过渡控制。

06.055 自动悬停控制 automatic hovering control
应用飞行控制系统,自动地把直升机控制在空间某固定点上做悬停飞行。

06.056 反潜控制 anti-submarine warfare control
直升机或飞机为完成反潜搜索、反潜攻击战斗任务所进行的自动飞行控制。

06.057 人机在环仿真 man-in-loop simulation
人在仿真回路中的系统仿真研究。

06.058 实时仿真 real-time simulation
系统仿真模型的动态过程与实际系统的动态过程的时间进程完全相同的仿真研究。

06.059 超实时仿真 faster-than-real-time simulation
系统仿真模型的时间过程快于实际系统的时间过程的仿真研究。

06.060 目标仿真器 target simulator
用来模拟目标运动和功能的仿真装置。

06.061 飞行品质仿真器 flying quality

simulator

又称"工程模拟器"。主要用来在飞机设计研制和各个阶段进行包含驾驶员在内的飞行品质的评价研究。

06.062 目标状态估计器 target state estimator

目标运动状态参量计算装置。应用目标运动状态方程和实际测得的目标运动参数，解算出目标运动的加速度、速度等状态参量。

06.063 目标跟踪器 target tracker

目标视线角跟踪装置。利用传感器装置和伺服驱动系统，使自身的跟踪线最大限度地跟踪目标视线的变化。

06.064 综合飞行 - 推力控制 integrated flight/propulsion control

将飞行控制系统与推力控制系统融为一体，使航空器的轨迹控制和发动机的推力控制更加协调，飞行轨迹、燃油消耗和飞行时间更加优化的一种综合控制。

06.065 推力控制系统 thrust control system

以发动机为被控对象的自动控制系统。

06.066 余度技术 redundancy technology

为满足可靠性和故障容限的要求，采用两个或两个以上的同样部件或系统，正确、协调地完成同一任务。

06.067 余度结构 redundancy architecture

余度系统的结构形式。分为无表决无转换的余度结构、有表决无转换的余度结构和有表决有转换的余度结构三种形式。

06.068 余度管理 redundancy management

保证余度系统正确协调地工作，监控系统运行并完成故障检测及处理工作的全部功能的总称。

06.069 解析余度 analytic redundancy

采用与测量变量有关的物理过程的解析模型来输出信号，这个由计算得到的信号与测量变量直接得到的同种信号即可构成余度。

06.070 斜置技术 skewed sensor technology

在余度飞控系统中，将陀螺敏感装置沿规定坐标轴线偏转一个角度安装，使陀螺仪所感受的信号可分解到多个坐标轴线上使用，以构成多余度的技术。

06.071 非同类余度 non-congeneric redundancy

在余度系统中，采用不同机理的元部件构成多重配置的余度。

06.072 非相似余度 dissimilar redundancy

在余度系统中，采用物理特性完全不同的硬件和软件组成的余度通道系统。

06.073 均衡 equalization

将瞬间要求确定的故障监控阈低值与依据不一致性要求确定的故障监控阈高值，进行综合均衡处理的技术措施。

06.074 故障安全 fail-safe

在余度系统中当出现故障时，其后果不危及系统的安全，是余度技术中的最低等级。

06.075 故障弱化 fail-soften

在余度系统中出现故障后，采取阻止故障直接向后传递的措施来减弱故障造成的后果。

06.076 故障降级 fail-passive, degradation

当余度系统中出现故障后，在保证工作安全的前提下自动改变工作模式或降低容错能力及性能。

06.077 故障工作 fail-operation

在余度系统中出现故障后，系统仍能在保证基本性能的情况下工作。

06.078　故障重构　failure reconfiguration
当余度系统出现故障后,且已被检测、定位和隔离,根据性能要求系统自身所进行的结构自动调整。

06.079　自修复系统　self-repairing system
能够进行自主维修诊断、故障重构和主动实时告警的自动控制系统。

06.080　智能控制系统　intelligent control system
具有拟人的智力,在环境条件变化时能自主地完成控制目标的自动控制系统。

06.081　专家控制系统　expert control system
具有领域专家的知识和经验,并能以此进行推理、决策来完成控制目标的自动控制系统。

06.082　驾驶员助手系统　pilot-aid system
在执行飞行任务的过程中,能协助驾驶员作出识别、判断和决策的专家系统或低形式的智能控制系统。

06.083　非等弹性力矩　anisoelasticity torque
由于陀螺仪结构的不等弹性而使陀螺框架产生的干扰力矩,其大小与框架的质量和加速度的平方成正比,并与沿每一个主轴的弹性变形系数之差成正比。该力矩将引起与加速度平方成正比的陀螺漂移。

06.084　萨奈克效应　Sagnac effect
在环形萨奈克干扰仪中,利用干扰仪的旋转,使到达干扰仪的两束相反传播的光束产生时间差与光程差的效应,应用此效应来研究光束电磁波和旋转之间的关系。

06.085　陀螺稳定性　stability of gyroscope
陀螺仪保持其自转轴在惯性空间的方向不发生变化的特性,表现为定轴性和章动两种形式。

06.086　舒勒原理　Schuler principle
奥地利科学家舒勒在1923年指出,如能制造出自然振荡周期为84.4分的机械装置,则此装置在接近地球表面处以任何方式运动时不会受激产生振荡。

06.087　锥效应　coning effect
在三轴惯性平台中,当围绕两个轴(例如俯仰轴、横滚轴)有同频不同相的高频角振动输入时,方位轴将在空间做锥形运动的现象。

06.088　卡尔曼滤波　Kalman filtering
一种以状态变量的线性最小方差递推估算的方法。

06.089　傅科摆　Foucault pendulum
仅受引力和吊线张力作用而在惯性空间固定平面内运动的摆。

06.090　惯性导航系统　inertial navigation system
应用高精度的陀螺仪和加速度计等惯性敏感器件测量运动载体的加速度,再经过计算机解算出运动载体的加速度、位置、姿态和航向等导航参数的自主式导航系统。

06.091　平台式惯性导航系统　gimbaled inertial navigation system
将陀螺仪和加速度等惯性元件通过万向支架角运动隔离系统与运动载物固联的惯性导航系统。

06.092　捷联式惯性导航系统　strapdown inertial navigation system
将陀螺仪和加速度计直接安装在运动载体上,利用数学平台对导航参数进行计算的惯性导航系统。

06.093　空中对准　in-flight alignment
飞行过程中,惯性导航系统借助于其他辅助系统提供粗略导航信息以满足解算所需初始条件所作的对准。

06.094 自备式导航 self-contained naviga-tion

又称"自主式导航"。导航信息完全取自载体上的导航设备,导航系统不依靠任何外界设备完全独立自主地工作。

06.095 惯性平台 inertial platform

相对惯性空间具有恒定不变方位或者按照指令跟踪某一参考坐标系的陀螺稳定平台。它能在载体作任意角运动的情况下,在载体上建立起惯性坐标系或当地水平坐标系。

06.096 惯性传感器 inertial sensor

应用惯性原理和测量技术,感受载体运动的加速度、位置和姿态的各种敏感装置。

06.097 航向陀螺 directional gyroscope

利用陀螺特性测量并输出航空器航向角变化信号的陀螺传感器。是陀螺磁罗盘和航向系统等飞行仪表的重要组成部件。

06.098 垂直陀螺 vertical gyroscope

利用陀螺特性测量并输出航空器俯仰和倾斜姿态信号的陀螺传感器。

06.099 速率陀螺 rate gyroscope

利用陀螺特性测量并输出物体角速度信号的陀螺传感器。广泛用于航空器控制系统及惯性导航系统中。

06.100 动力调谐陀螺 dynamic tuned gyroscope

陀螺转子由两对正交扭杆和平衡环架组成的挠性接头支承的陀螺仪。利用动力效应产生的负弹性力矩,抵消掉弹性扭杆的正弹性力矩,使转子处于无力矩作用的自由转子状态,提高了陀螺仪的精度。

06.101 静电悬浮陀螺 electrostatically sus-pended gyroscope

应用电场原理,在超真空的腔体内由静电场产生的吸力来支承球形转子的一种自由

转子陀螺仪。

06.102 液浮陀螺 liquid floated gyroscope

又称"浮子陀螺"。利用液体浮力来支承浮子组件的陀螺仪。液体浮力降低支承轴的摩擦力,减小陀螺漂移。

06.103 激光陀螺 laser gyroscope

一种无质量的光学陀螺仪。利用环形激光器在惯性空间转动时正反两束光随转动而产生频率差的效应,来敏感物体相对于惯性空间的角速度或转角。

06.104 半球谐振陀螺 hemispherical reso-nance gyroscope

振子为半球形的陀螺仪。利用振动物体振动平面方向的改变来产生陀螺力矩的原理,以测量物体的角速度。

06.105 核磁共振陀螺 magnetic resonance gyroscope

应用原子核能在惯性空间较长时间保持预先给定方向不变的现象制成的一种无旋转部件的陀螺仪。

06.106 低温超导陀螺 cryogenic supercon-ducting gyroscope

利用某些物质在临界低温时呈现的超导现象和外磁场的互斥作用来产生支承力而实现磁悬浮的自由转子陀螺仪。

06.107 光纤陀螺 fiber gyroscope

应用激光及光导纤维技术测量物体相对于惯性空间的角速度或转动角度的无自转质量的新型光学陀螺仪。

06.108 磁悬浮技术 magnetic suspension technique

利用磁场力使物体沿着一个轴或几个轴保持一定位置的技术措施。

06.109 陀螺漂移率 gyro drift rate

在外干扰力矩作用下陀螺仪自转轴在单位

时间内相对惯性空间的偏差角,其单位是°/h。它是衡量陀螺仪精度的主要性能指标,漂移率越小,陀螺仪精度越高。

06.110 陀螺力矩反馈试验 gyro torque re-balance test

又称"速率反馈试验"。测试陀螺漂移的基本方法之一。利用力矩器所产生的力矩与沿陀螺输出轴方向作用的外力矩相等的原理,测出力矩器的电流,算出陀螺漂移率。

06.111 陀螺伺服试验 gyro servo test

又称"转台反馈试验"。测试陀螺漂移的基本方法之一。把被测陀螺仪装在伺服转台上,构成闭环测试系统,测试出陀螺仪的各项性能参数。

06.112 陀螺翻滚试验 gyro tumbling test

陀螺测试方法之一。将陀螺仪安装在试验转台上,可分别进行绕地球自转轴的"极轴翻滚"、绕当地垂线的"垂直翻滚"或平行于当地水平面的"水平翻滚"试验。试验的目的是分离出陀螺仪的漂移力矩系数。

06.113 科里奥利惯性传感器 Coriolis inertial sensor

简称"科氏惯性传感器"。一种由加速度计和相应部件构成的能同时测量载体线速度和角速度的传感器。

06.114 加速度计 accelerometer

利用检测质量块的惯性力来测量载体加速度的敏感装置。分为线加速度计和角加速度计。

06.115 液浮摆式加速度计 liquid floated pendulous accelerometer

将具有一定摆性的组件(浮子摆)悬浮在浮液中,并由宝石轴承和精密轴尖支承,利用浮子摆感受载体加速度的测量装置。

06.116 挠性加速度计 flexure accelerome-ter

检测质量块由挠性器件支承的加速度计。

06.117 振梁加速度计 vibrating beam accelerometer

将两个检测质量块分别支承在挠性铰链上作为加速度的敏感元件,同时又将两个检测质量块通过石英振梁与仪表壳体连接,通过检测两振梁振动频率之差来测量加速度的装置。

06.118 压阻加速度计 piezoresistor accel-erometer

利用半导体材料的电阻随所承受压力的大小而变化的特性来测量加速度的装置。

06.119 静电加速度计 electrostatic support accelerometer

应用压电材料作为信号传感器,由静电场支承或平衡检测质量块的伺服式加速度计。

06.120 气浮加速度计 gas-bearing acceler-ometer

检测质量块由气浮轴承支承的高精度、高稳定性的加速度计。

06.121 天文导航系统 celestial navigation system

利用天体来测定飞行器位置和航向的自主式导航系统。

06.122 单星及多星导航 single star and multistars navigation

利用单星、双星和三星来确定飞行器的航向、位置和导航参数,进行导航。

06.123 星体跟踪器 star tracker

具有自动寻星、搜索、跟踪和解算功能,可在白天快速、精确观测定位的全自动化天体定位装置。

06.124　天文罗盘　celestial compass
以太阳或星体定向而获得航空器真航向的导航装置。按其测量方式分为地平式和赤道式两种天文罗盘。

06.125　航空六分仪　aeronautic sextant
用水准器作人工地平线来测量天体的高度角,求出天文位置线,从而算出观测瞬间的航空器位置的装置。

06.126　星空模拟器　sky simulator
模拟星体和星空背景的装置。供星体跟踪器和天文惯性组合导航系统地面仿真试验时使用。

06.127　极区导航　polar navigation
在地球南北两极地域内的导航。由于极区地理经线极点会聚、经度变化率大,测量航向、定位困难,必须采用特殊方法导航。

06.128　航位推算法　dead reckoning
根据已知的前一时刻航空器的位置和测得的导航参数,推算出当时飞机的位置。

06.129　地图显示器　map display
以标准的显示符号和活动地图的相对运动,直观地显示航空器飞行情况的导航仪表。

06.130　自动导航仪　automatic navigator
自动估测航空器位置,并能引导航空器按预定航线飞行的装置。

06.131　大气数据计算机　air data computer
在感受并测定气流的静压、全压和全受阻气温的基础上,解算飞行高度、真空速、马赫数、大气温度等参数的计算机。

06.132　高精度气压发生器　high precision air pressure generator
又称"大气静压模拟器"。能够精确产生给定大气压力的自动气压装置,用来标定各种气压仪表和大气数据处理系统。

06.133　组合导航　integrated navigation
将两种或两种以上的导航系统组合起来的导航方式。组合导航系统一般都以惯性导航系统为基础,如惯性－天文组合导航系统、惯性－天文－多普勒组合导航系统等。

06.134　静压迟滞　static pressure lag
压力式飞行仪表静压腔内静压的变化落后于外界被测静压变化的现象。

06.135　平方律补偿　square-law compensation
为使测量与空速成平方规律变化的压差的空速表获得均匀刻度而采取的措施。

06.136　磁差　magnetic variation
又称"磁偏角"。磁子午线与地理子午线间的夹角。

06.137　磁倾角　magnetic dip
地球磁力线切线方向与该处水平面之间的夹角。

06.138　航空器磁场　aircraft magnetic field
航空器上电气设备产生的磁场和航空器上钢铁零件受地磁或航空器其他磁场磁化所形成的合成磁场。

06.139　罗差　compass deviation
罗盘子午线与磁子午线间的夹角,是机载磁罗盘受飞机磁场影响偏离当地地磁子午线所产生的指示误差。

06.140　罗差补偿　compass deviation compensation
磁罗盘为消除或减小罗差所采取的措施。

06.141　罗航向　compass heading
从罗盘子午线沿顺时针方向至航空器纵轴在水平面上的投影间的夹角。

06.142　油箱姿态误差　tank attitude error
由于航空器姿态改变而引起的油箱中存油量的测量误差。

06.143 灵敏阈[值] sensitive threshold
又称"死区"。仪表、传感器等装置与系统的输入由起始位置开始变化直至输出量发生变化的最小输入量值。

06.144 灵敏度 sensitivity
仪表、传感器等装置与系统的输出量的增量与输入量增量的比。

06.145 调理器 conditioner
仪表、传感器等装置或系统中的一种测量环节。其输入量经处理后,输出量仍为同类量,但其大小、内容、形式不同。

06.146 振动弦式变换器 vibrating wire converter
利用张紧弦丝的谐振频率随被测量变化的特性,将被测量变化转换为弦的频率变化的测量器件。

06.147 光纤传感器 optical fiber transducer
利用光导纤维的传光特性,把被测量转换为光特性(强度、相位、偏振态、频率、波长)改变的传感器。

06.148 气压高度表 aneroid altimeter
根据大气压力随距海平面高度而逐渐衰减的函数关系,通过测量大气静压间接测量飞行高度的仪表。

06.149 伺服高度表 servo altimeter
利用小功率伺服系统原理制成的飞行高度测量装置。

06.150 组合式高度表 combined altimeter
将气压式高度表和无线电高度表的两种指示综合显示在一起的指示器。

06.151 马赫数表 Mach meter
测量真实空速与飞机所在高度上的声速之比值(马赫数)的仪表。

06.152 空速表 air speed indicator
测量和显示航空器相对周围空气的运动速度的仪表。

06.153 空速马赫数表 air speed-Mach indicator
指示飞机马赫数、指示空速和最大安全速度的组合式仪表。

06.154 升降速度表 rate-of-climb indicator
又称"垂直速度表"。通过测量大气压力的变化率来测量飞机垂直运动速度的仪表。

06.155 陀螺地平仪 gyro horizon
利用陀螺特性测量飞机俯仰和倾斜姿态的仪表。

06.156 姿态航向基准系统 attitude heading reference system
测量、显示和输出飞机航向角、俯仰角与倾斜角全姿态信息的飞行仪表。

06.157 飞行指引系统 flight director system
由飞行指引指示器和航道罗盘两个主要仪表及其信号源以及计算机等组成的系统。在驾驶员选定飞行计划和方式后,由计算机计算出相对于给定航迹的偏离,在指引指示器上向驾驶员显示出应飞的航迹。

06.158 罗盘 compass
提供方向基准、指示飞机航向的仪表。

06.159 陀螺磁罗盘 gyro magnetic compass
由航向陀螺仪与磁罗盘组成的航向仪表。

06.160 航道罗盘 course indicator
飞行指引系统的航向指示器。

06.161 地速偏流表 ground speed-drift angle indicator
多普勒测速与导航系统的显示部件之一。能显示地速大小的组合式仪表。

06.162 转弯侧滑仪 turn and bank indica-

tor

指示航空器转弯角速度大小及方向和侧滑状况的飞行仪表。

06.163 迎角指示器 angle of attack indicator

指示航空器机翼弦线与迎面气流间的夹角（迎角）大小的仪表。

06.164 悬停指示器 hovering indicator

指示直升机作悬停飞行时的三轴飞行速度的仪表。

06.165 大气温度表 air-temperature indicator

测量航空器所处高度上大气温度的仪表。

06.166 大气静温表 static air-temperature indicator

测量航空器所处高度上大气静温的仪表。大气静温是指航空器前方未受扰动气流的温度，通过测量气流总温经解算才能获得准确的静温。

06.167 加速度表 accelerometer

又称"载荷因数表"，"过载表"。测量飞机竖轴方向加速度并以重力加速度为单位进行刻度的仪表。

06.168 进气压力表 manifold pressure gage

测量航空活塞式发动机进气系统中混合气体或空气压力的仪表。

06.169 压力比表 pressure ratio gage

测量喷气发动机排气总压与进气总压比值，以反映其推力的仪表。

06.170 排气压力表 exhaust gas pressure gage, power loss indicator

又称"功率损耗表"。测量轴流式涡轮喷气发动机的排气绝对压力值的仪表，用以推算发动机的推力或功率。

06.171 气缸头温度表 cylinder head ther-

mometer

由热电偶式温度传感器和磁电式指示器组成的测量活塞式发动机缸头温度的仪表。

06.172 排气温度表 exhaust gas thermometer

由热电偶式温度传感器及指示器组成的测量喷气发动机排气总温平均值的仪表。

06.173 燃油流量表 fuel flow meter

又称"燃油流量计"。测量某瞬间单位时间内或一段时间流过管道的燃油体积数或质量数的仪表。

06.174 燃油油量表 fuel quantity meter

测量航空器油箱内燃油总存储量、各分油箱存油量，并能发出剩余油量极限告警信号的仪表。

06.175 扭矩表 torque indicator

测量航空涡轮螺旋桨发动机主轴扭矩的仪表。由主轴的扭矩和转速可估算发动机功率。

06.176 桨距表 propeller pitch indicator

测量螺旋桨或旋翼的桨叶角的仪表。在变距螺旋桨飞机和直升机上，发动机转速一定时，调整桨叶角可以实现发动机输出功率与螺旋桨需用功率的平衡。

06.177 推力百分比表 percentage-thrust indicator

测量喷气压力与大气静压之差并以推力的百分比值作刻度值的测量轴流式涡轮喷气发动机推力的仪表。

06.178 转速表 tachometer

测量旋转物体转动速度的仪表。航空器上主要测量发动机主轴转速，用以监测发动机功率、推力和发动机各部件所承受的动力载荷。

06.179 进气道板位－锥位表 inlet ramp/

cone position indicator

指示进气道调节系统进气锥伸出位置或斜板的转动位置和放气门的开启位置的仪表。

06.180 喷口位置表 nozzle position indicator

指示发动机主喷口开闭程度的仪表。

06.181 发动机振动监视系统 engine vibration monitoring system

监测并显示由于压气机、涡轮等旋转部件引起的发动机振动状态的仪表系统。

06.182 平视显示器 head-up display, HUD

又称"平视仪"。将航空器操纵和武器瞄准所需信息以光学字符和图形的形式,通过光学系统投影显示在驾驶员视野正前方的电光显示装置。

06.183 头盔显示器 helmet-mounted display

固定连接在头盔上,把视频图像以及字符信息准直投影到透明显示媒体(如半反光镜、护目镜)上,并显示给驾驶员的光电显示装置。

06.184 下视显示器 head down display

又称"下视仪"。安装在座舱主仪表板上或操纵台上,处于驾驶员的下视场内的电子显示器的统称。

06.185 主飞行显示器 primary flight display

又称"垂直状态显示仪"。能综合显示俯仰、倾斜和飞行高度、速度、马赫数、升降速度、航向等多种重要飞行参数的下视显示器。

06.186 姿态指引指示器 attitude director indicator

又称"指引地平仪"。地平仪和指引仪组

装在一个指示器内,能显示飞行姿态和操纵指令信号的一种综合飞行仪表。

06.187 水平状态显示器 horizontal situation display

又称"导航显示器","电子航道罗盘"。一种能综合显示航空器所在区域的地图,提供航空器当前位置、航向、航迹、航道指引及地速、风速、风向、目标位置和距离等多种导航参数的导航仪表。

06.188 发动机显示器 engine display

又称"发动机参数显示器"。能显示发动机多种主要参数(如压力比、进气压力、转速、排气温度、燃油流量等)的下视显示器,是发动机指示和空勤告警系统的组成部分。

06.189 刹车压力表 brake pressure gage

测量飞机起落架刹车系统压力的仪表。

06.190 座舱高度压差表 cabin altitude and pressure difference gage

测量气密座舱里的气压所对应的气压高度和座舱内外压差的一种组合式压力表。

06.191 氧气示流器 oxygen flow indicator

通过测量氧气调节器的供氧压力显示是否正常供氧的指示仪表。

06.192 氧气余压表 oxygen overpressure indicator

指示经氧气调节器调节后输出氧气的压力(余压)的测量仪表。

06.193 前上方控制板 up front control panel

又称"正前方控制板"。一种综合的计算机辅助通信－导航－识别系统控制器,也兼有控制其他系统的功能。通过它可控制或重设有关航空电子系统的参数值,一般安装在驾驶员前上方。

06.194 话音指令控制系统 voice command system

利用语音识别与语音合成技术实现语音命令及语音告警的控制系统。

06.195 触敏控制板 touch sensitive panel, touch screen

又称"触敏显示屏"。借助触摸方法输入信息的控制装置。

06.196 航空器告警系统 aircraft alerting system

向机组人员通告航空器各系统的工作异常、故障、操作失误等告警信息与航空器外部环境的威胁告警信息以及它们危及飞行安全的紧急程度的装置。

06.197 目视告警装置 visual alerting device

以不同颜色的灯光、文字、数字、图像等视觉信号向空勤人员发出报警信息的设备，是航空器告警系统的组成部分。

06.198 音响告警装置 aural alerting device

航空器告警系统的组成部分。包括人工合成语音和音调发生器，通常和通信设备综合在一起，是警告、注意级灯光告警的辅助手段。

06.199 失速警告系统 stall warning system

迎角过大导致飞机接近失速时向驾驶员发出警告的装置。

06.200 飞行事故记录器 aircraft accident recorder

俗称"黑匣子"。自动记录飞机的飞行高度、速度、航向、姿态、机内对话与地面通信、时间等，专供分析空难事故原因用的飞行数据，能抗堕毁的记录仪器。

06.201 飞行参数记录器 flight data recorder

简称"飞行记录器"。用以记录飞行过程中多种飞行数据的仪器。所记录的数据可用于事故分析、视情维修、飞行试验等。

06.202 话音记录器 voice recorder

自动记录飞行人员机内话音与机外语音通信等音频信号的设备，是飞行参数记录器的组成部分。

06.203 快速存储记录器 quick access recorder

能以极高的采样频率记录、存储、复现单次瞬态信号或连续波形数据的数字式飞行参数记录器。

07. 航空电子与机载计算机系统

07.001 航空电子学 avionics

研究电子技术在航空工程中应用的学科。

07.002 航空电子系统仿真 avionics system simulation

借助于计算机数学模型或以物理效应设备对航空电子系统进行研究的技术。

07.003 接口控制文件 interface control document, ICD

规定航空电子系统各分系统、设备之间或与其他系统、分系统、设备之间具体接口关系的设计文件。

07.004 驾驶员操作程序 pilot operation procedure, POP

按照各种飞行工作状态模式，完整地规定驾驶员的操作控制、显示画面和告警信息的文件。

07.005 操作飞行程序 operation flight program, OFP

实现航空器飞行和作战等使命功能的计算机软件的总称。

07.006 操作测试程序 operation test program, OTP

对系统、分系统和设备的软硬件进行测试的程序的总称。

07.007 数据总线规约 data bus protocol

为正确完成多路传输数据总线终端间的数据传输而制订的一系列约定。

07.008 智能蒙皮 smart skins

一种在航空器复合材料蒙皮中嵌入或在其表面上附着安装各种航空电子器件,使之具有信号检测、处理及传输功能的航空器蒙皮。

07.009 人机接口 man-machine interface

又称"驾驶员运载器接口"。在航空领域内,指驾驶员与飞机及其航空电子设备或其他设备之间的双向通信界面。

07.010 柔性降级 graceful degradation

一种避免故障造成灾难性后果,并使系统以功能或性能降级的方式继续进行工作的系统管理及设计方法。

07.011 航空电子系统 avionics system

保证飞机完成预定任务达到各项规定性能所需的各种电子设备的总称。

07.012 综合航空电子系统 integrated avionics system

采用分布式计算机结构,通过多路传输数据总线把多种机载电子设备(分系统)交联在一起的综合体。

07.013 机载警戒与控制系统 airborne warning and control system, AWACS

利用安装在飞机上的监视雷达等各种机载电子设备搜索、探测、识别、测量目标,作出分析对策,执行指挥使命的大型电子系统。

07.014 联合战术信息分发系统 joint tactical information distribution system, JTIDS

美国国防部为各军种协同作战而研制的一种大容量抗干扰时分多址信息分配系统。

07.015 航空卫星通信网 aviation satellite, AVSAT

一种为发展航空通信业务而计划建立的经由卫星转发的空-空及空-地通信网。

07.016 通信、指挥、控制与情报系统 communication, command, control and intelligence system, C^3I

将各种情报数据通过通信链连接到指挥和控制中心,为各级指挥员提供准确、实时和可靠的信息,并进行处理、显示、分析、评价与辅助决策,向下属部队发送命令并监督执行的大型人-机电子信息系统。

07.017 数字式航空电子信息系统 digital avionics information system, DAIS

美国空军于1973年7月制订的一项预先研究计划。这个计划从系统工程角度把航空电子系统作为一个整体来考虑,从信息出发,着重解决信息处理、信息传输和信息显示三个环节,构成完整的航空电子数字化综合化系统。

07.018 通信、导航和识别综合系统 integrated communication navigation and identification, ICNI

将通信、导航、识别功能综合在一起实现的电子系统。

07.019 数字式地图系统 digital map system

一种用于地图显示的机载计算机系统。使用预先存储的数字化航空图、大地测绘地形地貌数据,经计算机处理后合成视频信号,通过显示器复现出相应的地图和数据。

07.020 电子资料库系统 electronic library system

一种机载信息管理、处理系统,可存储、管理、索引并显示用于支援驾驶员完成各种操作的资料及支援各航空电子分系统的数据。

07.021 地形参考导航系统 terrain referenced navigation system

参照存储的数字化地形高度数据提供定位功能的机载导航系统。

07.022 自动目标数据交接系统 automatic target handoff system, ATHS

供侦察飞机、指挥飞机(或指挥中心)、攻击飞机(或炮群阵地)相互之间交接目标数据的战场任务管理计算机系统。

07.023 电子综合显示系统 electronic integrated display system

航空电子综合系统中将系统测量、采集到的(如从大气数据计算机、惯性导航系统、雷达、火力控制系统等处获取的)信息,经转换和处理后,综合显示给驾驶员的电子系统。

07.024 近地告警系统 ground proximity warning system

对航空器近地时的某些不安全飞行状态进行检测和报警的装置。

07.025 敌我识别系统 identification of friend or foe, IFF

辨别航空器(或舰艇、坦克等武器)敌我属性的电子系统。

07.026 风切变探测系统 wind shear detection system

探测和识别风切变的系统,特别是在起飞与进近着陆等关键飞行阶段。

07.027 机内通话器 interphone, intercom

实现航空器内部乘员之间通信联络的装置,也是航空器在停机坪时机上人员与机外人员进行通信的电子装置。

07.028 系统管理计算机 system management computer

承担航空电子综合系统综合管理任务的计算机。

07.029 任务计算机 mission computer

完成航空电子系统主要任务直接相关功能的计算机。

07.030 多路传输数据总线 multiplex data bus

连接航空电子设备实现数据通信传输的公用通道。

07.031 数据传送设备 data transfer equipment, DTE

实现机载航空电子系统与地面指挥机构之间脱机数据传送的一种机载航空电子设备。

07.032 自动测试设备 automatic test equipment, ATE

对被测对象自动进行性能验证和故障诊断并对故障予以隔离的测试设备。

07.033 电子战 electronic warfare, EW

应用电磁能量来确定、探测、削弱或抑制敌方使用电磁频谱并保护我方应用电磁频谱的军事行动的统称。

07.034 电子对抗 electronic counter-measures, ECM

又称"电子干扰"。电子战中,为阻碍或削弱敌方有效使用电磁频谱、减少敌方电子系统获得有用信息从而降低其作战效能所采取的措施。

07.035 电子反对抗 electronic counter

counter-measures，ECCM

又称"抗干扰"，"电子反干扰"。在敌方使用电子对抗的情况下,保证己方有效使用电磁频谱所采取的措施。

07.036 电子支援措施 electronic support measures，ESM

搜索、截获、定位、识别与分析敌方电子设备辐射的电磁能量,并为实施电子对抗、电子反对抗、威胁告警、回避、目标截获和寻的提供所需电子战信息的措施。

07.037 电子侦察 electronic reconnaissance

利用电子设备对敌方通信、雷达、导航和电子干扰等设备所辐射的电磁信号进行侦收、识别、分析和定位,从中获取情报,或以此为依据实施电子对抗和反对抗的措施。

07.038 综合化电子战系统 integrated EW system，INEWS

通过计算机和数字技术,集侦察、告警、干扰于一身,集有源、无源干扰,软、硬杀伤手段为一体,且具备软件重编程能力以及功率管理能力的一种机载自卫干扰防御系统。

07.039 电子战吊舱 EW pod

装有电子战设备的吊舱。

07.040 投掷式干扰机 expendable jammer，EJ

由运载装置投掷以完成自卫或支援作用的电子干扰设备。

07.041 假目标产生器 false-target generator

辐射类似目标回波信号的干扰设备。

07.042 雷达侦察系统 reconnaissance system for radar

实施雷达侦察的电子系统。

07.043 护尾器 tail-warning set

装在飞机尾部的告警设备。

07.044 光电侦察系统 electro-optical reconnaissance system

利用光电设备对目标实施侦察的系统。

07.045 箔条 chaff

对雷达、通信及其他探测、制导系统的辐射具有灵敏反应的条状无源反射体、吸收体和折射体等干扰物的总称。

07.046 欺骗干扰 deception jamming

使敌方电子设备得到错误信息并由此作出错误判断和决定的干扰。

07.047 角度欺骗干扰 angle deception jamming

破坏雷达及任何角度敏感系统的角跟踪能力或使之跟踪虚假角信息的干扰技术。

07.048 协同干扰 cooperative jamming

使用两个或多个分立的干扰平台协同进行自卫或支援电子干扰的技术的统称。

07.049 覆盖脉冲干扰 cover-pulse jamming

用来覆盖住敌方雷达目标回波的干扰。

07.050 逆增益干扰 inverse gain jamming

干扰机辐射的干扰功率与接收到的信号强度成相反关系,会造成雷达定向和跟踪错误的干扰技术。

07.051 压缩欺骗干扰 compression deception jamming

一种自卫电子干扰技术,使脉冲压缩雷达的压缩特性变坏。

07.052 重复噪声 repetitive noise

又称"相关噪声"。一种支援或自卫电子干扰技术。

07.053 自卫干扰 self-screening jamming

施放干扰以保护自身免遭攻击的干扰技

术。

07.054　速度欺骗干扰　velocity deception jamming

用于干扰敌方自动速度跟踪雷达,使其无法获取目标真实速度信息的干扰技术。

07.055　干扰云　chaff cloud

大量箔条投放空中后,造成空间的无源干扰物散布区。

07.056　隐形技术　stealth technique

又称"隐身技术"。为减少航空器受雷达、红外、光电、声音与目视等探测的特征而采用的专门技术。

07.057　雷达陷阱　radar trap

破坏雷达或导弹对目标自动跟踪的反射体。它使敌方自动跟踪系统从对目标的跟踪转到对雷达陷阱的跟踪。

07.058　反雷达涂层　anti-radar coating, radar absorb painting

涂敷在飞行器上用以减小其有效反射面积的涂覆层。

07.059　交叉极化反干扰　cross polarization ECCM

用来降低交叉极化干扰效果的电子反干扰技术。

07.060　防护波门　guard gates

用来保护跟踪雷达的速度与(或)距离跟踪波门免受距离欺骗、箔条及其他电子干扰的技术。

07.061　寻的导弹反干扰　homing missile ECCM

多普勒寻的半主动导弹的前端制导接收机和(或)后部多基准接收机所采用的电子反对抗技术的总称。

07.062　搜索测向法　scanning direction finding

天线波束按一定规律(例如扇扫)进行搜索,并用定向显示器示出辐射源方位的方法。

07.063　无源定位　passive location

利用辐射源辐射的信号确定其位置的方法。

07.064　三角定位法　triangulation location

利用已知相对距离的两个或多个接收点,测出辐射源所在方位,用三角测量法确定辐射源位置的方法。

07.065　搜索测频法　scanning frequency measurement

一种侦察敌方电子设备工作频率的方法。

07.066　时频调制　time-frequency modulation

在一个二进制或多进制码元持续时间内,对若干个不同频率的载波及其所占的时间位置同时进行控制的过程。

07.067　时频相调制　time-frequency-phase modulation

在时频调制中,同时对每一载波进行相位调制的方式。

07.068　脉冲模拟调制　pulse analog modulation

脉冲的某一参量(幅度、宽度、重复频率)随调制信号瞬时值变化的调制方式。

07.069　脉冲数字调制　pulse digital modulation

采用脉冲序列对调制信号进行取样(即脉冲幅度调制),对样点进行量化,再对量化值(或相邻样点的量化差值)进行编码的一种调制方式。

07.070　锁相技术　phaselock technique

又称"相位锁定技术"。被控振荡器输出相位受外来信号相位控制,使之随外来信号相位同步变化的技术。

07.071 功率合成 power synthesis
将若干个独立放大器的输出功率,经过一些网络进行相加合成,以增大输出功率的技术。

07.072 同步技术 synchronization technique
使两个或两个以上信号的某一参量(频率、相位、时间)保持固定关系的技术。

07.073 载波同步 carrier synchronization
为实现相干解调,接收端产生与发送端同频同相振荡的技术和方法。

07.074 码元同步 symbol synchronization
为保证正确检测和判决所接收的码元,接收端根据码元同步脉冲或同步信息保证与发射端同步工作的技术。

07.075 群同步 group synchronization
根据信息流中的某些"标记"有效地区分每一码组(字或句)的起点的技术。

07.076 扩频通信 spread spectrum communication
传输信息所用带宽远大于此信息所需最小带宽的一种通信方式。

07.077 跳频扩频 frequency hopping spread spectrum
用伪随机码控制信号载频频率在一定频段内按预定规律以预定速率离散跳变的扩频技术。

07.078 跳时扩频 time hopping spread spectrum
以伪随机序列选择时序发送信号的扩频技术。

07.079 伪随机码 pseudo-random code
又称"伪随机序列","伪噪声序列"。结构可以预先确定,可重复产生和复制,具有某种随机序列随机特性的序列码。

07.080 保密通信 secure communication
通过加密或其他手段,隐蔽信息真实内容的一种通信方式。

07.081 数据通信 data communication
按一定协议对数据进行统一传输和处理的一种通信方式。

07.082 通信规约 communication protocol
又称"数据通信协议"。为保证数据通信系统中通信双方能有效和可靠地通信而规定的双方应共同遵守的一系列约定,包括:数据的格式、顺序和速率、链路管理、流量调节和差错控制等。

07.083 卫星通信 satellite communication
以人造地球卫星作为空间中继站,转发无线电信号,在两个或多个地球站之间进行的通信。

07.084 行程编码 run length encoding
又称"游程编码"。二值图像的一种编码方法,对连续的黑、白像素数(游程)以不同的码字进行编码。

07.085 帧间预测编码 interframe predictive coding
利用前几帧图像信号的灰度样值作为所考察时刻样值的估值所实现的线性预测编码。

07.086 镜像频率干扰 image frequency interference
超外差接收机所特有的一种外来干扰。对于本振频率选为比要接收信号频率高一个中频频率的超外差接收机,频率比本振频率高一个中频频率值的外来信号就形成镜像频率干扰,反之亦然。

07.087 自动调谐 automatic tuning
在信号启动下,发射机自动将各级回路调

谐到所需工作频率,将输出回路和输出功率调整到所需状态,接收机自动将选频回路、本振频率,调谐到所需工作频率的整个过程。

07.088 多路[复用]通信 multiplex communication
在通信的两点之间的公共信道上采用多路复用方法同时传输多个互不相关信号的通信方式。

07.089 多址通信 multiple access communication
地点分散的多个用户共同使用一个公共信道实现各用户间通信的方式。

07.090 卫星转发器 satellite transponder
安装于卫星上,作为无人管理中继站,以实现远距离通信的装置。主要作用是接收来自地球站的微弱信号,变换频率和放大后再发回地面。

07.091 卫星通信地球站 satellite communication earth station
又称"卫星通信地面站"。设置在地球表面,对通信卫星发射信号的设备。

07.092 声码器 vocoder
又称"语音信号分析合成系统"。一种对语音信号进行分析和合成的编码器。

07.093 数据终端设备 data terminal equipment,DTE
数据通信系统中,安装在远离计算机而靠近用户一侧的输入、输出设备和传输控制器的总称。

07.094 调制解调器 modem
调制器和解调器合在一起的总称。使数字数据能在模拟信号传输线上传输的转换接口。

07.095 通信控制器 communication control unit
信息处理系统(如计算机、终端)与数据传输系统(如调制解调器或各种通信线路)的连接装置。

07.096 通信网 communication network
分布在不同地点的多个用户通信设备、传输设备、交换设备用通信线路互相连接,在相应通信软件支持下所构成的传递信息的系统。

07.097 分组交换网 packet switching network
一种在中间结点进行存储、转发、交换的信息交换通信网。这种网中信息传输的单位是分组(packet)。

07.098 数字网 digital network
采用数字信号进行传输与交换信息的通信网。

07.099 综合业务数字网 integrated service digital network
各种业务(例如电话、数据、图像等)都以数字信号进行传输和交换的通信网。

07.100 参考椭球 reference ellipsoid
大地测量中用来近似代替地球大地水准面以地球极轴为旋转轴的旋转椭球。

07.101 地心坐标系 geocentric coordinate system
将地球视作圆球,地心为原点,赤道平面为基本面,一条轴垂直此基本面,基本面内地心与格林尼治天文台所在点连线为另一条轴,按右手定则形成第三条轴的坐标系。

07.102 格网坐标系 grid coordinate system
两组平行直线构成的坐标系,用于相对导航、极区导航。

07.103 电台航向 heading of station
又称"无线电航向"。飞行器的纵轴与指

向无线电导航台方向之间顺时针方向夹角的水平投影。

07.104　格网航向　grid heading
飞行器纵轴相对于格网北向的顺时针方向夹角的水平投影。

07.105　即时位置　present position
又称"当前位置"。飞行器某一瞬时所处的空间位置在地球表面的投影坐标。通常用经纬度表示。

07.106　无线电定位法　radio position fixing
用无线电设备实现定位的方法。

07.107　位置线　position line
导航用几何参量相等的点的轨迹。

07.108　角－角系统　θ-θ system
又称"测向系统","测角系统"。测量航空器相对于两个已知坐标地面台的方位来定位的系统。

07.109　圆－圆系统　ρ-ρ system
又称"测距系统"。测量航空器相对于两个已知坐标地面台的距离来定位的系统。

07.110　等精度曲线　contour of constant geometric accuracy
几何因子(定位误差与确定位置线的几何参量测量误差之比)为常数的点的轨迹。

07.111　等概率误差椭圆　equal-probable error ellipse
位置线定位时误差概率密度相等的点的轨迹。

07.112　位置线梯度　gradient of position line
几何参量的测量误差与对应的位置线误差的比值。

07.113　误差圆半径　error-circular radius
位置线定位时,以平均位置为中心,50%的定位点落入其中的圆的半径。

07.114　单位有效散射面积　unit effective scattering area
有效散射面积和实际散射面积之比值。为了表征目标散射时的特性和估算雷达作用距离,可把实际目标视为一个垂直于电磁波入射方向的截面积,当它把所截获的入射功率向各个方向均匀散射时,在雷达处产生的功率密度和实际目标所产生的相同,这一等效面积称为雷达截面或有效散射面积。

07.115　等多普勒频率线　line of constant Doppler shift
与飞行器速度矢量夹角相同的多普勒雷达波束中各射线与地面相交所得点的轨迹。

07.116　直达干扰　leakage
在简单连续波多普勒雷达和调频无线电高度表中,因发射机和接收机同时工作,部分发射信号由振动的机身、天线罩以及发动机的湍流反射、散射,输入接收机中类似噪声的直漏信号。

07.117　高度空穴效应　altitude-hole effect
脉冲或调频多普勒雷达中由于周期性封闭接收机或接收信号强度随飞行高度作周期性变化,在一系列相应高度上,接收信号强度为零或很弱,致使雷达不能工作的现象。

07.118　无线电罗盘自差　radio compass error
安装在飞机上的无线电罗盘(测向仪)由于环状天线周围金属物体对电磁波反射或散射的影响而引起的测向误差。

07.119　警旗　flag alarm
又称"警告牌"。指示器上用来表示信息不可信的一块红色挡板。

07.120　询问脉冲　interrogation pulse
测距器对应答台进行询问的编码脉冲信

号。

07.121 回答脉冲 reply pulse

地面应答台收到机载测距器的询问脉冲后作为回答而发出的编码脉冲信号。

07.122 测距门 distance measuring gate

测距器用来捕捉应答台回答脉冲的闸门。

07.123 填充脉冲 filler pulse

测距应答台和塔康地面台在发射回答脉冲时还发射一些用来衬托测向包络和保持恒定工作周期的无序脉冲。

07.124 静寂时间 dead time

应答台的接收机在其发射机发射回答脉冲时关闭的一段时间。

07.125 测距频闪效应 stroboscopic effect on distance measurement

利用定时器产生脉冲门的重复频率只和回答该定时器的回答脉冲的重复频率完全相同这一特点,达到接收机从诸多回答信号中选出给自己的回答脉冲的过程。

07.126 台链 chain of stations

双曲线系统中,工作频率和辐射信号时间等具有某种特定同步关系的台组。

07.127 主台 master station

台链中作为基准的台。

07.128 副台 slave station

台链中信号受主台控制,与之保持严格同步关系的电台。

07.129 基线 baseline

台链中两个台在地面上的最短(大圆弧)连线。

07.130 载频周期匹配 radio-cycle match

在罗兰－C接收机中,为使时差测量更精确,对主副台载波相位的比较过程。

07.131 零值星历表 null ephemeris table

人为设定在1958年1月1日世界协调时的00时00分00秒,所有罗兰－C台链的主台发射脉冲组中的第一个脉冲,由此逐年逐月逐日地推算出各台链主台脉冲组的发射时刻,编成的历表。

07.132 卫星摄动运动 satellite perturbance motion

由于地球为不规则的椭球体,作用于卫星的地球引力不通过地心,还有月球及太阳引力、地球大气阻力、太阳光压等作用于卫星,使其运动轨道偏离开普勒轨道形成或长或短的周期性摄动。

07.133 同步卫星 synchronous satellite

运行周期和地球自转周期相同的人造地球卫星。

07.134 静止卫星 stationary satellite

轨道面倾角为零,运行周期等于地球自转周期的人造地球卫星。

07.135 极轨道 polar orbit

轨道面倾角为90°的卫星轨道。

07.136 电离层折射校正 ionospheric refraction correction

对无线电波通过电离层时发生的传播路径弯曲及传播速度变化等带来的传播延迟进行的校正。常用的校正方法是模型法或双频校正法。

07.137 对流层折射校正 tropospheric refraction correction

对无线电波通过大气层时由于传播介质不同于真空带来的传播延迟进行的校正,一般采用模型校正法。

07.138 伪距 pseudorange

单程无线电测时测距时,由于辐射源和接收机时钟相互独立,所测得的距离(时间)包含有与两时钟钟差相当的距误差。

07.139 Z 计数 Z-count

又称"子帧计数"。GPS 系统中用来表征子帧出现的时间,其单位为 6 秒,从星期六午夜零点起算。

07.140 转换字符 hand-over-word, HOW

GPS 系统中用来由 C/A 码转换到 P 码,使对 P 码的搜捕易于实现的一个特定字符。

07.141 定位几何误差因子 position dilution of precision

由于导航台站与用户相对几何位置引起的定位误差比测定导航参量误差增大的倍数。

07.142 星历 ephemeris

由卫星向用户接收机发送的数据之一,用以描述该卫星时空位置的参量。

07.143 历书 almanac

由卫星向用户发送的数据,包括全部卫星的粗略星历和卫星时钟校正量、卫星识别号和卫星健康状态等数据。

07.144 向/背台指示器 to/from indicator

与全向方位指示器配合使用以指明飞机是飞向电台还是飞离电台的指示器。

07.145 航向基准 heading reference

用来测量飞机航向角的设备。

07.146 测距应答器 DME transponder

对机载测距器的询问进行应答的地面装置。

07.147 主控站 master control station

导航卫星地面站的核心。收集各监测站的数据,并据之计算出卫星星历及各校正量。

07.148 注入站 injection station

卫星导航地面站的组成部分之一。它存储来自主控站的各卫星星历、各卫星原子钟校正量、大气校正量及其他数据。当卫星通过其视界时,注入站接收并跟踪此

卫星后,即以高传输速率将存储的该卫星的数据向其发送,注入卫星的数据存储器。

07.149 伪卫星 pseudo satellite, pseudolite

设置在地面上其辐射信号与导航卫星完全相同的电台。

07.150 多普勒导航系统 Doppler navigation system

利用多普勒效应实现航空器自体导航的装置的总称。一种自主式航位推算系统。

07.151 无线电测向 radio direction-finding

利用无线电测向仪测量无线电发射台所在方位的方法。

07.152 环状天线测向器 loop direction finder

基于环状天线"8"字形方向性图为基础,测定无线电台方向的导航设备。

07.153 自动测向仪 automatic direction finder

又称"全自动无线电罗盘"。一种能自动、连续地测量航空器相对地面导航台的电台航向,便于引导航空器归航的导航设备。

07.154 甚高频全向信标 VHF omnidirectional radio range, VOR

又称"伏尔"。一种工作于 112～118MHz,可在 360°范围内给航空器提供它相对于地面台磁方位的近程无线电导航系统。

07.155 旋转心脏形方向图 rotating cardioid pattern

由圆形方向图和旋转"8"字形方向图合成的用于无线电定向的方向图。

07.156 多普勒伏尔 Doppler VOR, DVOR

为减小场地对伏尔方位精度的影响,借助多普勒效应产生相位随接收点所占方位而变化的甚高频全向信标。

07.157 精密伏尔 precision VOR, PVOR

借助多波原理或在多普勒全向信标中增加调频基本相位信号,以减少场地误差影响的甚高频全向信标。

07.158　终端伏尔　terminal VOR, TVOR
设在机场的一种小功率伏尔。

07.159　无线电测距　radio distance-measuring
用无线电测量载机与某个目标或反射面之间的信号传播延迟、频率、相位差来测定两点间直线距离的方法。

07.160　测距器　distance measuring equipment, DME
又称"地美依"。以测量机上发射询问脉冲与收到地面回答脉冲之间的时间差来确定航空器与应答台之间斜距的一种机载近程无线电导航设备。

07.161　甚高频全向信标－测距器　VHF omnidirectional radio range/distance measuring equipment, VOR/DME
又称"伏尔－地美依"。甚高频全向信标和测距器结合在一起使用的根坐标定位系统。甚高频全向信标台测定航空器相对地面台的磁方位角,测距器测定航空器与应答台之间的斜距。

07.162　战术空中导航系统　tactical air navigation system, TACAN system
简称"塔康系统"。能同时完成测距和测向任务,自动而连续地向驾驶员提供航空器与地面台之间的磁方位和航空器至地面台斜距的机上设备和地面台组成的装置。

07.163　甚高频全向信标－战术空中导航系统　VHF omnidirectional radio range/tactical air navigation system, VORTAC
简称"伏塔克"。伏尔和塔康两地面台组合在一起军、民共用的极坐标导航系统。

民用航空器常用伏尔台测向,用塔康台测距;军用航空器则用塔康台测向和测距。

07.164　双曲线导航系统　hyperbolic navigation system
用双曲线位置线相交法实现导航定位的系统。

07.165　[双曲线]远程导航系统－C　long-range aid to navigation system C, LORAN-C
又称"罗兰－C"。借助测量两地面导航台的脉冲到达时间差来粗测距离差,并以测量此两脉冲载频相位差得到精确距离差值的低频脉冲相位双曲线远程导航系统。

07.166　奥米伽系统　Omega system
一种甚低频、连续波、相位双曲线无线电导航系统。

07.167　全球定位系统　global positioning system, GPS
又称"定时测距导航系统"。为美国三军建立的一个战略性全球导航和武器投放系统。以较低的导航定位精度可供民用。

07.168　差分全球定位系统　differential GPS
一种用来消除或减小该系统强相关性误差的有效方法。

07.169　全球轨道卫星导航系统　global orbiting navigation satellite system, GLONASS
前苏联研制的类似于 GPS 的第二代全球卫星导航系统。其工作原理、卫星空间配置、工作频段、信号格式,以及采用的技术措施均与 GPS 相同或大致相同。

07.170　询问模式　interrogation mode
空中交通管制二次监视雷达的询问信号格式。

07.171 应答编码 encoding the response
空中交通管制二次监视雷达系统机上应答器应答信号的编码。

07.172 圆环效应 annular effect
二次监视雷达询问器旁瓣引起的全方位干扰。

07.173 微波着陆系统覆盖 microwave landing system coverage
微波着陆系统的工作区域。

07.174 电航迹线 electrical flight path line
精密进近雷达显示器荧光屏上,用电子技术显示的飞行器安全着陆所应遵循的标准下滑航迹线和航向航迹线。

07.175 进近窗口 approach aperture
在进近着陆系统中可获得有用着陆引导信号的一个假想窗口。

07.176 自动着陆 automatic landing
大部分或全部操作由设备自动实现的着陆过程。

07.177 路径衰减校准 path attenuation correction, PAC
降低接收机门限电平(提高接收机灵敏度)以补偿雷达与目标之间云、雨等物质引起的衰减,使雷达能真实地反映气象特征的一种方法。

07.178 综合动态显示器 synthetic dynamic display
用于将空中交通管制中心所掌握的飞行计划和实际空情动态显示在荧光屏上的设备。

07.179 航路监视雷达 aero-route surveillance radar, ARSR
一种用于监视航路上航空器飞行情况的远程搜索雷达。

07.180 机载防撞设备 airborne collision avoidance equipment
一种能在空中探测碰撞危险,并向飞行员提供回避措施的设备。

07.181 二次监视雷达 secondary surveillance radar, SSR
又称"空中交通管制雷达信标系统"。一种由询问器和应答器组成的用于空中交通管制的二次雷达。

07.182 航向信标 localizer
仪表着陆系统中引导着陆航空器时对准跑道中心的设备。

07.183 下滑信标 glide slope
仪表着陆系统中指示着陆航空器对准机场规定下滑道的设备。

07.184 指点信标 marker beacon
指示航空器距跑道着陆端特定距离的设备。

07.185 机场监视雷达 airport surveillance radar, ASR
安装在机场探测以机场为中心、100～150km 半径空域内与二次监视雷达配合使用的近程搜索雷达。

07.186 精密进近雷达 precision approach radar, PAR
装设在跑道附近,观测航空器相对规定下滑线的偏离,引导航空器进近、着陆的三坐标雷达。

07.187 S 模式应答器 mode S transponder
能识别地面 S 模式单脉冲二次监视雷达的询问,并能回答 A 模式、C 模式和 S 模式询问的机载设备。

07.188 仪表着陆系统 instrument landing system, ILS
利用等信号区引导航空器进近下滑、着陆的无线电系统。

07.189 无线电高度表 radio altimeter
根据无线电波反射原理测量航空器距地面真实高度的机载无线电设备。

07.190 微波着陆系统 microwave landing system, MLS
工作于 C 波段(5 000～5 250MHz)和 Ku 波段(15 400～15 700MHz)按波束扫描原理工作的新型进近着陆系统。

07.191 地面指挥进近系统 ground controlled approach system, GCA
利用架设在机场跑道附近的雷达测出航空器的位置参数,由地面指挥引导航空器下滑和着陆的设备。

07.192 着舰系统 carrier landing system
保证航空器在航空母舰甲板上安全着舰的光学和无线电装置。

07.193 自卫距离 self-screening range
指目标或其附近的干扰机施放有源干扰时,雷达不靠特殊措施能正常探测目标的作用距离。

07.194 无源探测 passive detection
本机不辐射电磁信号,对干扰源或辐射源目标进行定位、测角或测频的工作方式。

07.195 截获 acquisition
机载火控雷达从搜索方式转入对目标跟踪的过程。

07.196 脉冲多普勒频谱 pulse Doppler spectrum
脉冲多普勒雷达回波信号的频谱。

07.197 接收机保护 receiver protection
在脉冲雷达中,为防止发射的高峰值功率进入接收机造成损坏而对接收机采取封闭的措施。

07.198 清晰区 clear zone
雷达在距离和速率二维平面上可以实现目标无模糊检测的区域。

07.199 盲区 blind zone
收发共用天线的脉冲雷达不能发现近距目标的区域,一般指此区域的最大距离值。

07.200 盲向 blind direction
动目标径向速度等于盲速时的目标方向。

07.201 外相参动目标指示 externally coherent moving target indicator
利用外界固定目标回波作相位基准的动目标指示系统。

07.202 全相参动目标指示 all coherent moving target indicator
采用高稳定度的本地信号作基准来提取回波的幅度和相位信息,以检测动目标的雷达系统。

07.203 载机运动补偿 aircraft motion compensation
为清晰地检测动目标的回波信号,抑制载机运动产生的多普勒频移的措施。

07.204 比幅单脉冲 amplitude-comparison monopulse
由比较几个波束回波信号的相对幅度来获取目标空间角信息的单脉冲技术。

07.205 比相单脉冲 phase-comparison monopulse
由比较几个平行波束回波信号的相位来获取目标空间角信息的单脉冲技术。

07.206 接收机通道合并 receiver channel combination
单脉冲雷达中将接收机常规的三通道合并为一个或两个通道的技术。

07.207 单脉冲零深 monopulse null depth
单脉冲天线差波束零值深度的简称。

07.208 边搜索边测距 range-while-search,

RWS

探测目标方位和距离信息的雷达工作方式。

07.209　角跟踪误差　angle tracking error
雷达跟踪目标时,雷达天线瞄准轴和目标视线间的夹角。

07.210　边扫描边跟踪　track-while-scan, TWS
又称"边搜索边跟踪"。雷达一边扫描搜索空间,一边跟踪单个或多个目标的工作方式。

07.211　多目标跟踪　multiple target tracking
雷达在计算机控制下,自动测定其覆盖空域中多个目标的坐标,连续提供目标位置数据,用来判定目标和预测目标轨迹。

07.212　线性调频　linear FM
又称"啁啾技术"。在脉冲持续时间内脉冲载波频率按线性规律变化的一种脉冲压缩技术。

07.213　多普勒波束锐化　Doppler beam sharpening, DBS
机载脉冲多普勒雷达利用多普勒效应通过信号处理提高方位分辨力的工作模式。

07.214　聚焦合成孔径　focused synthetic aperture
又称"聚焦合成天线"。合成孔径雷达中采用的一种对回波信号进行相位加权的处理方法,用以提高雷达的横向分辨力。

07.215　地形轮廓　terrain profile
沿航空器速度矢量的铅垂面(或垂直于航空器速度矢量的面)与地形相交所形成的轮廓。

07.216　等高面测绘　contour mapping
雷达的一种工作方式,它只测绘载机以下

某一水平面以上的地形、地物图像。

07.217　频谱纯度　spectrum purity
信号源输出的实际频谱与理想频谱的逼近程度。在频谱分析仪中,则是指显示频谱相对于输入信号频谱的真实程度。

07.218　灵敏度时间控制　sensitivity-time control, STC
又称"近程增益控制","时间增益控制"。为避免近物杂波干扰,使接收机灵敏度在辐射脉冲瞬间下降,然后按一定规律增高的一种技术。

07.219　波门内插测距　rang gate interpolation ranging
数字式测距电路中,紧接发射脉冲之后设置与发射脉冲宽度相同的一串距离波门,根据目标回波脉冲落入某号距离波门推算出目标的距离。

07.220　频率捷变　frequency agility
雷达的发射和本地振荡频率高速同步跳变的一种工作方式。

07.221　雨回波衰减补偿技术　rain echo attenuation compensation technique, REACT
自动调节雷达接收机灵敏度以补偿气象目标衰减损耗的方法。

07.222　角跟踪系统　angle tracking system
雷达中用来跟踪和测量目标角位置参数的系统。

07.223　角搜索系统　angle search system
控制雷达天线波束按一定方式在方位和(或)俯仰方向上对预定空域进行扫描,以探测目标的程序控制系统。

07.224　机载雷达　airborne radar
利用电磁波反射对各种空中、地面和海上目标进行探测和定位的机载电子装置。

07.225　调频雷达　frequency modulated radar

载波频率按一定规律变化的连续波雷达。

07.226　连续波雷达　continuous-wave radar

连续发射电磁波的雷达。

07.227　脉冲雷达　pulse radar

发射短促高频脉冲的雷达。

07.228　频率分集雷达　frequency diversity radar

能依次或同时发射几个不同载频的脉冲信号,接收这些多频回波信号,经适当处理后对目标进行定位的雷达。

07.229　相控阵雷达　phased array radar

采用相控阵天线实现波束在空间电扫描的雷达。

07.230　单脉冲雷达　monopulse radar

由单个回波脉冲即可获得目标空间角信息的雷达。

07.231　圆锥扫描雷达　conical-scanning radar

波束绕天线轴作小顶角的圆锥扫描,完成在角度上对目标自动跟踪的雷达。

07.232　脉冲压缩雷达　pulse compression radar

发射已调制(或编码)的宽脉冲,对回波信号进行压缩处理得到窄脉冲的雷达。

07.233　脉冲多普勒雷达　pulse Doppler radar

利用多普勒效应探测运动目标的全相参脉冲雷达。

07.234　机载动目标指示雷达　airborne MTI radar

利用多普勒效应抑制固定目标回波,检测和显示运动目标的脉冲雷达。

07.235　机载动目标检测雷达　airborne MTD radar

利用动目标回波与杂波干扰具有不同的多普勒频率,借助多普勒滤波器组(通常用快速傅里叶变换实现)和自适应门限(即恒虚警)等处理技术,进一步提高抑制杂波干扰能力的雷达。

07.236　合成孔径雷达　synthetic aperture radar, SAR

利用合成孔径天线及信号处理技术,实现高角分辨力的雷达。

07.237　逆合成孔径雷达　inverse synthetic aperture radar, ISAR

利用目标与雷达的相对运动,对目标处于不同视角上的回波信号进行相干处理,重构目标图像的雷达。

07.238　激光雷达　laser radar

工作于从红外至紫外光谱用激光器做辐射源的光雷达。

07.239　微波全息雷达　microwave hologram radar

利用光学全息摄影原理,使目标回波与雷达内部参考波相干涉,得到有立体感的地面景物图像的微波成像雷达。

07.240　无载波雷达　impulse radar

又称"冲击雷达"。辐射无载频的、宽度极窄(如 0.1～1ns)的脉冲,根据回波对目标进行检测和定位的雷达。

07.241　侧视雷达　side-looking radar

又称"旁视雷达"。利用装于飞机机身两侧或下方的天线,随着飞机向前飞行而扫描飞机下方两侧的带状地面,进行高分辨率地形测绘的雷达。

07.242　机载侦察雷达　airborne reconnaissance radar

探测敌方防区内的机场、桥梁、车辆、坦克、导弹发射装置和海面舰艇等军事目标的方位、距离、速度等数据的机载雷达。

07.243 双基地雷达 bistatic radar

发射机和接收机分置于相距很远（基线距离与雷达作用距离可比拟）的两个基地的无线电定位系统。

07.244 光电复合雷达 electro-optical combined radar

光波段与微波波段交联工作的雷达。

07.245 机载火控雷达 airborne fire-control radar

用来搜索、截获和跟踪空中目标,提供武器瞄准、射击和制导所需数据的机载雷达。

07.246 轰炸雷达 bombing radar

用于搜索地、海面目标,提供轰炸瞄准所需目标数据的机载雷达。

07.247 机载预警雷达 airborne early warning radar

装在航空器上,主要用于早期发现远距目标,执行空中警戒和敌情监视任务,或对有源干扰机定向的大型机载雷达。

07.248 雷达测距器 radar ranger

又称"半雷达"。装在航空器前头部仅能测出正前方目标距离的设备。

07.249 多功能雷达 multifunction radar

具有多种功能（如搜索、跟踪、监视、导引）的雷达。

07.250 机载气象雷达 airborne weather radar

装在机头用以探测航向前方的云、雨、雷暴区和湍流等气象状况的雷达。

07.251 地形测绘雷达 ground mapping radar

用于探测并分辨地形地物的机载雷达。

07.252 地形回避雷达 terrain avoidance radar, TAR

用来探测航空器前方地形,提供航空器水平机动信息,使载机绕过障碍物的雷达。

07.253 地形跟随雷达 terrain following radar, TFR

根据载机前方不同地形情况产生相应的俯仰控制指令,输送给自动驾驶仪操纵飞机使之与下方地形保持某一净空高度的机载雷达。

07.254 护尾雷达 tail-warning radar

装在飞机尾部用以探测和预告敌机从尾部偷袭的火控雷达。

07.255 机上天线 aircraft antenna

装设在航空器上用以为各种电子设备辐射和接收无线电波的装置。

07.256 钢索天线 wire antenna

俗称"拉线天线"。主要作低速航空器（$M < 0.8$）短波天线用。由多股直径为 $1 \sim 2\mathrm{mm}$ 的镀铜钢丝编织成的钢索构成。

07.257 鞭状天线 whip antenna

由有柔性的金属材料制成的圆形细长杆状天线。

07.258 刀状天线 blade antenna, flagpole antenna

又称"桅杆式天线"。截面为流线型,外形为军刀状的极化天线。

07.259 环形天线 loop antenna

由一匝或多匝绕成环形或矩形的空心或带铁心的导线构成的天线。

07.260 抛物面天线 parabolic antenna

主反射器为抛物面,馈源位于其焦点附近,能把馈源辐射的球面波变为平面波的定向天线。

07.261 透镜天线 lens antenna

由电磁透镜和照射它的馈源构成的天线。

07.262　卡塞格林天线　Cassegrain antenna
由抛物面主反射器和双曲面副反射器构成,馈源置于双曲面的一个焦点处,双曲面的另一焦点与抛物面的焦点重合,将球面波转换为平面波的微波定向天线。

07.263　赋形波束天线　shaped-beam antenna
又称"余割平方天线"。借助反射面产生特定形状方向图(方向系数随偏离垂轴角度按近似平方余割规律变化)的反射面天线。

07.264　螺旋天线　helical antenna
用绕成螺旋形的导线构成的天线。

07.265　对数周期天线　log-periodic antenna
由尺寸不同而形状相似的多个单元构成,其阻抗和辐射特性依工作频率的对数周期性重复的天线。

07.266　介质天线　dielectric antenna
用介质作为辐射媒体的天线。

07.267　缝隙天线　slot antenna
导体面上开缝构成的天线。

07.268　喇叭天线　horn antenna
波导终端张开成喇叭状的天线。

07.269　微带天线　microstrip antenna
在有金属接地板的介质基片上沉积或贴附所需形状金属条、片构成的微波天线。

07.270　阵列天线　array antenna
又称"天线阵"。由两个以上同类辐射元适当组合后构成的天线。

07.271　平面阵天线　planar array antenna
又称"二维阵天线"。由排列在一个平面上的若干辐射元组成的天线。

07.272　波导缝隙阵天线　slotted waveguide antenna
在波导壁上按一定规律切开窄缝,产生电磁波辐射的天线。

07.273　微带天线阵　microstrip antenna array
由若干单元微带天线构成的具有固定波束或扫描波束的微带阵列。

07.274　共形阵天线　conformal array antenna
又称"保形天线"。与载体共面的阵列天线。

07.275　相控阵天线　phased array antenna
用电控方法改变阵列中辐射单元相位,使波束按要求对空间扫描的天线。

07.276　自适应天线阵　adaptive array antenna
能自动将最大辐射方向对准有用目标,而将零值辐射方向对准干扰电台方向的天线阵列。

07.277　电扫描天线　electronic scanning antenna
利用电控方法使天线在没有机械运动情况下实现对一定空域扫描的天线。

07.278　单脉冲天线　monopulse antenna
能同时提供多个波束,利用单个脉冲回波形成测向所需的"和"信号与"差"信号的天线。

07.279　天线罩波瓣畸变　pattern distortion caused by radome
由天线罩引起的天线方向图的改变。

07.280　机载计算机　airborne computer
航空器上各种计算机的总称。

07.281　距离－方位系统　$\rho\text{-}\theta$ system
又称"极坐标系统"。利用测定航空器与地面导航台之间的距离和航空器与该导航台连线所在方位确定航空器位置的导航系统。

07.282 偏流修正 drift correction
由于空中风的存在,引起航空器航迹与航向不相一致,偏流修正指消除由此产生的偏流影响的措施。

07.283 无方向性信标 nondirectional beacon
又称"全向信标"。指能在360°方位范围给航空器提供方位信息的一类信标。

07.284 方位单元 localizer unit
又称"方位引导单元"。微波着陆系统的一个组成部分,在方位覆盖区内给航空器提供相对跑道中心线偏离方位信息的设备。

07.285 仰角单元 elevation unit
又称"仰角引导单元"。微波着陆系统的一个组成部分,在仰角覆盖区内给航空器提供相对当地水平面仰角信息的设备。

07.286 巷识别 lane identification
消除相位双曲线导航系统中相位多值性的一种方法。借助测量两个不同频率信号的差频相位来识别精测相位的整周数。

07.287 遥测字符 telemetry symbol
全球定位系统发射导航信息各子帧的第一个字符,共30位,其中前八位为同步头,作为子帧中其原编码脉冲解码的同步起点,其余位是向地面发送的遥测数据及奇偶校验位。

08. 航空机电系统

08.001 航空电气系统 aircraft electrical system
航空器上供电系统和用电设备组合的总称。

08.002 供电系统 electrical power supply system
由电源系统和输配电系统组成的产生电能并供应和输送给用电设备的系统。

08.003 电源系统 electrical power generating system
由航空器主电源、辅助电源、备用电源、应急电源、地面电源插座和二次电源组成的系统。

08.004 容错供电 fault tolerant electrical power supply
当供电部件或供电通道发生故障时仍能按要求向用电设备提供电能的供电方式。

08.005 组合电源 integrated drive generator, IDG
将恒速传动装置和无刷交流发电机组装在一个壳体内的飞机恒速恒频交流发电装置。

08.006 应急供电 emergency electrical power supply
航空器飞行过程中,主电源发生故障,由应急电源向重要用电设备提供电能的工作状态。

08.007 余度供电 redundant electrical power supply
为提高系统的供电可靠性,使用两个或多个电源完成同一供电任务的供电方式。

08.008 主电源 primary electrical power source
航空器上产生电能并在正常状态下向各种

机载用电设备供给电能的装置。

08.009 二次电源 secondary electrical power source

为满足不同用电设备对电能形式的不同要求,将主电源部分电能转换成另一形式电能的装置。

08.010 应急电源 emergency electrical power source

主电源故障时,为保证航空器返航或紧急降落及人身安全,在机上产生电能并向重要用电设备提供电能的装置。

08.011 辅助电源 auxiliary electrical power source

航空器上产生电能,并为地面维护、检测、机内照明及起动发动机提供电能的装置。在飞行中,可作备份电源,以补偿主电源供电不足;在应急状态下,可作应急电源。

08.012 地面电源 ground electrical power source

在地面,向航空器电网供电的机外电源。

08.013 恒速恒频交流电源系统 constant speed-frequency AC power system

主电源由恒速传动装置、无刷交流发电机和控制器组成,产生恒定频率、恒定电压交流电的航空器电源系统。

08.014 变频交流电源系统 variable frequency AC power system

主电源产生电压恒定,频率随发电机传动装置转速而变化的单相或三相的航空器交流电源系统。

08.015 变压变频交流电源系统 variable voltage variable frequency AC power system

主电源产生电压和频率都随发电机传动装置转速而变化的交流电,发电机由航空发动机直接传动的航空器电源系统。

08.016 变速恒频电源系统 variable speed constant frequency AC power system

主电源由无刷变频交流发电机、功率电子变换器和控制器组成,发电机由航空发动机直接传动,采用交 – 交型或交 – 直 – 交型变换方式产生恒频、恒压交流电的航空器电源系统。

08.017 混合电源 hybrid power source

主电源产生多种形式电能的航空器电源系统。

08.018 电磁兼容性 electromagnetic compatibility

系统或设备在预定的电磁环境中工作时,耐受电磁辐射和干扰而不使其性能下降的能力。

08.019 全电飞机 electric aircraft

飞行控制等机载系统所需功率全部由飞机供电系统提供的一种航空器。这种飞机不再从发动机引气,并取消了液压和气压系统。

08.020 变流机 rotary inverter

由直流电动机和交流发电机组成,将直流电变换成交流电的电动发电机组。

08.021 输配电系统 electrical power transmission/distribution system

将机内或机外电能传输、分配给机载用电设备,并能实施管理和保护功能的系统。

08.022 航空发电机 aircraft generator

由航空发动机或辅助动力装置驱动,输入机械能,并将其转换成电能的电磁机械装置。

08.023 无刷直流发电机 brushless DC generator

由无刷交流发电机和半导体整流器组成,输出直流电的发电机整流器组合装置。

08.024 伺服电机 servo motor
转子转速受输入信号控制,并能快速反应,在自动控制系统中作执行元件,且具有机电时间常数小、线性度高、始动电压小及无自转特点的电动机。

08.025 恒速驱动装置 constant speed drive unit
装于航空发动机和航空发电机之间,将发动机变化的输入转速,变换成恒定转速输出的传动装置。

08.026 磁粉离合器 magnetic particle clutch
以磁粉为工作介质,当主动转子旋转时,依靠激磁电流来传递、调节转矩的电磁器件。

08.027 同步器 synchro
又称"自整角机"。由发送器和接收器组成的一种特殊电机。发送器将转子的转角变换为与该角相对应的电压控制接收器转子与发送器转子一致(同步)的器件。

08.028 搭铁 electrical ground
为避免航空器内部可能的放电危险,在机上聚集静电荷的零部件之间实现的低电阻连接。

08.029 机内照明 aircraft interior lighting
又称"座舱照明"。在夜间或能见度不良条件下,为空勤或地勤人员提供明亮工作条件,为客舱提供舒适环境,而实施的机上座舱内部照明。

08.030 机外照明 aircraft exterior lighting
在夜间或能见度不良条件下飞行、着陆或滑行时,为标志航空器位置,辨明航空器运动方向,检查机翼和发动机进气道结冰情况等需要而在航空器座舱外部实施的照明。

08.031 滑行灯 taxilight
在夜间或能见度不良条件下,为航空器在跑道与终端区域内滑行提供照明的机上外部灯具。

08.032 防撞灯 anti-collision light
又称"闪光灯"。在夜间或能见度不良条件下飞行时,为显示航空器位置,以防止航空器间碰撞而设置的机上外部灯具。通常采用闪光工作方式。

08.033 着陆灯 landing light
夜间或能见度不良条件下,航空器在起飞和着陆时用以照明机场跑道而设置的机上外部灯具。

08.034 航行灯 navigation light
航空器飞行时,或在黑暗条件下地面滑行时,为显示航空器轮廓,辨明航空器位置和运动方向,防止航空器碰撞而设置的机上外部灯具。

08.035 液压系统 hydraulic system
以油液作为工作介质,利用油液的压力能并通过控制阀门等附件操纵液压执行机构工作的整套装置。

08.036 液压传动 hydraulic transmission
以液体作为工作介质,利用液体的静压能来实现功率传递。

08.037 液压控制 hydraulic control
运用液体动力改变操纵对象的工作状态。

08.038 液压密封 hydraulic seal
防止工作介质液压油的泄漏及外界灰尘和异物的侵入。

08.039 蓄压器 accumulator
用于储存液压能量,吸收压力脉动与冲击压力的液压附件。

08.040 液压油滤 hydraulic filter
利用过滤介质分离悬浮在油液中的污染微粒的装置。

08.041 液压油箱 hydraulic tank
用来储存保证液压系统工作所需的油液的容器。

08.042 液压附件集成 hydraulic accessory integration
把各种功能的液压元件组合成一个整体的液压装置或回路。

08.043 风动泵 ram-air turbopump
利用飞行速度的冲压空气能转变为机械能所驱动的液压泵。通常是作为应急液压能源装置。

08.044 电液伺服阀 electro-hydraulic servo valve
实现电、液信号的转换和放大并对液压执行机构进行控制的装置。

08.045 力矩马达 torque motor
一种电气机械转换装置。电液伺服阀的重要组成部件,作为伺服阀的输入级。

08.046 液压舵机 hydraulic actuator
自动驾驶仪操纵航空器舵面的液压执行机构。

08.047 液压致动机构 hydraulic actuating unit
利用液压能源,具有一定功率,直接控制负载运动的液压装置。

08.048 液压助力器 hydraulic booster
一种机液伺服机构,驾驶员只要用很小的力来操纵助力器,助力器就能带动有大载荷作用的舵面偏转。

08.049 液压余度控制 hydraulic redundancy control
采用多套液压控制系统同时工作,驱动同一对象,其中一套出现故障可通过监控加以切除,其余仍维持系统继续工作的控制方法。

08.050 余度舵机 redundancy actuator
采用同一功能的多套系统同时工作的舵面执行机构。

08.051 液压复合舵机 integrated hydraulic actuator
在结构上考虑既接受驾驶员来的操纵信号也接受来自自动驾驶仪或增稳控制信号的舵机。

08.052 冷气系统 pneumatic system
又称"气压系统"。以压缩空气作为传递介质,完成航空器一定操纵动作的全套装置。

08.053 回力比 feedback ratio
助力器工作时平衡舵面铰链力矩所需的杆力与助力器不工作时平衡舵面铰链力矩所需的杆力之比。

08.054 力－功率反传 force/power feedback
具有复合摇臂的舵机工作时,力和功率反传到驾驶杆的现象。

08.055 回输振荡 return transfer oscillations
指来自增稳系统的舵机信号与来自驾驶员的操纵信号是通过复合摇臂加到助力器(并联控制液压助力器),舵机运动时易产生向驾驶杆的力及位移反传,造成驾驶杆的低频振荡。

08.056 反配重 counterbalancing weight
又称"对重"。位于驾驶杆前面的配重或舵面前缘的配重,用以调整手操纵系统的杆力特性。

08.057 C准则 C criterion
航空器对纵向操纵的动态响应的时域判据。

08.058 D准则 D criterion

航空器对侧向操纵的动态响应的时域判据。

08.059 操纵力和位移 control force/displacement

驾驶员通过驾驶杆(或脚蹬)操纵航空器时,所感觉到的驾驶杆(或脚蹬)的反力及位移。

08.060 主飞行操纵系统 primary flight control system

飞机飞行时用以对飞机俯仰、滚转和偏航进行操纵的系统。

08.061 辅助飞行操纵系统 auxiliary flight control system

飞机的辅助操纵面的操纵系统,如配平操纵等。操纵者不需有力或位移的感觉,只要求知道辅助操纵面的位置。

08.062 可逆助力机械操纵 reversible boosted mechanical control

又称"有回力助力操纵系统"。这种助力操纵,当液压助力器工作时舵面上的气动载荷仍有一部分传到驾驶杆,使驾驶员感觉到飞机动压的变化。

08.063 不可逆助力机械操纵 irreversible boosted mechanical control

舵面上的气动载荷全部由助力点承受,不传给驾驶杆,而驾驶员操纵的力感觉由人工载荷感觉器提供。

08.064 备用飞行操纵系统 stand-by emergency flight control system

又称"应急飞行操纵系统"。一种有限功能的应急操纵系统,只能保证出现故障时航空器的安全改出、返航及着陆。

08.065 软式传动机构 cable pulley system

主要由构件钢管、滑轮、扇形轮和钢索张力补偿器等组成的传动机构。

08.066 硬式传动机构 push-pull rod system

主要由构件传动杆、摇臂和导向滑轮等组成的传动机构,与钢索相比,传动杆的刚度大,变形小。

08.067 中央操纵机构 central control mechanism

又称"座舱操纵机构"。包括手操纵机构(驾驶杆、驾驶盘)和脚操纵机构(脚蹬)两部分。

08.068 差动操纵摇臂 differential control crank arm

驾驶杆左右或前后偏度相等时,使操纵面产生相反偏角偏度不等的摇臂。

08.069 力臂调节器 automatic gear ratio changer

一个具有主动臂与从动臂,通过变臂比改变操纵系统传动系数及杆力梯度的摇臂的自动机构。

08.070 调整片效应机构 trimming effect mechanism

不可逆助力操纵系统中,能使载荷感觉机构内的弹簧放松,杆力消除,起配平调整片作用的机构。

08.071 复合摇臂 duplicated crank

能分别或同时接受电信号和机械操纵指令的摇臂。

08.072 牵引刹车 towing brake

在地面用机动车辆拽飞机过程中对飞机实施的制动。

08.073 停放刹车 parking brake

飞机停放在地面上对飞机实施的制动。

08.074 刹车压力 brake pressure

飞机产生负加速度或刹车时所需的系统压力或在机械刹车情况下所需施加于系统的

机械力。

08.075 机轮设计载荷 design wheel load
机轮设计、试验所用的静力破坏载荷。

08.076 刹车能量 brake energy
飞机地面滑跑使用刹车时,刹车装置所吸收的能量。

08.077 制动比压 brake pressurize
飞机地面滑跑使用刹车时加于摩擦对偶接触面上的压强。

08.078 刹车力矩 brake torque
又称"制动力矩"。机轮刹车时,由刹车装置产生的阻止机轮滚转的力矩。

08.079 牵制力 holdback force
在飞机弹射起飞前,发动机加速过程中,阻止飞机向前运动的力。

08.080 弹射力 catapulting force
使被弹物体与载体在瞬间分离的一种极强的爆发力。

08.081 刹车控制系统 brake control system
飞机地面滑行时,操纵滑行方向和减速制动的整套装置。

08.082 应急刹车系统 emergency brake system
飞机地面滑行时,当正常刹车系统失效后,用来使飞机快速制动的整套装置。

08.083 液压刹车系统 hydraulic brake system
以油液为工作介质来传递动力的刹车系统。

08.084 气压刹车系统 pneumatic brake system
工作介质为气体的刹车系统。

08.085 防滑刹车系统 anti-skid brake system
能根据需要自行调节刹车压力,避免轮胎过度磨损,并提高刹车效率和安全可靠性的整套装置。

08.086 自动刹车系统 autobrake system
在飞机着陆时,自动施加由驾驶员预先选定的刹车压力,对飞机实施制动的整套机电液压装置。

08.087 旋翼刹车系统 rotor brake system
直升机停机时,对旋翼和尾桨进行制动的整套装置。

08.088 机轮 wheel
航空器在地面运动时,能支撑航空器并在地面高速滚动的装置。

08.089 轮毂 hub
组成机轮的主要承力构件。

08.090 拦阻装置 arresting mechanism
可固定在跑道上或航空母舰上用来制动滑跑中飞机的整套装置。

08.091 二次能源系统 secondary power system
独立于主发动机,为机载设备提供辅助及应急功率并能起动主发动机的整套装置。

08.092 辅助动力装置 auxiliary power unit
二次能源系统的核心,是一台专门设计的小型燃气涡轮发动机。

08.093 应急动力装置 emergency power unit
为提供应急电力和液压动力而设计的一种小型动力装置,由涡轮、燃料分解室、燃料箱、齿轮箱和一些控制部件组成。

08.094 重力加油 gravity refuelling
又称"开式加油"。依靠燃油自身重量从油箱上部加油口流入航空器内加注燃油的方式。

08.095 压力加油 pressure refuelling

又称"闭式加油"。通过航空器下部的集中加油接嘴向航空器增压加注燃油的方式。

08.096 空中应急放油 in-flight fuel jettison

航空器在飞行中出现紧急情况时迅速排放机内贮油的过程。

08.097 油箱增压 tank pressurization

使油箱内油面上保持一定余压（稍高于外界大气压）以提高燃油系统高空性能的措施。

08.098 飞机燃油系统 aircraft fuel system

发动机二级增压泵前的燃油系统的总称。

08.099 放油系统 defuelling and jettison system

将燃油系统内的燃油安全放出机外的整套装置。

08.100 输油系统 fuel transfer system

从各贮油箱向消耗油箱转输燃油的系统。有的航空器还设有前后油箱间转输燃油以保持飞机重心位置平衡的输油系统。

08.101 防爆系统 fuel detonation suppressant system

向油箱充填防爆剂（惰性气体或灭火剂）

使油箱自由空间达到规定的抑爆浓度,防止油箱中弹或静电过度堆积而着火爆炸的系统。

08.102 油量测量系统 fuel quantity measurement system

用于测量及显示航空器油箱总贮油量或各组油箱贮油量的系统。

08.103 空中加油系统 tanker refuelling system

为在飞行中给受油机加注燃油而在加油机上设置的全套装置。

08.104 加油平台 refuelling platform

安装在加油机机身内的一种插头－锥管式空中加油装置。多数利用加油机的电源或液压源作为能源。

08.105 加油吊舱 refuelling pod

安装在加油机机外（悬挂在机翼下、机身下或机身尾段外侧）具有独立加油功能的插头－锥管式空中加油装置。有流线型外罩并多具有自己的能源。

08.106 空中受油系统 aerial refuelling system

受油机为在飞行中接受加油机加注燃油而设置的全套装置。

09. 航空武器系统

09.001 航空武器 aerial warfare weapon, airborne weapon

又称"机载武器"。军用航空器所装备的各种武器的总称。

09.002 航空武器系统 airborne weapon system

又称"机载武器系统"。军用航空器的各种武器及相关装置的硬、软件综合系统。

09.003 空战 air combat

敌对双方的航空器在空中进行的战斗。

09.004 追踪攻击 pursuit attack

空战中,攻击机从目标的尾后方沿攻击曲线对目标实施瞄准跟踪攻击的过程。

09.005 拦截攻击 intercept attack

攻击机按规定的航向,在目标运动前方按

预定射程命中目标的一种攻击方式。

09.006 导弹离轴发射 missile off-boresight launch

在导弹的导引头位标器轴(跟踪目标)偏离导弹纵轴的情况下发射导弹的方式。

09.007 轰炸 bombing

从航空器上投放炸弹等无动力武器,攻击地面(水面、水下)目标的战斗行动。

09.008 射击 firing

弹丸在枪或炮管内受火药气体或其他气体的推动作用而高速飞向目标的过程。

09.009 发射 launch

带有动力装置的航空武器,从动力装置启动工作到其脱离载机的过程。

09.010 投放 delivery

使悬挂于载机的航空武器或其他物体按规定的时间和空间位置脱离载机的过程。

09.011 投弃 jettison

使悬挂于载机上的悬挂物不发挥其作用而被抛掉的过程。

09.012 命中概率 hit probability

投射武器时,预期命中目标可能性大小的定量测度。

09.013 圆概率偏差 circular error probable

在垂直于弹丸发射方向的平面圆内,有一半弹着点散布于其中的圆的半径值。

09.014 出界概率 out of bound probability

火控系统计算导弹发射包络时,超出导弹发射包络边界的平均概率。

09.015 失机概率 miss launch opportunity probability

导弹发射包络内火控系统求解为不能发射导弹的平均概率。

09.016 毁伤概率 kill probability

在一定条件下,预期毁伤目标可能性大小的定量测度。其大小决定于命中概率和目标易毁伤部位等因素。

09.017 航空布雷 airborne mine-laying

从航空器上通过专门的布雷器向地面布放地雷或向水面布放水雷,以摧毁敌方的战斗装备或限制其行动范围的作战行动。

09.018 航空反潜 airborne antisubmarine

航空器利用反潜火控系统对水下潜艇进行探测搜索、识别定位、跟踪瞄准、投放水雷鱼雷等反潜武器的战斗行动。

09.019 炸弹口径 bomb caliber

用与外形尺寸相当的标准炸弹重量单位来表示炸弹的大小和类型。

09.020 载弹量 store-carrying capacity

作战航空器一次战斗起飞所能携带的航空武器弹药的最大重量。

09.021 航空器悬挂物相容性 aircraft-store compatibility

悬挂物在载机上悬挂及其与载机分离过程中与航空器气动特性、结构布局、电气控制、飞行安全等方面相适应的特性。

09.022 航空机枪 airborne machine gun

口径小于20mm 的航空自动射击武器。

09.023 航空机炮 airborne cannon

口径一般在 20~30mm 之间的航空自动射击武器。

09.024 机炮射速 gun fire rate

机炮炮管每分钟射出的弹丸数。

09.025 炮口功率 muzzle power

炮口动能与射速的乘积,是武器性能特征数之一。

09.026 威力系数 power coefficient

炮口功率与航炮质量之比,是武器性能特

征数之一。

09.027 弹带阻力 ammunition belt drag
弹链供弹时拖动第一个弹链发生最大变形所产生的直接作用在进弹机构上的力,其大小为 $N = \sqrt{KMV}$ 式中:N——弹带阻力(kg);K——弹链刚度(kg/mm^2);M——一个弹链和一发炮弹的质量(kg);V——进弹机构的进动速度(mm/s)。

09.028 备弹量 ammunition capacity
航空器作战起飞时所能携带炮、枪弹的总发数,是作战航空器的重要指标之一。

09.029 反跑道炸弹 antirunway bomb
又称"反机场武器"。空中投放侵彻破坏机场跑道的航空炸弹。

09.030 低阻炸弹 low drag bomb
气动阻力小,适于高速飞机外挂的一种炸弹。

09.031 减速炸弹 retarded bomb
为实施低空高速水平轰炸,装有减速装置能侵彻目标和防止跳弹的航空炸弹。

09.032 制导炸弹 guided bomb,smart bomb
又称"灵巧炸弹"。由制导装置给出制导指令在重力和舵面操纵力作用下使其滑翔到目标上的航空炸弹。

09.033 集束炸弹 cluster bomb[unit]
由小型炸弹集束组装到集束弹架上构成的一组航空炸弹。

09.034 子母炸弹 dispenser bomb
由大量子炸弹集装在母弹箱内,空中爆炸后,大面积散布杀伤地面有生力量或毁伤坦克的航空炸弹。

09.035 油气炸弹 fuel-air bomb
又称"燃料空气炸弹"。装填爆炸性燃料,触及目标时,燃料喷出气化并燃烧产生强

大的冲击力杀伤目标的航空炸弹。

09.036 航空鱼雷 air-launched torpedo
又称"空投鱼雷"。由航空器投放攻击水面和水下目标以及破坏船坞或水坝等建筑物的鱼雷。

09.037 航空水雷 aerial mine,air-launched mine
又称"空投水雷"。由航空器投放布撒攻击水面和水中目标或限制水面和水中目标活动区域的水雷。

09.038 航空弹道学 aeroballistics
研究航空器发射或投放的各种武器在空中运动规律的科学。

09.039 弹道函数 ballistic function
空射武器实际弹道对其真空弹道的修正系数。一般是弹道系数、载机高度、目标距离和武器离机惯性初速的函数。

09.040 弹道诸元 trajectory data
表征武器弹道任意一点特征的诸参数,包括射程、着速、着角和飞行时间等。

09.041 弹道表 ballistic table
不同投射条件下武器弹道诸元的数表。

09.042 水平轰炸 level bombing
飞机水平飞行状态实施轰炸。

09.043 俯冲轰炸 dive bombing
飞机以较大的俯冲角直线俯冲飞行过程中实施轰炸。

09.044 改出俯冲轰炸 dive-toss bombing
又称"俯冲拉起轰炸"。飞机先直线俯冲指定目标,然后操纵飞机作半筋斗向上拉起过程中实施轰炸。

09.045 上仰轰炸 loft bombing,toss bombing
又称"拉起轰炸"。飞机先水平直线飞向

指定目标,然后操纵飞机作半筋斗向上拉起过程中实施轰炸。

09.046 计算提前角的光学瞄准 lead computing optical sight, LCOS

采用陀螺测量载机角速度或采用目标探测装置测得目标速度,从而求出目标提前量,并通过光学系统显示给驾驶员进行目视瞄准的一种方法。

09.047 快速射击 snap shot, SS

利用平视显示器显示瞄准时刻前一段时间内所发射的各个弹丸相对于本机位置的轨迹,由驾驶员判断目标运动,不需要稳环时间的空对空射击方法。

09.048 连续计算命中线 continuously computed impact line, CCIL

利用平视显示器显示连续计算现时刻前已发射各弹丸在该时刻位置的连线,作为发射航炮的空对空攻击方式。

09.049 连续计算命中点 continuously computed impact point, CCIP

利用平视显示器显示连续计算的航空炸弹、航炮和航箭在地面落点位置的一种目视空对地攻击方式。

09.050 连续计算投放点 continuously computed release point, CCRP

由任务(火控)计算机将目标探测装置测得的目标位置矢量与航弹射程矢量进行比较,判断是否到了投放点的一种轰炸方式。适于夜间或恶劣气象条件下使用。

09.051 总修正角 prediction angle, total correcting angle

又称"总提前角"。为使弹丸命中目标,武器轴线相对于目标线应建立的诸修正量的矢量和。

09.052 瞄准线 line of sight, LOS

又称"视线"。观测点(眼点)与用来瞄准目标的瞄准标志之间的连线。

09.053 跟踪线 tracking line

借助于光学或电磁学方法的目标探测装置跟踪目标时,目标探测装置与被跟踪目标之间的连线。

09.054 提前角 lead angle

又称"前置角"。为使弹丸命中活动目标,武器线必须离开目标线向目标运动方向的预期命中点(提前点)偏离的角度。

09.055 目标进入角 aspect angle

目标线矢量与目标空速矢量之间的夹角。

09.056 抬高角 correction angle due to the force of gravity

为修正作用于弹丸上的重力引起的弹道降低量,弹丸射线相对于射程向量在铅垂面内抬高的角度。

09.057 侧偏修正角 correction angle due to windage jump

为消除由于弹丸侧射效应引起的弹丸质心位置偏移造成的射击偏差所需校正武器轴线的角度。

09.058 位差修正角 correction angle due to parallax

为了修正平视显示器或瞄准具与射击武器之间的位置引起的射击偏差,将武器轴线沿瞄准线方向转过一个消除位差的角度。

09.059 退曳 trail

从飞机上投射的弹丸受到空气阻力的影响,相对平移的飞机而言,沿着飞机空速反向后移的现象。

09.060 定向瞄准 directional sighting

又称"方向瞄准"。水平轰炸时,为使炸弹爆炸线通过目标,载机选择相对于瞄准点的正确运动方向进行的瞄准过程。

09.061 定距瞄准 range sighting

又称"距离瞄准"。在水平轰炸时完成定向瞄准之后,飞行过程中确定炸弹投放点(时刻)的瞄准过程。

09.062 投弹斜距 release slant range
载机正确的投弹点到该炸弹命中点之间的距离。

09.063 超越角 preset angle
轰炸瞄准中瞄准线相对载机纵轴的夹角。

09.064 爆炸线 explosion line
在相同投弹条件下,连续投下的炸弹弹着点的连线。

09.065 投弹圆 release circle
对于给定目标轰炸而言,当投弹高度、投弹速度、俯冲角和风速矢量不变时,飞机从任何方向进入都能使炸弹命中目标的各投弹点连成的圆形线。

09.066 安全投弹高度 safe release altitude
保障航空器投放的武器在命中目标爆炸时而不受损害的最低投放飞行高度。

09.067 跳弹 ricochet
投下的炸弹在着面时,受地(水)面介质影响出现一次或多次弹跳并向前移动一定距离的现象。

09.068 跳弹极限角 limit angle of ricochet
炮弹或炸弹以一定速度撞击介质后不发生跳弹的最小命中角。

09.069 射击瞄准具 gunsight
安装在战斗机座舱内,手动和自动引入参数,解算总修正角,提供驾驶员瞄准指令的光学、机械和电子、电气设备的总称。

09.070 活动环 moving reticle
瞄准具或平视显示器提供给驾驶员一个相对武器轴线可移动构成瞄准修正量的圆环状标记。它可是连续光环;也可是光点组成的圆环。

09.071 固定环 fixed reticle
瞄准具或平视显示器中相对显示中心不产生位移的环形或其他可作为基准的标记图像。

09.072 中心光点 pipper
活动环的中心亮点。是瞄准量的准确位置的标示。

09.073 外基线测距 stadiametric ranging
将被测物体的视在尺寸作为测距基准线,根据观测点对该物体视在尺寸的张角大小来确定被测物距离的方法。

09.074 测距环 ranging reticle
光学外基线测距工作方式时的活动圆环。

09.075 稳环时间 reticle stabilizing time
用计算提前角的光学瞄准方式实施攻击时,为了减小系统误差,使活动环的中心光点跟踪目标,借以达到可射击状态稳定的时间。

09.076 航空火力控制系统 airborne fire control system
完成航空器目标探测、跟踪、瞄准、显示和武器投放、发射任务的控制系统。

09.077 导航攻击系统 navigation attack system
使用航空器导航、领航定位技术进行武器瞄准发射的火力控制系统。

09.078 轰炸瞄准具 bombing sight
采用望远光学系统实现对目标观测、跟踪和瞄准的轰炸用瞄准装置。

09.079 头盔瞄准具 helmet-mounted sight
为获得瞄准线方程,装在驾驶员头盔上的位置传感器和显示瞄准标记的显示器等组成的显示定位装置。

09.080 综合火力飞行控制系统 integrated fire/flight control system, IFFCS

进入攻击阶段时,能将火力控制信号耦合处理成航空器飞行控制所需的信息,具有精确瞄准、自动控制武器发射的综合功能之自动控制系统。

09.081　自动机动攻击系统　automatic maneuvering attack system, AMAS

能自动完成进入目标区、对目标实施自动瞄准及武器投放,还能自动退出对地攻击用的综合火力飞行控制系统。

09.082　外挂物管理系统　store management system

作战航空器上控制、监视航空器所带外挂物工作状况,提供及管理与其他机载设备间的信息通讯,确保武器发射及外挂物投放或抛弃的机载电子电气设备组成的系统。

09.083　前视红外系统　forward-looking infrared system, FLIR

能对航空器前方一定范围内进行红外成像的一种机载探测系统。用于空中侦察和作为对地面目标实施精确打击的重要探测装置。

09.084　激光测距器　airborne laser range finder

利用受激发射脉冲光技术测量光束所指向的目标距离的机载设备。

09.085　激光跟踪照射器　laser spot tracker/illuminator

为激光半主动导引的炸弹和导弹提供足够的制导反射能量,对目标不断进行跟踪、实施激光照射的机载设备。

09.086　航空视频记录系统　airborne video recording system

又称"机载视频记录系统"。采用拍摄后形成视频信号记录作战及飞行过程所处之前方外景与平视显示器的图像画面,还可记录其他显示器显示的视频图像信息,又能在航空器上或地面重放记录情况,供飞行训练和作战评价使用的电视摄录设备。

09.087　照相枪　gun camera

装在瞄准具或平视显示器上,用来检查作战及训练效果的小型摄影机。

09.088　瞄准吊舱　targeting pod

挂在飞机专用挂梁处,供驾驶员实施对红外目标的图像识别、跟踪、瞄准和激光测距,以及导引激光半主动制导武器的目标照射的专用舱形装置。

09.089　保形外挂　conformal carriage

取外挂物与机身表面相交融的型面,减小外挂物对飞机气流干扰以及飞机的雷达截面积的一种高密度悬挂方法。

09.090　半埋外挂　semi-submerged carriage

为减少武器的迎风面积、降低气动力载荷、将武器紧贴机身半露身外的一种外挂方式。

09.091　翼尖外挂　wing tip carriage

将外挂物安置在机翼翼尖处的一种飞机气动和结构设计的处置方式。除保障在翼尖能发射外,还能改善飞机气动特性和载荷能力。

09.092　悬挂投放装置　suspension and release equipment

轰炸装置中的一部分。它包含将武器与航空器相连的过渡梁、各种挂架、挂钩、弹射及释放机构等。

09.093　导弹攻击区　missile attack envelop

又称"导弹允许发射区"。载机对指定目标发射导弹进行攻击时,能保证取得预期毁伤概率的区域。

09.094　动力射程　dynamic range

导弹从脱离载机开始到仍具有最低限度的

攻击目标能力为止所飞过的直线距离。

09.095　发射距离　launch range
发射瞬时,导弹(或载机)与目标间的距离。

09.096　机弹干扰　aircraft-missile interference
导弹挂机飞行时,载机流场与导弹流场之间的相互干扰。

09.097　空空导弹　air-to-air missile
由航空器携带,用于攻击空中目标的导弹。

09.098　格斗空空导弹　close combat air-to-air missile
空战中交战双方在目视距离内格斗作战使用的空空导弹。

09.099　超视距空空导弹　beyond visual range air-to-air missile, BVRAAM
由载机从目视距离外发射的空空导弹。

09.100　发射后不管空空导弹　fire and forget air-to-air missile
发射后不依赖或较少依赖载机控制指令而自行制导飞向目标的空空导弹。

09.101　空地导弹　air-to-ground missile
由载机从空中发射攻击地(或水)面目标的导弹。

09.102　空舰导弹　air-to-ship missile
由载机从空中发射,攻击水面舰船和出水潜艇的导弹。

09.103　航空反坦克导弹　airborne anti-tank missile
又称"机载反坦克导弹"。由载机从空中发射,攻击坦克和其他装甲目标的导弹。

09.104　航空反辐射导弹　airborne anti-radiation missile
又称"机载反辐射导弹"。由载机从空中发射,针对敌方电磁辐射源(如雷达设施)目标实施攻击的导弹。

09.105　航空诱惑弹　airborne decoy
又称"机载诱惑弹"。由载机发射,用于模拟载机的某些物理特征以迷惑或诱离敌方探测与攻击的弹体。

09.106　空射弹道导弹　air-launched ballistic missile
由载机从空中发射的弹道式导弹。

09.107　空射巡航导弹　air-launched cruise missile
由载机从空中发射的具有低空突防,袭击敌方纵深目标能力的巡航导弹。

09.108　航空反星导弹　airborne anti-satellite missile
又称"机载反星导弹"。由载机从空中发射,攻击人造卫星的导弹。

09.109　航空火箭弹　airborne rocket
又称"机载火箭弹"。由载机空中发射、攻击空中或地(海)面目标的非制导火箭武器。

09.110　精确制导武器　precision guided munitions
命中精度极高或具有直接命中能力的制导武器。

09.111　防区外发射武器　stand-off weapon
在敌方防御火力区外发射的对地(海)面目标攻击的制导武器。

09.112　制导系统　guidance system
按预定的导引规律控制导弹飞向目标的系统。

09.113　红外制导　infrared guidance
利用目标的红外辐射能获取制导信息,控制导弹飞向目标的制导技术。

09.114 无线电制导 radio guidance

利用无线电波获取制导信息,控制导弹飞向目标的制导技术。

09.115 电视制导 television guidance

利用电视技术获取制导信息,控制导弹飞向目标的制导技术。

09.116 激光制导 laser guidance

利用目标反射的激光能量获取制导信息,控制导弹(或航弹)飞向目标的制导技术。

09.117 指令制导 command guidance

机载制导站发出有线或无线制导指令,控制导弹飞向目标的制导技术。

09.118 图像匹配制导 pattern matching guidance

利用遥感图像特征获取制导信息,控制导弹飞向目标的制导技术。

09.119 地形匹配制导 terrain matching guidance

利用地形轮廓特征获取制导信息,控制导弹飞向目标的制导技术。

09.120 景象匹配制导 image matching guidance

利用测得的地表景象与预先测得的地表景象进行比较获取制导信息,控制导弹飞向目标的制导技术。

09.121 波束制导 beam riding guidance

又称"驾束制导"。利用机载或地面制导装置对目标发出无线电或激光波束控制导弹在波束内飞行的制导技术。

09.122 程序制导 program guidance

由导弹的制导系统按照预定时间程序控制导弹飞向目标的制导技术。

09.123 寻的制导 homing guidance

又称"自动导引"。利用目标辐射或反射的信号获取信息,自动形成制导指令,控制导弹飞向目标的制导技术。

09.124 复合制导 combined guidance

两种或两种以上制导方式组合在一起,并按一定顺序工作的制导技术。

09.125 多模制导 multimode guidance

又称"多工制导"。两种或两种以上制导方式组合在一起,并联或交替工作的制导技术。

09.126 导引装置 homing head, seeker

又称"导引头"。接收目标信息,按照给定的导引规律提供导引信号的弹上装置。

09.127 红外导引头 IR homing head

依靠接收目标红外辐射工作的弹上导引装置。

09.128 单元探测导引头 single-detector homing head

采用单个红外敏感元件探测目标信息的导引装置。

09.129 多元探测导引头 multi-detector homing head

采用多个按一定方式排列的红外敏感元件探测目标信息的导引装置。

09.130 热成像导引头 IR image homing head, thermal image homing head

依靠接收目标的红外辐射图像信息进行工作的导引装置。

09.131 准成像导引头 quasi-image homing head

应用初级热成像技术(探测器元数较少、空间分辨率较低等)的导引装置。

09.132 双色导引头 dual color homing head

利用双色(波段)光学探测、鉴别和处理技术(如双色探测器、双色滤光片或双色调制盘)进行工作的导引装置。

09.133 凝视导引头 staring homing head
不用机械扫描即可在焦平面阵列光电探测器对应的整个视场内观测景物图像以获取制导信息的导引装置。

09.134 变视场导引头 FOV variable homing head
在导弹制导过程中,可以自动变换光学视场的导引装置。

09.135 雷达波束导引装置 radar beam-riding guidance device
控制导弹沿雷达波束等强信号线飞行的导引装置。

09.136 视线角速度 line-of-sight rate
视线相对惯性空间的旋转角速度。

09.137 捕获视场 FOV of acquisition
导弹导引装置能够接收目标信息的空间立体角。

09.138 搜索视场 FOV of search
引导头探测系统的捕获视场所扫过的总视场。

09.139 导引头盲区 homing head blind zone
又称"[导引头]非灵敏区","[导引头]死区"。在共轴安装的旋转调制盘系统中,当目标像点落在调制盘中心或其附近时,导引头无信号输出或信噪比不满足目标检测要求的区域。

09.140 导引头分辨率 homing head resolution
导引头区分两个相邻点目标的最小角距离。

09.141 目标锁定 target lock-on
导引头稳定跟踪目标的状态。

09.142 调制盘 reticle, chopper
又称"斩光器"。用于红外探测装置的调制和编码,将入射红外辐射变成交变辐射,将目标方位信息编入交变辐射以及进行空间滤波的器件。

09.143 弹体解耦 missile body decoupling
为保持弹载测量、敏感装置的空间稳定,隔离或补偿弹体运动或扰动的技术。

09.144 红外探测器 infrared detector
能把接收到的红外辐射能转换成一种便于计量的物理量的器件。

09.145 红外搜索跟踪器 infrared search and track device, IRST device
通过空中目标的红外辐射特征实现对其搜索和跟踪的机载设备。

09.146 红外焦平面阵列 infrared focal plane array
置于红外光学系统焦平面上,可使整个视场内景物的每一个像元与一个敏感元相对应的多元平面阵列红外探测器件。

09.147 光电导探测器 photoconductive detector
一种利用半导体材料的光电导效应制成的光探测器。

09.148 光伏探测器 photovoltaic detector
一种利用半导体材料 P-N 结光生电动势效应制成的光探测器。

09.149 超前偏置控制 lead-bias control
使处在遭遇段的红外导弹偏离原命中点(红外源)而向目标飞行前方偏离一段距离的控制方式。

09.150 三点法 three-point method, line-of-sight method
导弹在飞行过程中,保持控制点与目标连线相对控制点与导弹连线的夹角为零的制导方法。

09.151 比例导引法 proportional navigation

method

在导弹飞向目标过程中,导弹速度向量的转动角速度与视线的转动角速度成比例的导引方法。

09.152 导航比 navigation ratio

又称"导航常数"。在比例导引中,导弹速度向量的转动角速度与视线转动角速度之比。

09.153 平行接近法 parallel approach method, constant-bearing navigation

导弹飞行过程中,保持导弹至目标的视线角速度为零的导引方法。

09.154 预测导引律 predicted guidance law

导弹根据目标的机动情况不断预测拦截交会点,并使自身的速度矢量随时指向该点的导引规律。

09.155 弹道自控段 self-controlled ballistic phase

由反舰导弹自主控制系统控制飞行的弹道段。

09.156 弹道自导段 self-guided ballistic phase

由导弹自动导引系统控制飞向目标的弹道段。

09.157 导弹归零 missile zero-in

为保证安全,导弹发射后的初始段不对导弹进行控制的飞行状态。

09.158 单室多推力发动机 single-chamber multistage-thrust motor

一个燃烧室提供两个或两个以上推力级的固体火箭发动机。

09.159 无喷管发动机 nozzleless rocket motor

燃气从装药内孔构成的出口通道中高速喷出产生推力,没有专用喷管的固体火箭发动机。

09.160 主发动机 sustainer motor

又称"续航发动机"。在助推火箭发动机助推器工作期间或工作结束后,用来增加或保持导弹(火箭)飞行速度的火箭发动机。

09.161 助推器 booster

用于导弹发射时使其迅速飞离发射器并加速达到预定飞行速度的火箭发动机。

09.162 推力系数 thrust coefficient

单位燃烧室压强作用于单位喷管喉部面积产生的推力。单位为牛·秒($N \cdot s$)。

09.163 总冲量 total impulse

火箭发动机推力对工作时间的积分。

09.164 比冲效率 specific efficiency

又称"冲量效率"。发动机的实际比冲与理论比冲之比。

09.165 比冲[量] specific impulse

单位重量推进剂所产生的总冲量。

09.166 引爆系统 fuzing system, armament

由引信、战斗部、保险和执行机构所组成的系统。

09.167 触发引信 impact fuze

又称"碰炸引信"。依靠与目标直接接触、碰撞而作用的一种引信。

09.168 近炸引信 proximity fuze

感受目标特性或由环境特性感觉其存在(从距离和/或方向上)而作用的引信。

09.169 多普勒无线电引信 Doppler radio fuze

利用导弹和目标相对运动产生的无线电波多普勒效应探测目标并引爆导弹战斗部的一种雷达引信。

09.170 伪随机码调制引信 pseudo-random code modulation fuze

利用以伪随机码调制的高频无线电载波信号探测目标并引爆导弹战斗部的雷达引信。

09.171 复合调制引信 multiplex modulation fuze

利用同时采用两种或两种以上特征波形调制的无线电载波探测目标并引爆导弹战斗部的雷达引信。

09.172 红外引信 infrared fuze

利用目标的红外辐射探测目标并引爆导弹战斗部的光学引信。

09.173 激光引信 laser fuze

利用经过调制的激光束探测目标并引爆导弹战斗部的光学引信。

09.174 自毁装置 self-destruction device

在导弹失控或脱靶距离超过引信作用距离后,在规定时间内自动炸毁导弹的装置。

09.175 引信灵敏度 fuze sensitivity

启动引信时,其接收系统所需的最小能量或信号电平。

09.176 引信启动区 fuze actuation zone

导弹(火箭)在规定的各种交会条件下,引信可靠地给出引爆信号的空间范围。

09.177 引信启动角 fuze actuation angle

在导弹(火箭)和目标按规定条件交会、引信正常启动瞬间,弹与目标的连线与弹轴之间的夹角。

09.178 引信启动距离 fuze actuation distance

在导弹(火箭)和目标按规定条件交会、引信正常启动瞬间,引信中心至目标中心的距离。

09.179 引战协调性 fuze-warhead matching capability, fuze-warhead coordination

在给定的导弹与目标交会条件下,引信的实际启动区与导弹战斗部的动态杀伤区协调一致的程度。

09.180 探测视场角 detective field of view angle

由引信从周围接收到的光线所通过的空间形成的立体角。

09.181 交会角 encounter angle

又称"遭遇角"。导弹(火箭)的速度矢量与目标速度矢量之间的夹角。

09.182 传爆系列 explosive train

按敏感度由高到低,按能量由小到大顺序排列的火工元件系列。

09.183 安全和解除保险装置 safe and arming device, S&A device

在解除保险之前,保证导弹(火箭)在勤务处理、发射和飞离安全距离以前的人、机安全;在移开保险件和传爆系列中的隔离(爆)机构(即解除保险)后,使传爆系列中的火工元件对正,使引信保持在待发状态的装置。

09.184 战斗部 warhead

用于直接毁伤预定目标或完成与之有关的其他预定战斗任务的专门装置,是导弹的有效载荷。

09.185 链条战斗部 continuous rod warhead

又称"连续杆战斗部"。依靠炸药装药爆炸,杆束组件迅速展成链式钢环切割、毁伤目标的战斗部。

09.186 定向战斗部 directional fragment warhead, aimable fragment warhead

利用目标方位信息改变爆破方向以取得最大毁伤效果的战斗部。

09.187　子母战斗部　cluster warhead

又称"集束战斗部"。内部包含有多个子战斗部的战斗部。

09.188　杀伤区　lethal zone

战斗部爆炸后,其杀伤因素(破片、链环、聚能粒子等)能使目标达到预定毁伤概率的区域。

09.189　有效杀伤半径　effective kill radius

战斗部爆炸后,自爆炸中心到战斗部有效杀伤区边缘的距离。

09.190　可转挂架　rotating pylon

当飞机机翼后掠角变化时,挂架可以转动以保持挂架轴线仍与飞机轴线平行的机翼挂架。

09.191　复式挂弹架　multiple ejection rack，MER

能同时悬挂多颗炸弹的挂架。

09.192　挂弹钩　bomb shackle

挂架上悬挂与投放航空炸弹、副油箱和导弹发射装置等悬挂物的装置。

09.193　弹射杆　piston ejector ram，ejector piston

外挂物投放时,弹射机构中直接向外挂物施加弹射力的活塞杆。

09.194　抛放弹　cartridge

又称"弹射弹"。装于弹射机构中,作为弹射动力的火药弹。

09.195　爆控机构　arming unit

操纵航空炸弹引信保险机构,实现爆炸或不爆炸投弹的控制机构。

09.196　炮塔　turret

又称"活动射击装置"。用于安装航空枪炮并使其在一定射界内运动和正常射击的装置。

09.197　武器吊舱　weapon pod

外挂在作战航空器上,内装对空、对地攻击武器及其有关设备的短舱。

09.198　导弹发射架　missile launcher

用于载机悬挂和发射导弹的专用装置。

09.199　火箭发射器　rocket launcher

用于载机携带和发射火箭弹的专用装置。

09.200　脱靶距离　miss-distance

又称"脱靶量"。导弹飞向目标过程中,导弹相对于目标的最小距离。

09.201　战斗[导]弹　operational missile

又称"实弹"。符合战术技术要求,可提交部队作战使用的导弹。

09.202　遥测试验[导]弹　telemetry missile，instrumented missile

装有无线电遥测设备的试验弹。

09.203　教练[导]弹　practice missile，training missile

用于训练驾驶员在作战飞行中正确使用导弹的模拟弹。弹中装有一定的记录、评价训练效果装置。

10.　航空安全、生命保障系统与航空医学

10.001　环境控制系统　environmental control system

在各种飞行条件下,使座舱(或设备舱)内

空气压力、温度、湿度、洁净度及气流速度等参数适合人体生理卫生要求,保证乘员生命安全舒适(或满足机载设备冷却、增

压要求)的成套设备。

10.002 座舱供气 cabin air supply

为使座舱(或设备舱)产生余压,并进行通风换气、调温而向座舱(或设备舱)提供具有一定压力、温度和流量的空气的设备。

10.003 发动机引气系统 engine bleed air system

从航空发动机压气机引出用于座舱(或设备舱)增压和空气调节的压缩空气的供气系统。

10.004 增压气源 pressurization air source

为使座舱内产生余压、通风换气和调节温度而提供压缩空气的装置。

10.005 冷却系统 cooling system

又称"制冷系统"。给座舱和电子设备舱提供冷却空气的系统。

10.006 空气循环冷却系统 air cycle cooling system

利用空气压缩制冷循环的基本原理,使空气温度降低,用于座舱或设备舱空调的成套装置。

10.007 蒸气循环冷却系统 vapor cycle cooling system

又称"蒸发循环冷却系统"。利用蒸气压缩制冷循环的基本原理,使通风空气或中间载冷剂温度降低,用于座舱或设备舱空调的成套装置。

10.008 闭式空气循环冷却系统 closed air cycle cooling system

通风冷却空气在系统的封闭回路内反复使用并通过补气来补充系统的少量漏气的空气循环系统。

10.009 高压除水–回冷式空气循环冷却系统 high pressure water separation-regenerative air cycle cooling system

在涡轮进口处装有以涡轮出口冷空气为冷源的回冷式湿空气冷凝器和水分离器并在涡轮入口处除水的空气循环冷却系统。

10.010 个体冷却系统 personal cooling system

用冷却服对空勤人员体表或对其服装直接冷却的系统。

10.011 空气分配系统 air distribution system

将经调节的空气按规定的比例分配给驾驶舱、客舱和设备舱以保证舱内温度均匀和风速适宜的输气系统。

10.012 空气再循环系统 air recycle system

将座舱回流空气与经过加温或冷却装置的新鲜空气混合并输入座舱的输气系统。

10.013 温度控制系统 temperature control system

简称"温控系统"。保证环境控制系统中某部位或空间的介质温度或壁面温度在规定的范围内,以满足座舱或设备舱热力要求的成套调控设备。

10.014 换热器 heat exchanger

又称"热交换器"。将热量从一种载热介质传递给另一种载热介质的装置。

10.015 涡轮冷却器 cooling turbine unit

又称"空气循环机","空气膨胀机"。将具有一定温度和压力的压缩空气膨胀时所产生的焓降转变为机械功输出而实现降压、降温的高速旋转制冷机械。

10.016 引射器 ejector, injection pump

又称"引射泵"。利用一股高压、高能量的引射流的引射作用来吸入另一股低压、低能量流体的装置。

10.017 蒸气制冷压缩机 vapor refrigeration compressor

将气态制冷剂从低压提升到高压,并驱动制冷剂在制冷系统中不断循环流动的机械。

10.018 水[气]分离器 water separator
利用机械的或增加动能的方法分离空气流中游离水分的除湿装置。

10.019 座舱压力调节器 cabin pressure regulator
自动调节增压座舱的空气压力和压力变化速度,使之符合乘员生理标准的装置。

10.020 座舱安全活门 cabin safety valve
防止座舱内外压差(正压或负压)过大而造成座舱破坏的安全装置。

10.021 座舱应急卸压活门 cabin emergency dump valve
在发生事故的紧急情况下,用以快速卸去座舱压力的安全装置。

10.022 座舱高度 cabin altitude
又称"座舱气压高度"。座舱压力所对应的标准大气压力高度。

10.023 座舱压力制度 cabin pressure schedule
为使座舱内保持乘员可耐受的压差而调定的座舱空气压力随飞行高度变化的程序。

10.024 冷源 heat sink
又称"热沉"。用来散去冷却系统中压缩热的冷却介质。航空器上常用的冷源有:冲压空气、燃油、消耗性冷却介质(如水)、座舱排气等。

10.025 个体热调节 personal thermal conditioning
以人体温度为调节对象参数的调温方法,其对应设备称个体热调节系统或个体调温装备。

10.026 航空器性能代偿损失 aircraft performance penalty
评价环境控制系统方案优劣的一项主要指标。由于安装环境控制系统对航空器性能产生不利影响而引起的航空器性能附加损失。

10.027 防冰系统 anti-icing system
航空器在结冰气象条件下飞行时,防止部件表面上结冰的技术设施。

10.028 除冰系统 deicing system
间断地或周期地将部件表面上的冰层除掉的技术设施。它适用于表面允许结上一定厚度冰层的部件。

10.029 结冰信号器 icing signaller, icing detector
感受并传递航空器表面结冰信息的装置。

10.030 防冰液 anti-icing fluid
用于防止航空器部件表面结冰的液态工质。

10.031 热刀 heat knife, parting strip
又称"分离带"。为使冰层易于从表面上脱落,在除冰表面上敷设的连续加热的条带。

10.032 风挡除雨系统 wind shield rain removal system
清除风挡玻璃外表面的雨水,以维持其透明度,保证航空器在雨中飞行安全的技术设施。

10.033 风挡防雾系统 wind shield anti-fogging system
防止风挡玻璃内表面结雾,以维持其透明度,保证航空器飞行安全及安全着陆的技术设施。

10.034 冰风洞 icing tunnel
对航空器部件表面进行结冰和防冰研究的地面模拟试验装置。它除了可模拟航空器的飞行情况外,还可模拟航空器飞行时的结冰气象条件。

10.035 结冰云 icing cloud
可使飞行中的航空器发生结冰的云层。

10.036 过冷水滴 supercooled water droplet
负温下未冻结的液态水滴。接触航空器部件表面时迅速冻结而发生结冰。

10.037 冰形 icing shape
结冰的形状。冰形不同对航空器飞行性能的影响不同。

10.038 结冰强度 icing intensity
又称"结冰速率"。冰在航空器部件表面上形成的速度。机翼前缘按结冰强度分为弱结冰、中度结冰、强结冰和极强结冰四个等级。

10.039 结冰气象参数 meteorological parameter of icing
结冰云中与航空器结冰有关的物理量。包括云层温度、水滴直径、液态水含量及云的范围等航空器防冰系统设计中重要气象依据的参考。

10.040 修正惯性系数 modified inertia parameter
在水滴撞击特性曲线中,作为独立变量的无因次系数。该系数可以根据给定的飞行、气象条件和部件的特征尺寸计算确定。

10.041 冻结系数 freezing fraction
航空器部件表面上的结冰量与撞击在其上的水量之比,其值小于1。

10.042 结冰区 icing area
航空器部件表面上的结冰范围。它是水滴对表面的撞击区与水向后溢流的区域(溢流区)之和,是确定表面防冰区的重要依据。

10.043 蒸发防冰 evaporative anti-icing

对部件防冰表面连续加热,使撞击在表面上的过冷水滴不冻结并使之蒸发的防冰方法。将撞击表面上的水全部蒸发的称完全蒸发防冰或干表面防冰;表面上的水部分蒸发的称不完全蒸发防冰或湿表面防冰。

10.044 防冰表面热载荷 heat load of anti-icing
在给定的飞行、结冰气象和防冰表面温度条件下,防冰表面向周围环境散发的热流。

10.045 水滴轨迹 water droplet trajectory
过冷水滴相对部件表面运动时的路线。

10.046 水滴撞击参数 droplet impingement parameter
飞机在结冰云层中飞行时,部件迎风表面收集过冷水滴的性能参数。主要参数有:过冷水滴对部件表面的总撞击系数、撞击范围及局部撞击系数。

10.047 撞击范围 impingement area
过冷水滴撞击在部件表面上的最远位置所包围的表面长度。如机翼的水滴撞击范围是指水滴撞击在上、下翼型表面最远位置间的表面长度。

10.048 水滴遮蔽区 droplet shadowed zone
过冷水滴绕具有椭球形体的部件运动时,在其撞击区后面形成的没有水滴的环形区域。

10.049 座舱露点 cabin dew point
座舱内的未饱和空气在水蒸气分压不变的条件下,温度下降至饱和状态时对应的温度。

10.050 表面湿润系数 surface wetness fraction
撞击区内的水未冻结前,向其后方呈溪流状溢流称溢入流区,该区内被水覆盖的面积与总面积之比。

10.051　航空器结冰　aircraft icing
大气中不同形态的水,在航空器部件表面上冻结的现象。冰晶堆积在表面上的结冰称干结冰;水蒸气未经液相直接冻结在表面上的结冰称凝华结冰;过冷水滴撞击在表面上的结冰称水滴结冰。

10.052　航空救生　aviation emergency escapement
从失事的航空器中将乘员安全救出使之生还的过程。包括乘员应急离机、安全着陆、生存待救及营救生还的全过程。除飞机空中失事救生外,地面迫降时拦阻网救生、民航机旅客应急撤离以及直升机坠毁救生等也均属航空救生。

10.053　弹射救生　ejection escape
依靠弹射离机或座舱分离的方法将乘员从失事的飞行器中救出生还的全过程。

10.054　敞开式弹射　open ejection
乘员直接暴露于气流中的弹射离机方式。

10.055　抛盖弹射　canopy jettison ejection
先抛放座舱盖清理弹射通道,再进行弹射离机的救生方式。

10.056　穿盖弹射　through canopy ejection
采用破碎座舱盖玻璃的方法清理弹射通道,人椅系统穿过破碎的座舱盖弹射离机的救生方式。

10.057　封闭式弹射　enclosed ejection
乘员不直接暴露于气流中的弹射离机方式。

10.058　带盖弹射　ejection with canopy
又称"带离弹射"。座舱盖不抛放而由座椅带动并扣合在座椅上以防护高速气流吹袭的弹射离机方式。

10.059　弹射损伤　ejection injuries
在弹射过程中由于弹射冲击力或机械撞击使人体所受的各种生理损伤。

10.060　零－零弹射　zero-zero ejection
在飞机处于零高度及零速度(地面停机状态)条件下进行的弹射。是弹射救生系统低空救生能力的一个指标。

10.061　向下弹射　downward ejection
乘员通过座舱下部舱口脱离失事飞机的弹射。

10.062　水下弹射　underwater ejection
飞机坠入水中条件下进行的弹射救生。

10.063　火箭牵引　rocket extract
利用牵引火箭将乘员拖曳出失事的航空器的救生方式。

10.064　救生设备　life saving equipment
航空器失事时使乘员安全获救的各种装置和系统的总称。

10.065　应急离机系统　emergency escape system
应急时使乘员迅速脱离航空器的救生系统。

10.066　弹射座椅　ejection seat
正常飞行时供乘员乘坐,应急时能利用弹射动力装置将乘员及其装备一起迅速弹离航空器的座椅。

10.067　弹射座舱　ejectable cockpit
又称"分离座舱"。应急时能与航空器机体分离并实现安全救生的座舱段。

10.068　应急撤离设备　emergency evacuated equipment
旅客机应急迫降后保证全机乘员安全迅速离开飞机的设备。

10.069　救生器材　survival kit
放在救生包内供失事航空器乘员着陆或着水后用于维持生命、自救、呼救及联络的设备和物品。

10.070 立姿自导弹射座椅 vertical seeking ejection seat, VSS

又称"垂直定位弹射座椅"。离机后能依靠自动控制技术实现头部向上姿态的弹射座椅。可提高低空、不利姿态条件下的弹射救生成功率。

10.071 自适应弹射座椅 adaptive ejection seat

能根据应急弹射离机的状态,自动选择合理的参数和弹射程序的弹射座椅。

10.072 降落锥弹射座椅 paracone ejection seat

利用降落锥作为减速着陆装置的弹射座椅。人椅弹离飞机后降落锥充气展开,把人椅包在降落锥内,降落锥代替了救生/回收伞,使人椅系统减速,乘员安全着陆。

10.073 耐坠毁座椅 crashworthy seat

又称"抗坠毁座椅"。装有能量衰减装置以吸收航空器着陆或坠毁时撞击能量的座椅。

10.074 弹射程序控制装置 ejection sequence control unit

对座椅上各功能部件在弹射救生过程中的工作顺序和时间进行自动控制的机构。

10.075 侧向轨道发散火箭 lateral trajectory divergence rocket

在多座椅弹射中,为避免空中干涉,用以使人椅系统弹射轨迹产生侧向滚转而偏离弹射平面的小型火箭发动机。

10.076 达特[稳定]系统 DART stabilization system, directional automatic realignment of trajectory system

全称"弹道方向自动再调准系统"。保证人椅系统弹射离机出舱姿态和稳定性的一种绳带式机械摩擦制动装置。

10.077 护头装置 head guard, head restraint

弹射时保护头脸和颈部免受高速气流吹袭伤害和穿盖弹射碰伤的自动约束–遮盖装置。

10.078 四肢约束装置 limb restraint

弹射时为避免机械损伤和甩打损伤,自动约束乘员四肢的装置。

10.079 吸能机构 energy absorber

耐坠毁座椅上用来吸收坠毁及着陆冲击能量的机构。

10.080 地面有速度弹射试验 ground dynamic ejection test

在地面利用某种运载工具模拟飞行速度进行的座椅弹射试验。

10.081 火箭滑车试验 rocket sled test

以火箭滑车为运载工具,在专用的滑轨上运行并在模拟飞行速度条件下所进行的试验。

10.082 火箭滑车 rocket sled

又称"火箭滑橇"。以火箭发动机为动力,在专用滑轨上运行的地面动态试验的运载器。

10.083 假人 dummy, anthropomorphic dummy

又称"仿真人"。模拟人体外形、重量、机械特性、生物动力学特性等条件,并装有各类传感器及数据采集存储系统的专供试验用的特制设备。

10.084 救生性能包线 escape envelope, safe ejection envelope

又称"安全弹射包线"。应急离机救生系统能实现安全救生的航空器应急状态飞行参数的组合曲线所限定的最大范围。

10.085 弹射轨迹 ejection trajectory

从弹射离机开始到救生伞张满这一阶段人椅系统重心所经过的路线。一般以出舱阶段结束瞬间重心位置为轨迹起点。

10.086 个体防护 personal protection
飞行和救生过程中抵御外界因素危害驾驶员生存、安全、操纵和作战功能的作用。

10.087 氧气系统 oxygen system
又称"氧气装备"。按一定的供氧方式向乘员供给呼吸用氧的成套设备。

10.088 加压供氧系统 positive pressure oxygen system
向乘员提供压力高于周围环境压力的纯氧呼吸用气的系统。

10.089 液氧转换器 liquid oxygen converter
将储存的液态氧转换成可供呼吸的气态氧的装置。

10.090 机载制氧 on-board oxygen generation, OBOG
飞机在飞行中自行制备供乘员呼吸用氧。

10.091 分子筛制氧 molecular sieve oxygen generation, MSOG
利用分子筛的吸附和解吸原理从空气中分离出供乘员呼吸用氧。

10.092 氧气调节器 oxygen regulator
随高度变化并按预定程序自动调节输出气体的压力、流量和含氧浓度等参数的装置。

10.093 氧气余压 oxygen overpressure
呼吸用氧系统内压力高于周围环境的部分称为氧气余压。

10.094 氧气压力比 oxygen pressure ratio
侧管式加压服内侧管充气压力和面罩供氧压力之比。

10.095 氧分压 oxygen partial pressure
混合气中氧气部分的压力。

10.096 缺氧警告 hypoxia alarm
当呼吸用气中氧分压低于规定值即缺氧时,自动发出的警示。

10.097 氧气面罩 oxygen mask
将口鼻与外界环境隔开,以保证氧气调节器输来的具有一定含氧浓度和压力的气体流入人体呼吸器官的面具。

10.098 呼吸压力波动 breathing pressure fluctuation
呼吸过程中面罩或头盔内气体压力的变化。其波动量为吸气阻力和呼气阻力之和。

10.099 供氧高度 oxygen supply altitude
为防止乘员缺氧而必须使用供氧装备以补加氧气的座舱高度。

10.100 供氧能力 oxygen delivery capacity
又称"流通能力"。供氧系统或成品附件在指定入口压力下保持额定出口压力时可输出的最大氧气流量。

10.101 防护头盔 protective helmet
保护头部免受或减轻机械性碰撞伤害的头具。

10.102 加压头盔 pressure helmet
实施加压供氧和保护头部免受或减轻机械性碰撞伤害的头具。

10.103 通风头盔 ventilation helmet
通入温度适宜气流在头部表面流通以清除汗液并使头部保持舒适的头具。

10.104 液冷头盔 liquid-cooled helmet
用头盔衬套内的流通冷却液体来降低头部温度的头具。

10.105 防护服 protective suit
为乘员提供某些防护性能的服装。

10.106 抗荷服 anti-G suit
对人体腹部和下肢体表施加压力以抵御正过载对人体伤害的防护服装。

10.107 全压服 full pressure suit
又称"高空密闭服"。包覆全身并密闭,利用充气压力直接作用于人体全部表面的高空防护服装。

10.108 高空代偿服 high altitude compensating suit
对人员躯干和四肢表面施加压力以代偿因加压供氧而引起的生理障碍的服装。

10.109 代偿背心 pressure jacket, waistcoat
仅对躯干部分施加压力的高空代偿服。

10.110 调温服 thermo-conditional suit
在过高或过低温度环境下维持人体热平衡的服装。

10.111 通风服 ventilation suit
用适宜温度的气流在人体表面流通以清除汗液并保持人体正常温度的服装。

10.112 液冷服 liquid-cooled suit
用分布在人体部分表面的管道内流通液体来保持人体正常温度的服装。

10.113 抗浸服 anti-immersion suit
防御驾驶员应急跳伞落入冷水浸泡时体温骤降的服装。

10.114 防核生化服 nuclear biological and chemical protective suit, NBC protective suit
防止核、生物、化学毒剂的有害因素与人体呼吸道、眼、耳、鼻和皮肤接触,以避免或减轻对人体伤害的服装。

10.115 机械肺 mechanical lung
又称"假肺"。供氧装备性能试验中模拟人体呼吸频率和潮气量的装置。

10.116 呼气阻力 expiratory resistance
使用供氧装备时,呼出气体需要克服流经呼吸道和面具内呼气活门至外界环境的流体阻力,这就是人体肺内相对于体外环境压力之差值。

10.117 吸气阻力 inspiratory resistance
使用供氧装备吸气时,需要克服打开氧气调节器内的肺式活门并流经管道和吸气活门的流体阻力。这就是面具内相对于外界气压之差值。

10.118 气动力减速器 aerodynamic decelerator
泛指可折叠或收拢,工作时能展开增大迎风面积产生气动力作用,使与其相连的物体减速或稳定的装置。

10.119 降落锥 paracone
又称"伞锥"。用不透气材料制成,充气后成钝头锥形的气动力减速器。

10.120 降落伞 parachute
主要由透气的柔性织物制成并可折叠包装在伞包或伞箱内,工作时相对于空气运动,充气展开,使人或物体减速、稳定的一种气动力减速器。通常把降落伞及保证其工作的有关装置总称为降落伞系统。

10.121 救生伞 survival parachute
供乘员从航空器上应急救生使用的降落伞系统。是保证乘员安全着陆的救生工具。

10.122 伞兵伞 troop parachute
空降作战人员用的降落伞。

10.123 运动伞 sport parachute
供体育运动用的降落伞。

10.124 阻力伞 drag parachute, brake parachute
又称"刹车伞"。利用气动阻力使飞机减速以缩短着陆滑跑距离的伞系统。

10.125 稳定减速伞 drogue parachute
又称"稳定伞"。稳定物体运动姿态并减低运动速度,确保主伞正常工作的降落伞。

10.126 回收伞 recovery parachute
供飞行器或其部分舱段从空中返回地面用的降落伞系统。

10.127 投物伞 cargo parachute
空投物资、装备用的降落伞系统。

10.128 航弹伞 aerial bomb parachute
供空投各种航空弹用的降落伞系统。

10.129 引导伞 pilot parachute
将主伞从伞包或伞箱中拉出、拉直、使主伞处于良好充气状态的小型伞。

10.130 环缝伞 ring slot parachute
又称"宽带条伞"。伞衣由多个同心圆宽带条组成,各环形带之间留有缝隙的降落伞。

10.131 带条伞 ribbon parachute
伞衣由多个同心圆窄带条组成,带条之间留有间隙的降落伞。

10.132 气动幅伞 aerodynamical panel parachute
又称"活动幅伞"。伞衣底边处开有排气口,其上带有门幅的降落伞。

10.133 导向面伞 guide-surface parachute
伞衣由顶幅及导向面幅(侧幅)组成的降落伞。

10.134 旋转伞 rotating parachute
伞衣充满后能绕纵轴旋转的降落伞。

10.135 翼伞 parafoil
伞衣充满后呈翼型的降落伞。

10.136 自动充气调节伞 automatic inflation modulation parachute, AIM parachute
简称"AIM 伞"。由主伞和中心辅助小伞组成,能自动控制伞衣充气特性的降落伞。

10.137 伞衣 parachute canopy
降落伞上产生气动阻力的柔性织物面。由伞衣幅缝合而成。平时处于折叠状态,工作时展开产生气动阻力,是降落伞工作的主要部件。

10.138 气动炮 air-actuated mortar
以压缩空气为动力,外形像炮的一种地面发射试验设备。

10.139 多级开伞 multistage opening
又称"多次[充气]开伞"。控制伞衣进气口面积使降落伞体积逐次扩大分阶段充气的开伞过程。多级开伞使一个伞起到多级伞的作用,分级逐步降低速度,减少开伞动载,并能调节留空时间。

10.140 最低安全高度 minimum safety altitude
保证空降、空投或回收时人员或物体安全着陆所需的最低开伞高度。包括降落伞系统拉直、充满和减速稳降等阶段所下降的高度。

10.141 稳定下降 steady descent
物(人)伞系统的气动阻力与其重力处于平衡的下降过程。下降速度随高度下降而缓慢降低。

10.142 雀降 flared landing
操纵翼伞使水平速度和垂直下降速度都接近于零的一种着陆方式。

10.143 开伞速度 opening speed
打开伞包时物(人)伞系统的运动速度。

10.144 临界开伞速度 critical opening speed
又称"临界充满速度"。降落伞能够开伞且伞衣充满时的物伞系统最大运动速度。

10.145 临界闭伞速度 critical closing speed

完全充满的伞衣在加速运动中出现闭合呈"乌贼状"时的物伞系统运动速度。

10.146 开伞动载 opening shock

又称"开伞力","开伞冲击"。降落伞充气过程中作用在伞衣上的气动载荷(阻力)。

10.147 伞衣呼吸 canopy breath

又称"伞衣脉动"。降落伞在充气后出现伞衣进气口周期性过度张开又收缩的现象。

10.148 伞衣织物透气量 canopy fabric porosity

在规定压差条件下,单位时间内通过单位面积伞衣织物的空气体积。

10.149 冲压式翼伞 parafoil

伞衣由上翼面、下翼面和若干翼肋组成,靠冲压空气充满形成翼剖面的翼伞。是一种具有良好滑翔、操纵及雀降性能的高级滑翔伞。

10.150 航空医学 aviation medicine

研究和解决航空特殊环境因素对乘员的影响,保障乘员身体健康,提高劳动效率,保证飞行安全,避免伤亡和选训驾驶员等有关医学工程问题的综合性学科。

10.151 航空生理学 aviation physiology

研究航空环境中各种因素对生理功能的影响、变化规律及其机制的一门应用基础学科,是航空医学的一个分支。

10.152 高空缺氧 altitude hypoxia

人体暴露在高空低气压环境里,由于氧气含量少而导致的综合征。

10.153 迅速减压 rapid decompression, explosive decompression

又称"爆炸减压"。在高空飞行中机舱或低压舱试验时增压座舱突然失压的减压(舱内外气压平衡)过程。

10.154 高空减压病 altitude decompression sickness

又称"气体栓塞症"。当高空环境气压降低到使人体体液中溶解的气体(氮气为主)游离出来并形成气泡群导致的症候。

10.155 加压呼吸 pressure breathing

又称"正压呼吸"。肺脏与呼吸道在高于环境气压(余压)的状态下进行的气体交换。

10.156 肺泡通气量 alveolar ventilation volume

又称"有效通气量"。进入肺泡能进行气体交换的气体量。通气量=(潮气量-无效腔气量)×呼吸频率。

10.157 吸气流率峰值 peak volume of inspiratory flow rate

在单位时间内(通常以分表示)吸入气体的最大值,最高可达180~250L/min。

10.158 气压性损伤 barotrauma

在实际飞行或低压舱试验时,如环境气压变化较快,导致人体空腔器官(如中耳、鼻窦)内外压力不能迅速平衡,导致腔内压力升高引起的损伤。

10.159 氧过多症 oxygen excess

由于过量地吸入纯氧或吸入氧的压力偏高引起的症候。

10.160 有效意识时间 time of useful consciousness

人体由缺氧开始到工作能力尚未丧失之前所经历的时间。

10.161 体液沸腾 ebullism, boiling of body fluid, aeroemphysema

又称"高空组织气肿"。当环境气压为

6.27kPa 时,机体内出现水转化为气态的一种现象。

10.162　航空生物动力学　aviation biodynamics

研究航空领域中作用在机体上各种机械力的动态生物学效应的一门力学、生物学、生理学和医学相结合的边缘学科。

10.163　正加速度　positive acceleration

人体受到的过载作用方向为足到头的线性加速度,常用 $+G_z$ 表示。

10.164　G_z 引起的意识丧失　G_z-induced loss of consciousness

正加速度作用时,因惯性力的作用使血液向身体下部转移,引起头部血液供应失调,同时出现视力模糊,周边视野缩小和中央视力消失,最后失去知觉的症状。

10.165　抗 G 紧张动作　anti-G strain maneuver, AGSM

驾驶员为了对抗正加速度的作用所采用的防御性动作。

10.166　负加速度　negative acceleration

人体受到的过载作用方向为头到足的线性加速度,常用 $-G_z$ 表示。

10.167　横向加速度　transverse acceleration

人体受到的过载作用方向为胸到背(或背到胸)的线性加速度,常用 $-G_x$(或 $+G_x$)表示。

10.168　侧向加速度　lateral acceleration

人体受到的过载作用方向为人体右侧到左侧(或从左侧到右侧)的线性加速度,常用 $-G_y$(或 $+G_y$)表示。

10.169　角加速度生理效应　physiological effects of angular acceleration

因机体运动方向或角速度发生变化所产生的惯性力引起的人体生理反应。

10.170　科里奥利加速度生理效应　physiological effects of Coriolis acceleration

机体在绕一轴作匀(科里奥利加速度)旋转运动时,在与该轴垂直的另一平面上同时又有旋转运动时所产生的特殊加速度引起的机体反应。

10.171　加速度耐力　acceleration tolerance

当运动着的机体遇到速度或方向变化时所能耐受的限值。

10.172　加速度性肺萎陷　acceleration atelectasis

当人穿抗荷服呼吸纯氧,并在正加速度作用时,会导致肺底部出现一过性呈条状或盘状、密度增大的阴影的现象。

10.173　动态响应指数　dynamic response index, DRI

一种评定人体对向上弹射耐力的标准。它以坐姿人体自然频率与弹射力作用时脊柱最大压缩量的乘积除以重力加速度所得的数值为依据。

10.174　气流吹袭　windblast

在高速飞机上用敞开式弹射座椅或牵引装置实施救生过程中乘员所受到的高速气流冲击作用。

10.175　运动病　motion sickness

机体处于运动环境或模拟运动环境中引起以头晕、恶心、呕吐、皮肤苍白和出冷汗等为主要特征的症候群。

10.176　模拟器病　simulator sickness, simulator induced syndrome

又称"模拟器诱发综合征"。使用飞行模拟器训练引起的运动病。

10.177　空间定向障碍　spatial disorientation

又称"飞行错觉"。飞行人员在飞行中对飞行姿态、位置和运动状况发生的错误判断。

10.178 暗[杆体]视觉 scotopic [rod] vision
又称"杆体视觉"。当亮度在 $(10^{-5} \sim 10^{-3})$ cd/m^2 时,主要是由视网膜的杆体细胞起作用的视觉。

10.179 空间近视 space myopia
视域中缺乏视觉信号刺激,眼过度调节而呈功能性的近视状态。

10.180 视敏度 visual acuity
又称"视力"。人眼对相邻目标或目标细节的分辨能力。

10.181 明视觉 photopic vision
眼睛适应高于几个 cd/m^2 的亮度时,主要是由视网膜的锥体细胞起作用的视觉。

10.182 灰视 greyout
当人体受到过载正加速度达到一定值时,人的视觉出现周边视力消失,但中心视力仍可见到亮光的生理现象。

10.183 黑视 blackout
当人体受到过载正加速度达到较高值时,人的中心视力和周边视力都消失,眼前出现漆黑一团的生理现象。

10.184 冷应激 cold stress
能引起身体过快散热,产生冷紧张的条件刺激。

10.185 冷紧张 cold strain
在冷应激条件下身体产生的紧张性生理反应。

10.186 热应激 heat stress
能阻碍身体正常散热,引起热紧张的条件刺激。

10.187 热紧张 heat strain
在热应激条件下身体产生的紧张性生理反

应。

10.188 耐热限 heat tolerance
又称"热耐限"。人体能耐受的最大热紧张限度,它常以热积表示,约 (375 ± 15) kJ/m。

10.189 湿球黑体温度指数 wet bulb globe temperature index, WBGTI
又称"三球温度指数"。一种干球温度 (T_d),自然湿球温度 (T_w) 和黑球温度 (T_g) 的加权平均值。

10.190 耐冷限 cold tolerance
又称"冷耐限"。人体能耐受的最大冷紧张限度。以热积(或核心体温)及肢端皮温分别表示全身性及局部性耐限。

10.191 显热 sensible heat
人与环境间通过对流、辐射和传导途径交换的热量,即非蒸发性散热。

10.192 潜热 latent heat
人体皮肤呼吸表面因水分蒸发而散失的热量,即蒸发性散热。

10.193 昼夜节律 circadian rhythm
在生命有机体内,其生理和心理的功能和行为约以 24 小时为一个周期出现的节律性变化。

10.194 太阳辐射防护 protection of solar radiation
防止人体遭受太阳辐射伤害的保护措施。

10.195 核闪光盲 nuclear flash blindness
核爆炸光辐射所致的视力暂时丧失。

10.196 激光防护 protection of laser hazard
防止人体遭受激光伤害的保护措施。

10.197 微波辐射 microwave radiation
波长为 1mm ～ 100cm,波谱在无线电波和红外线之间的电磁辐射。

10.198 航空心理学 aviation psychology

研究空勤人员在航空环境中各种心理行为的特点及其活动规律的一门基础学科,是航空医学的一个分支。

10.199　驾驶员心理选拔　pilot psychological selection

从心理品质角度判断被试者是否适合从事航空器驾驶职业的一种筛选手段。

10.200　航空病理学　aviation pathology

研究航空活动中,特别是飞行事故中各种伤病发生的原因、机制及其防护措施的应用基础学科。

10.201　空勤人员医学选拔　medical selection of aircrew

从医学及生理学角度判断被试者是否适合从事飞行职业的一种筛选手段。

10.202　航空流行病学　aviation epidemiology

研究航空运输及其环境因素对人员健康和疾病传播的影响以及变化规律的应用学科。

10.203　航空生理训练　aviation physiological training

用离心机、低压舱和飞行模拟器等地面模拟设备,使受训对象了解、体验加速度,低压、缺氧、空间定向、夜间视觉等飞行特殊环境因素,掌握飞行操作技术,提高受训者对飞行环境因素的耐力和适应能力,提高应急处置能力的训练活动。

10.204　航空临床医学　clinical medicine of aviation

研究与解决空勤人员适飞程度的医学鉴定、疾病诊断、治疗、功能鉴定及其矫治或训练的基础学科。

10.205　航空毒理学　aviation toxicology

研究航空活动过程中可能接触的有毒物质对人员的危害作用、作用机制、污染规律和防护措施的应用基础学科。

10.206　民航医学　civil aviation medicine

研究民用航空活动中各种环境因素对人体的影响,保障乘员飞行安全、高效、舒适及选拔民航空勤人员有关医学问题的综合性学科。

10.207　人–机–环境系统工程　man-machine-environment system engineering

运用系统科学理论和系统工程方法,正确处理人、机、环境三大要素的关系,深入研究人–机–环境系统最优组合的一门科学。

10.208　航空工效学　aviation ergonomics

以生理学、心理学、解剖学、人体测量学等学科为基础,研究空勤人员的工作规律,以提高其工作效率的学科。

10.209　人体测量学　anthropometry

研究人体静态和动态的几何尺寸、关节活动度各部分比例及各种变量间相互影响的学科。

10.210　生物遥测　biotelemetry

借助于远程测控设备,对机体图像和生理生化指标按要求进行传输和处理的技术。

10.211　载人离心机　human centrifuge

在地面上模拟飞行器飞行时产生的加速度,可用于人体试验的设备。

10.212　低压舱　altitude［hypobaric］chamber

模拟高空或低气压环境的大型试验设备。用于高空低压生理学、个体防护装置的研究与评价。

10.213　低压温度舱　hypobaric thermal chamber

模拟高空低压与高温或低温的试验设备。用于高空温度生理学研究及通风服个体调温装备的研究与评价。

11. 航 空 材 料

11.001 航空材料 aeronautical material
制造航空器、航空发动机和机载设备等所用各类材料的总称。

11.002 超高强度钢 ultra-high strength steel
一般指强度高于 1 400MPa 并兼有适当韧性的结构钢。航空上主要用于制造受力构件。

11.003 高温合金 superalloy
指在 650°C 以上温度下具有一定力学性能和抗氧化、耐腐蚀性能的合金。目前常是镍基、铁基、钴基高温合金的统称。

11.004 变形高温合金 wrought superalloy
适宜进行塑性成形的高温合金。

11.005 铸造高温合金 cast superalloy
在铸造组织状态下具有良好性能并可直接铸成零件的高温合金。具有比同成分的变形合金高的抗蠕变性能。

11.006 镍基高温合金 nickel-base superalloy
以镍为基（含镍50%以上）的奥氏体合金。在 650～1 100°C 范围具有较高强度、较好抗氧化和耐腐蚀性能。

11.007 铁基高温合金 iron-base superalloy
以铁为基（含铁50%左右）的奥氏体合金。使用温度为 650～1 000°C，耐热强度和抗氧化性较低。

11.008 钴基高温合金 cobalt-base superalloy
以钴为基（含钴50%以上）的奥氏体合金。在 650～1 100°C 具有较高的抗热疲劳、抗热腐蚀性能及良好的可铸性和可焊性。

11.009 硼碳高温合金 boron-carbon superalloy, BC superalloy
一种碳含量低（＜0.02%）、硼含量高（约0.1%）的铸造镍基高温合金，可铸性良好。

11.010 定向凝固高温合金 directionally solidified superalloy, DS superalloy
以定向凝固技术制造精密铸造零件用的高温合金，在平行于［001］结晶方向上力学性能优异。

11.011 定向共晶高温合金 directionally solidified eutectic superalloy
在控制定向凝固条件下形成共晶成分的高温合金，具有很高的持久强度和疲劳强度。

11.012 单晶高温合金 single crystal superalloy
采用定向凝固技术制造精密铸件用的无晶界合金。

11.013 低膨胀高温合金 low expansion superalloy
在一定温度范围内保持低膨胀系数并兼有高强度特性的沉淀强化型合金。

11.014 变形铝合金 wrought aluminium alloy
又称"可压力加工铝合金"。强度较高、比强度大且适宜于塑性成形的铝合金。

11.015 硬铝合金 duralumin, hard aluminium alloy
又称"杜拉铝"。在铝铜系合金基础上发展的具有较高力学性能的变形合金。

11.016　高强铝合金　high strength alumin-
ium alloy
又称"超硬铝合金"。主要指铝锌镁铜系
变形合金。

11.017　锻铝合金　forging aluminium alloy
在锻造温度范围内具有优良塑性,可锻造
或加工成复杂形状锻件的变形合金。

11.018　线铝合金　wire aluminium alloy
制造焊丝、铆钉等丝(线)材用的变形铝合
金。

11.019　耐蚀铝合金　corrosion-resistant alu-
minium alloy
在大气、水和油等介质中具有较好抗蚀性
的变形铝合金。不能进行热处理强化。

11.020　铸造铝合金　cast aluminium alloy
适于熔融状态下充填铸型获得一定形状和
尺寸铸件毛坯的铝合金。

11.021　铝锂合金　aluminium lithium alloy
以锂为主要合金元素的新型铝合金。最大
特点是密度低,比强度、比刚度高,耐热性
和抗应力腐蚀性能好,可进行热处理强化。

11.022　变形镁合金　wrought magnesium
alloy
适于进行塑性成形的镁合金。

11.023　铸造镁合金　cast magnesium alloy
适于熔融状态下充填铸型获得一定形状和
尺寸的铸件毛坯的镁合金。

11.024　钛合金　titanium alloy
以钛为基加入适量其他合金元素组成的合
金。耐海水腐蚀性优异。

11.025　变形钛合金　wrought titanium alloy
适于进行塑性成形的钛合金。

11.026　铸造钛合金　cast titanium alloy
适于熔融状态下充填铸型获得一定形状和

尺寸的铸件毛坯的钛合金。

11.027　结构钛合金　structural titanium
alloy
具有一定力学性能的非高温用钛合金。组
织类型有 α + β 型和亚稳定 β 型。强度和
断裂韧性高,成形性好,可热处理强化。

11.028　抗蠕变钛合金　creep-resistant tita-
nium alloy
又称"热强钛合金"。在工作温度 600℃ 以
下具有较好抗蠕变性能和热稳定性的钛合
金。组织类型有 α 型或 α + β 型。

11.029　粉末高温合金　powder metallurgy
superalloy
用粉末冶金方法制成的高温合金。

11.030　粉末钛合金　powder metallurgy
titanium alloy
用粉末冶金方法制成的钛合金。

11.031　粉末铝合金　powder metallurgy alu-
minium alloy
用粉末冶金方法制成的铝合金。

11.032　快速凝固材料　rapidly solidified
material
金属或合金熔体以 104 ~ 106℃/s 或更高
冷凝速度急速冷却形成的材料。

11.033　雾化金属粉末　atomized metal pow-
der
利用高速高压气流、高速旋转离心力作用
或其他机械方式使熔融金属流急速冲击分
离冷凝制成的微小颗粒。

11.034　惰性气体雾化粉末　inert gas atom-
ized powder
以惰性气体为雾化介质,将熔融金属流急
速冲击分离冷凝制成的微小颗粒。

11.035　超声气体雾化粉末　ultrasonic gas
atomized powder

以高速高频超声脉冲气流为雾化介质,将熔融金属流急速冲击分离冷凝制成的微小颗粒。

11.036 旋转盘雾化粉末 rotating disk atomized powder

利用高速旋转圆盘的离心力,将熔融金属流急速冲击分离冷凝制成的微小颗粒。

11.037 喷射成形材料 spray formed material

金属或合金熔体流经高压惰性气体雾化为熔滴颗粒直接沉积在一定形状的收集器中形成为高密度、细晶结构的坯料。

11.038 机械合金化弥散强化材料 mechanically alloyed dispersion strengthened material

采用机械合金化工艺方法制备氧化物弥散强化的合金粉末,包套后经热挤、热轧等工艺制成的材料。

11.039 金属间化合物 intermetallic compound

金属与金属或与类金属元素之间形成的化合物。

11.040 镍铝化合物 nickel aluminide

镍和铝组成的金属间化合物。典型代表如 Ni_3Al、$NiAl$。

11.041 钛铝化合物 titanium aluminide

钛和铝组成的金属间化合物。典型代表如 Ti_3Al、$TiAl$。

11.042 铁铝化合物 iron aluminide

铁和铝组成的金属间化合物。典型代表如 Fe_3Al、$FeAl$。

11.043 铌钛铝化合物 niobium titanium aluminide

铌、钛和铝组成的金属间化合物。典型代表如 Ti_3Al、$NbAl_3$ 及合金化的 $NbTiAl_3$ 等。

11.044 树脂基复合材料 resin matrix composite

以树脂为基体,纤维或其织物为增强体的复合材料。

11.045 热固性树脂复合材料 thermosetting resin composite

以热固性树脂为基体,纤维或其织物为增强体的复合材料。

11.046 热塑性树脂复合材料 thermoplastic resin composite

以热塑性树脂为基体,纤维或其织物为增强体的复合材料。

11.047 预浸料 prepreg

用于制造树脂基复合材料的浸渍树脂体系的纤维或其织物经烘干或预聚的中间材料。

11.048 夹层结构材料 sandwich material

由外面板与轻质夹层组成的层状复合材料。具有隔音、减振、隔热等优点。

11.049 多孔层压材料 multi-orifice laminated material

由具有多孔和栅格通道的夹芯板与内外壁板经扩散熔接成的空冷耐热材料。

11.050 混杂纤维复合材料 fiber hybrid composite

由两种或两种以上纤维增强同一基体的复合材料。

11.051 超混杂复合材料 superhybrid composite

由纤维或其织物与非纤维状的陶瓷、金属及树脂体系等其他材料组成的复合材料。

11.052 金属基复合材料 metal matrix composite

以金属或合金为基体与纤维、晶须、颗粒等增强体组成的复合物。

11.053 陶瓷基复合材料 ceramic matrix composite

以陶瓷材料为基体,纤维、晶须、颗粒等为增强体(增韧材料)组成的复合物。

11.054 碳－碳复合材料 carbon-carbon composite, C－C composite

以碳为基体与碳纤维或石墨纤维(或其织物)为增强体组成的复合物。

11.055 结构陶瓷 structural ceramics, engineering ceramics

又称"工程陶瓷"。用于制造机械结构零件的陶瓷。

11.056 功能材料 functional material

具有除力学性能以外的其他物理性能的特殊材料。

11.057 有机功能材料 organic functional material

具有特殊物理或物理－化学性能的有机化合物。

11.058 功能复合材料 functional composite material

兼有力学性能和特定物理－化学性能的先进特种复合材料。

11.059 隐形材料 stealth material

旨在降低武器装备的雷达、红外、可见光或声波等可探测信号特征、使之难以被探测、识别、跟踪或攻击的一种特殊用途材料。

11.060 红外隐形材料 infrared stealth material

能改变或降低飞行器的红外辐射特征而使其难以被探测、跟踪的材料。

11.061 形状记忆合金 shape memory alloy

具有形状记忆效应的合金。

11.062 红外窗口材料 infrared window material

用以制造整机或装置的工作于红外波段窗口且透过性能高的光学材料。

11.063 发散冷却材料 transpiration cooling material

高温下使用能起冷却作用的一种多孔结构材料。

11.064 机敏材料 smart material

能检知环境变化,并通过改变自身一个或多个性能参数对环境变化作出响应,使之与变化后的环境相适应的材料。

11.065 智能材料 intelligent material

模仿生命系统兼有感知和驱动双重功能的材料。

11.066 功能陶瓷 functional ceramics

对电、磁、光、热、化学、生物等现象或物理量有很强反应,或能使上述某些现象或量值发生相互转化的陶瓷材料。

11.067 功能梯度材料 functional gradient material

成分、组织和性能从一侧向另一侧连续变化的特种功能材料。

11.068 阻燃材料 flame-resistant material

材料的耐燃性通常以其氧指数(OI)来划分。氧指数在 22% ~ 27% 的为难燃材料,高于 27% 为高难燃材料。二者统称阻燃材料。

11.069 定向有机玻璃 oriented organoglass

经拉伸取向的丙烯酸酯塑料板。

11.070 层合玻璃 laminated glass

由两层或多层玻璃经中间层材料胶接而成的透明夹层结构材料。

11.071 结构胶黏剂 structural adhesive

简称"结构胶"。在预定时间内承受许用应力和环境作用而不失效的结构胶接用的胶黏剂。

11.072 蜂窝夹层结构胶黏剂 adhesive for honeycomb sandwich structure
制造蜂窝芯及其夹层结构用胶黏剂的总称。

11.073 胶焊胶黏剂 weld bonding adhesive
胶黏－点焊复合连接用的胶黏剂。

11.074 伪装涂料 camouflage paint
涂于军事目标使之不易被敌方侦察到的涂料。

11.075 抗雨蚀涂层 rain erosion resistant coating
在高速飞行中能抵抗雨滴侵蚀的涂层。

11.076 雷达罩防静电涂层 anti-static coating for radome
能释放因摩擦而积聚在雷达罩表面的静电荷的涂层。

11.077 透明雷达反射涂层 transparent radar reflection coating
涂敷于透明件上用以抑制雷达搜索射束反射,减小座舱目标显示特征或雷达横截面的透明涂层。

11.078 耐辐射涂层 radiation resistant coating
对 α、β、γ 和中子射线稳定的涂层。

11.079 飞机蒙布 aircraft fabric
用于制作小型或低速飞机机翼和尾翼蒙皮的织物。

11.080 伞衣织物 fabric for parachute canopy
用于制作降落伞伞衣的绸和布。

11.081 航空燃料 aviation fuel
航空发动机用燃料的总称。

11.082 航空汽油 aviation gasoline
航空活塞式发动机用燃料。

11.083 喷气燃料 jet fuel
又称"航空涡轮燃料",俗称"航空煤油"。能在高速气流中稳定、连续、完全燃烧的航空涡轮发动机用燃料。

11.084 高能燃料 high-energy fuel
指热值高于一般石油基燃料,能提高发动机推力和增加飞机航程的燃料总称。

11.085 悬浮燃料 slurry fuel
由可燃性固体粉末借助于表面活性剂稳定地分散在液体烃类中制成的燃料。

11.086 安全燃料 safety fuel
在航空器遭受炮击或发生事故时能有效减轻着火危险性和严重程度的燃料。

11.087 航空液压油 aviation hydraulic fluid
飞机和直升机液压系统实现能量传递、转换和控制的工作介质。

11.088 陀螺浮油 gyro fluid
简称"陀螺液"。在陀螺仪中借助浮力降低转子重力,从而降低轴承摩擦力矩,减小陀螺漂移量的油状液体。

11.089 阻尼液 damping fluid
依靠液体介质的黏滞阻力使运动机械的动能衰减,可缩短机械摆动或运动时间的油状液体。

11.090 防火 fireproof
航空材料和零件所具备的承受持久火焰不被烧熔(不低于钢材料和零件)的性能。防火试验的一般条件是火焰在 32cm × 25cm 面积上保持(1 093 ± 27.5)℃燃烧 15min。

11.091 耐火 fire resistant
航空钣金和结构件所具备的耐受火焰炙热(不低于铝合金件)的性能;液压、动力和电气系统应具有在承受火焰炙热的情况下完成预定功能的能力。

11.092　阻燃　flame resistant
在火源去除后,被燃烧物不蔓延燃烧的能力。

11.093　易燃　flammable
航空用的液体或气体具有容易着火或爆炸的性能。

11.094　抗闪燃　flash resistant
着火后不易猛烈燃烧的性能。

12.　航空制造工程

12.001　设计分离面　initial breakdown interface
设计时将航空器分解为可拆卸连接部件间的对接面。

12.002　工艺分离面　production breakdown interface
根据工艺需要将航空器部件分解为不可拆卸连接的段件、壁板件、组合件间的对接面。

12.003　设计补偿　design compensation
航空器结构设计中采用补偿件保证产品协调准确度的方法。

12.004　工艺补偿　technological compensation
航空器装配中或装配后,通过对预留余量的补充加工达到所要求的准确度的方法。

12.005　协调路线　coordination route
为达到航空器制造的协调准确度而制定的有相互协调关系的工艺装备间制造和检验的次序。

12.006　协调精确度　coordination accuracy
两个配合零件、组合件或部件之间配合时的实际尺寸和形状与规定值相符的程度。

12.007　工艺装备　tooling
为产品制造专门制作的刀具、模具、夹具、量具、样板、装配型架等装备。

12.008　模线　lofting
按1:1比例准确地绘制在金属板或明胶板上的航空器外形和结构的理论图或结构图。

12.009　样板　template
按模线加工成为具有产品或零件准确外形的金属薄板。

12.010　装配型架　assembly jig
航空器装配过程中,用于零件、装配件准确定位和夹紧的装置。

12.011　航空器工艺基准系统　aircraft production reference system
航空器制造中作为尺寸基准用的结构坐标系统。

12.012　图形数据结构　graphic data structure
对图形几何信息－拓扑信息的组织、构造和处理的形式。

12.013　特征造型　feature modelling
按物体的形状、材料、精度进行的计算机造型。

12.014　线架模型　wireframe model
由点、直线、曲线表示物体边界的计算机模型。

12.015　实体模型　solid model
完整、无二义地表示物体的计算机模型。

12.016 曲面模型 surface model
描述由点、线、曲面组成物体表面的计算机模型。

12.017 熔模铸造 investment casting
在由易熔材料制成的模样上涂敷耐火材料形成型壳,熔出模样,注入液态金属冷却后,获得铸件的方法。

12.018 壳型铸造 shell mold casting
将拌有树脂的型砂覆于带有模型和经过预热的金属模板上,加热使树脂熔化,形成一层薄壳,经过焙烘硬化后,从模板上取下,用做铸造铸型的铸造方法。

12.019 定向凝固 directional solidification
利用合金凝固时晶粒沿热流相反方向生长的原理,控制热流方向,使铸件沿规定方向结晶的铸造技术。

12.020 单晶铸造 single crystal casting
在定向凝固过程中,使一个晶粒按规定取向生长成单一晶粒铸件的方法。

12.021 多向模锻 multiple-ram forging
利用多向模锻水压机从几个方向分别或同时对多分模面模具内的坯料加压,生产复杂空心模锻件的工艺方法。

12.022 等温锻造 isothermal forging
将模具加热并保持在坯料变形温度下,以低应变速度使模具中坯料变形的模锻方法。

12.023 超塑性锻造 superplastic forging
利用金属在一定温度下的超塑性,进行等温模锻的方法。

12.024 粉末锻造 powder forging
对已经压实和烧结的金属粉末毛坯进行的锻造。

12.025 径向精锻 radial precision forging
对轴向旋转送进的棒料或管料施加径向脉

冲力,锻成等或不等横截面的锻造方法。

12.026 静液挤压 hydrostatic extrusion
液体介质在挤压轴高压下(1000~3000MPa)使挤压筒内的坯料通过模口成形的方法。

12.027 热等静压 hot isostatic pressing
在高温高压密封容器中,以高压氩气为介质,对其中的粉末或待压实的烧结坯料(或零件)施加各向均等静压力,形成高致密度坯料(或零件)的方法。

12.028 喷射成形 spray process, spray forming
采用气体雾化/沉积相结合的工序,使熔融金属直接快速冷凝为半成品的方法。

12.029 高能束焊接 high-energy density beam welding
以等离子束、电子束或激光束为高能量密度热源进行的焊接。

12.030 摩擦焊 friction welding
在工件间相对运动产生的摩擦热能使接合面加热到锻造温度并在预锻力作用下,通过材料的塑性变形和扩散过程,形成固态连接的焊接方法。

12.031 扩散焊 diffusion welding, diffusion bonding
又称"扩散连接"。在一定的温度、压力、保压时间、保护介质等条件下,使工件连接表面只产生微观塑性变形,界面处的金属原子相互扩散而形成接头的连接方法。

12.032 超塑性成形－扩散连接 superplastic forming/diffusion bonding
金属毛坯在一次加热过程中同时完成扩散连接和超塑性成形的组合方法。

12.033 真空钎焊 vacuum brazing
在真空中进行的钎焊与扩散焊结合的连接

方法。

12.034　扩散钎焊　diffusion brazing
钎焊与扩散焊相结合实现连接接头的方法。

12.035　铆接　riveting
利用轴向力,将零件铆钉孔内钉杆墩粗并形成钉头,使多个零件相连接的方法。

12.036　密封铆接　sealing riveting
防止气体或流体在铆接容器中泄漏的铆接方法。

12.037　无头铆钉铆接　slug riveting
以圆杆作为铆钉,在铆接后同时形成钉头和锻头的铆接方法。

12.038　单面铆接　blind riveting
又称"盲铆"。从一面接近零件完成铆接的方法。

12.039　压铆系数　coefficient of squeezed riveting
一架航空器上压铆的铆钉数量与铆钉总数的比值。

12.040　胶铆连接　rivet bonding
简称"胶铆"。胶接与铆接的复合连接技术。

12.041　微加工　micro-manufacturing technology
以微小切除量获得很高精度的尺寸和形状的加工。

12.042　超精加工　ultraprecision machining, UPM
材料去除量为纳米级的加工。

12.043　原子级加工　atomic scale machining
尺寸精度在 $0.01\mu m$ 以下,材料去除以单个原子剥落方式为基本特征的加工。

12.044　极限精度加工　limiting accuracy machining
加工精度在 $0.3 \sim 0.5 nm$ 范围内的加工。

12.045　高能束加工　high-energy beam machining
电子束加工、离子束加工、激光束加工的总称。以焦点处集聚的高密度能量进行非接触的加工。

12.046　电子束加工　electron beam machining
利用高能量密度的电子束轰击材料进行的加工。

12.047　离子束加工　ion beam machining
利用加速、聚焦而成的离子束轰击材料表面进行的加工。

12.048　激光束加工　laser beam machining
利用高能激光束($108 \sim 109W/cm^2$)对金属材料进行切割、焊接等加工的方法。

12.049　激光表层改性　laser surface modification
利用激光辐照工件以提高表面层性能的方法。

12.050　高压水射流加工　water jet machining
利用高速水流产生的压力进行切割或强化材料表面的方法。

12.051　化学铣切　chemical milling
利用化学腐蚀作用使金属件在腐蚀剂中成形的方法。

12.052　滚弯成形　roll forming
使板金毛料从两个到四个旋转的辐轴间通过弯曲成形的方法。

12.053　型辐成形　contour roll forming
使板条或带料连续通过几对有互相匹配型面的辐轮并在导向与辅助装置的支持下成

形为型材的方法。

12.054　拉弯成形　stretch-wrap forming
在对板料旋加拉力的同时进行弯曲以消除回弹的成形方法。

12.055　蒙皮拉伸成形　skin stretch forming
板料在夹钳拉力作用下贴合在向上顶进的模胎上形成无回弹的大曲面板件的方法。

12.056　橡皮膏液压成形　rubber cell hydroforming
利用容框橡皮膏内的高压油使工作台上的板料贴合到模具上的成形方法。

12.057　弹性凹模深压延　flexible die deep drawing
用充液体的橡皮膏作为凹模的深压延方法。

12.058　拉伸压延成形　stretch-draw forming
简称"拉延"。板料在由拉力埂产生的拉力下进行压延的成形方法。

12.059　喷丸成形　shot peen forming
板料一侧表面在弹丸高速撞击下的成形方法。

12.060　交薄旋压　spinning with reduction, power spinning, shear spinning
简称"旋薄"。板料在滚轮沿母线进给的压力下变薄形成空心旋转体零件的方法。

12.061　变薄压延　ironing
板料在凸模与凹模之间小于其厚度的间隙内通过被挤薄的压延过程。

12.062　超塑性成形　superplastic forming
板料在其产生超塑性的特定温度下成形的方法。

12.063　爆炸成形　explosive forming
板料在炸药爆炸瞬间产生的冲击波作用下高速成形的方法。

12.064　超低温预成形　super cryogenic pre-forming
一些金属如钛合金在低温下停留短暂时间后,可以不必加热到很高温度(如 650℃ 以上)即可成形的技术。

12.065　模内淬火成形　die quench-forming
将处于淬火温度的板件在模具内成形并立即冷却后取出以消除残余应力的方法。

12.066　马氏体等温淬火　martempering
将钢件由淬火温度置于温度稍低于 Ms 点的淬火介质(盐浴)中,保持一定时间,使其发生部分的马氏体转变,然后取出空冷。

12.067　贝氏体等温淬火　austempering
将钢件由淬火温度置于温度稍高于 Ms 点的淬火介质(盐浴)中,保持一定时间,使其转变成下贝氏体,然后取出空冷。

12.068　火焰喷涂　flame coating
利用火焰将喷镀材料加热到熔化或接近熔化状态,喷附在制品表面上形成保护层的方法。

12.069　等离子喷涂　plasma coating, plasma spraying
利用等离子射流将喷镀材料加热到熔化或接近熔化状态,喷附在制品表面上形成保护层的方法。

12.070　离子注入　ion implantation
以高能离子束注入基材内的近表面区,以改变表面性能的过程。

13. 航空器维修工程

13.001 维修 maintenance
为航空器保持或恢复到能执行所需功能的状态所进行的全部技术措施和管理活动。

13.002 维修工程 maintenance engineering
又称"机务工程"。维修的理论和实践、技术和管理全部活动的总称。

13.003 维修性 maintenability
根据设计要求,航空器通过维修所能保持和恢复其在使用中的可靠性程度。

13.004 预防性维修 preventive maintenance
在航空器使用时限前安排的检查、测试以及其他维修工作,包括例行的、定期的或专门规定的维修工作。

13.005 定期维修 periodic maintenance, routine maintenance
为保证航空器经常处于良好状态,按时间周期执行的计划维修。

13.006 视情维修 on-condition maintenance
在航空器的使用寿命内,按照技术状况作为维修时机控制标准,为发现潜在故障而进行的维修活动。

13.007 修复性维修 corrective maintenance
在航空器性能下降或发现故障后,为使其恢复到原有性能,并能完成对其所要求的功能而进行的修理措施。

13.008 计划维修 scheduled maintenance
在航空器失效以前预先安排的预防性维修。

13.009 针对性维修 conditional maintenance
根据同型航空器出现某个特殊或重要故障缺陷或部件失效后,由适航指令或维修工程部门发布维修通告,针对该问题规定进行的专门检查和维修工作,以及对航空器经历了特殊飞行环境或特殊使用条件、任务后所规定进行的某些特定检查和维修工作。

13.010 航线维修 line maintenance
又称"外场维修"。航空器在航线作业环境下进行的维修工作,包括始发站、中途站、目的站的停机坪或旅客登机坪上进行的维修工作。

13.011 车间维修 shop maintenance
又称"内场维修"。航空器在维修基地、维修厂或机库中进行的维修工作。

13.012 原位维修 on-site maintenance
对装在航空器上的部件无需拆下而在航空器上原位进行的维修。

13.013 修理 repair
设备、部件或零件发生磨损、性能下降以至失效后,为使其恢复到原有可用状态所采取的各种修补、调整、校正措施。

13.014 现场修理 on-site repair
对航空器结构或装在航空器上的部件,在外场条件下进行的修理。

13.015 维护 maintenance service
在外场以及外站有限条件下进行不包括修理工作在内的例行检查、一般勤务和简单的排除故障工作。

13.016 短停维护 turnover service

航空器在中转站为了保证再次起飞所作的一般性检查、添加燃料等供应勤务在内的维护工作。

13.017 过夜维护 overnight service

航空器在外站过夜停留,为保证第二天再起飞所作的一般性检查、安全系留和过夜防护等维护工作。

13.018 翻修 overhaul

航空器或部件通过检测、校正、修复或换件,以达到被批准的性能指标的修理。

13.019 改装 modification, retrofit

为改进装备性能、扩大功能、提高可靠性安全因素,或适应任务要求而对原装备加以更改、改进或加装的工程项目。

13.020 飞行前检查 preflight check

航空器在当天首次飞行任务前的例行检查和准备工作。

13.021 飞行后检查 postflight check

航空器在当天末次飞行任务后的例行检查和维护。

13.022 首次检查期 preliminary inspection period

根据无裂纹寿命和疲劳分析,参照品级号确定的一种定期检查。

13.023 检查 check

为验证航空器其功能是否符合经批准的标准而进行的工作。

13.024 目视检查 visual check

由检查者根据自身感觉器官(以目视为主)和经验进行的检查、判断。

13.025 分解检查 teardown inspection

将部件分解、清洗后进行的目视检查和仪器检测。

13.026 区域检查 zonal-installation inspection

对航空器内部外部分区进行安装状态的目视和触摸检查。

13.027 巡视检查 walkaround inspection

对航空器外部按规定路线行走视察方式的一种飞行前目视检查。

13.028 使用检查 service inspection

装备经过修理、换件、调整或排除故障后,以及重新进入使用(服务)前所需进行的可用性验证检查。

13.029 功能检查 function inspection

对装备或系统所具有的各功能进行的定性验证检查。

13.030 测试 test

对在受控条件下运动的装备,进行其功能和性能的检测。

13.031 监测 monitor

对装备、系统或其一部分的工作正常性进行实时监视而采取的任何在线测试手段。

13.032 监控 monitoring

对装备及系统的工作状态不间断地实时监测,并根据反馈信息自动对系统中异常部位实施相应措施的闭合自动控制作用。

13.033 定时监测 periodic monitor

对装备、系统的工作定时地进行在线或采用时分制方式进行的监测。

13.034 连续监测 continuous monitor

对装备、系统的工作连续地进行在线实时监测。

13.035 状态监控 condition monitoring

对某些不会直接影响使用安全性(例如采用了余度技术)的项目,没有功能隐患或功能失常时易于发觉的部件所采用的只对其工作状态实施监测的事后维修方式。

13.036 参数监控 parameter monitoring
一种有计划的通过采集状态参数进行视情维修方式的监控手段。

13.037 航线可换件 line replaceable unit, LRU
又称"外场可换件"。在航线作业环境(包括外场和外站)下可以更换的部件。

13.038 车间可换件 shop replaceable unit, SRU
只允许在基地、航修厂或车间作业环境下更换的部件。

13.039 平均无故障工作时间 mean time between failures, MTBF
又称"平均故障间隔时间"。对可修复产品在规定的使用条件下和规定时间内的平均无故障工作时间的预计值。

13.040 平均修复时间 mean time to repair, MTTR
对可修复产品按规定方法完成一次修复活动所需时间的平均值。

13.041 故障 fault
设备或系统在使用中出现不能符合规定性能或丧失执行预定功能的偶然事故状态。

13.042 故障数据 fault data
表述故障事件主要特性(故障模式、类型、原因、部位、影响及后果、其发生时间等数据)的记录资料。

13.043 故障影响 fault effects
由于故障导致系统功能丧失或性能减退产生的影响。

13.044 故障迹象 fault evidence
一种可以鉴别的偏差,通过它可以识别出功能故障或隐患故障的发生。

13.045 故障模式 fault mode
故障状态的具体表现形式的分类。

13.046 功能性故障 functional fault
不能完成在规定限度内所要求的功能的现象。

13.047 隐患性故障 hidden fault
一种渐进性缺陷,可以被视作在幼期未被发现,但存在着发展成功能性故障和破坏性故障风险。

13.048 破坏性故障 destructive fault
影响严重的,其后果导致系统或设备丧失功能且不可修复的故障。

13.049 危险性故障 critical fault
能导致对使用安全性有直接不良影响的功能丧失或二次损伤的故障。

13.050 支配性故障 dominant fault
会引起复杂设备大多数故障的单个故障。

13.051 多重故障 multiple fault
由连贯发生的两个或多个独立故障所组成的故障事件,它会造成其中任何一个故障单独所不能产生的后果。

13.052 共模故障 common mode fault
由同一原因引起的多重故障。

13.053 类属性故障 generic fault
相同的产品由于其采用了相同原理、相同设计和同批号的器件、零部件或利用同种软件,因而在相同的环境条件和时机下有可能同时发生相同性质的故障。

13.054 随机故障 random fault
又称"偶然故障"。发生频率和时间都不确定的故障。

13.055 渐变性故障 gradual failure, wearout failure
又称"耗损性故障"。由于元件的老化、疲劳、损耗或随着时间的增长产生的故障。

13.056 稳定性故障 stable fault

状况固定不变的故障,一旦出现,未经排除,不会消失。空中出现的这种故障,可在地面检查时复现。

13.057 间歇性故障 intermittent fault
时而出现时而消失的故障。间歇性故障在空中出现后,地面检查时不一定复现,但不等于故障已消失。

13.058 故障检测 fault detection
在航空器上实时工作中确定系统或设备有无故障的检查技术。

13.059 故障定位 fault location
为确定故障的确切部位而采取的各种措施。

13.060 故障隔离 fault isolation
在航空器上实时工作环境下,对系统或设备的分系统各部分分别判定其正常工作状态,缩小到最后判定有故障的分系统或部分的技术措施。

13.061 脱机故障检测 off-operational fault detection
又称"离线检测"。把系统中有故障的部分从物理上或从逻辑上与系统分开后,单独进行的故障检测。

13.062 联机诊断 on-line diagnostics
又称"在线诊断"。在系统运行的状况下,运用诊断程序检查系统是否有故障的诊断方法。

13.063 边缘检验 marginal check
又称"拉偏检验"。将系统的工作环境置于允许范围的边缘状况下工作,借此发现某些将失效部件的检验方法。

13.064 机内自检 built-in test, BIT
系统(设备)内部具有的对本系统(设备)硬件和软件功能和性能进行自动检测,并在发现故障时,能自动隔离故障和告警的

功能。

13.065 连续自检 continuous self test
利用机内自检方法在线连续实时地进行本机自身的检测。

13.066 引发自检 initiated self test
利用机内自检方法由预置或人为引发所进行的本机自身检测。

13.067 机上维修系统 on-board maintenance system
在航空器上将机内自检发现的故障数据集中存储,供维修人员随时检索、查阅的一种电子系统。

13.068 虚警 false-alarm
没有故障但发出有故障的告警现象。

13.069 可靠性 reliability
产品在规定的使用条件下和规定的时间内完成规定功能的能力。它以不发生故障的概率来衡量。

13.070 可靠性增长 reliability growth
在产品投入使用后,对其在设计上进行了改进,使新产品的可靠性有所提高。

13.071 可靠性指标 reliability index
衡量产品可靠性的定量数据。以故障概率、故障概率密度、生存概率、故障条件概率等形式表示。

13.072 可靠性监控 reliability monitoring
在规定的期限内,采集产品使用数据,通过统计分析了解产品可靠性状况的一种监控方法。

13.073 工龄探索 age exploration
确定产品在实际使用条件下的可靠性特性和产品的工龄－可靠性关系的方法和过程。

13.074 失效率 failure rate

一种产品的群体在规定使用时间内总失效次数与该使用时间内产品群体总工作时间之比。

13.075 平均寿命 average life
一种产品的群体工龄平均值,以群体中每一个产品发生故障时的工龄的总和除以群体中的产品件数。

13.076 可靠寿命 reliable life
在规定可靠性下产品所能使用的时间。

13.077 特征寿命 characteristics life
当产品的可靠度等于 e^{-1} 时的可靠寿命。

13.078 返修率 shop visit rate
又称"拆换率"。一种产品的群体在规定的使用时间内,因失效而拆下送厂返修的总数与该使用时间内群体的总工作时间之比。

13.079 翻修寿命 time between overhauls
一个翻修后产品的使用时间,指从上次翻修后出厂到下一次翻修之间的使用时限。

13.080 到寿件 life-limit element
已经使用到规定的时限而尚可使用的机件。

13.081 技术淘汰寿命 technologically useful life
由于新设计技术上的改进,老产品在淘汰之前预期可继续使用的时限。

13.082 故障工龄 age at failure
一个具体的产品在其故障被发现和报告时的使用工龄。

13.083 延寿 lifetime extension
某种到寿的产品,经过论证和试验,确定了尚可继续使用的时限后的继续使用。

13.084 维修放行 maintenance release
航空器的一次维修工作终结后应作的适于安全飞行的放行程序。

13.085 航空器出勤率 aircraft serviceability
航空器出勤次数与飞行总时间(或架次、架落次数、飞行距离、飞行小时)之比。

13.086 航空器完好度 aircraft integrity
航空器整体上保持完好,并满足安全飞行所要求的程度。即符合维修放行可签派的程度。

13.087 航空器可用度 aircraft availability
航空器在规定的使用条件和使用时限内,可继续使用的概率;或用于飞行的航空器架日数和实有航空器的总架日数之比。

13.088 工作有效度 work effectiveness
可修复的产品经过修复后,在规定的使用条件下和使用时限内仍处于完好状态的概率。

13.089 结构品级号 structural ratings
影响主要结构组件抗故障能力下降的程度。通常用 1,2,3,4 表示,1 表示影响大,4 表示很小。

13.090 维修大纲 maintenance program
根据确保航空器安全性和可靠性的最低适航要求作出的维修工作安排的重要文件。

13.091 使用前大纲 prior-to-service program
在新航空器投入使用之前,为其制定的各项预定维修工作和工作周期。

13.092 维修可达性 maintenance accessibility
在维修工作时,对系统、设备、机件不同部位能看见,可触摸到并进行检查、调节、拆装等维修操作的难易程度。

13.093 维修鉴别性 maintenance distinguish

产品表现出便于识别进行何种维修的能力。

13.094 维修周期 maintenance cycle
对航空器上的零件、部件、构件进行预防性维修工作的时间间隔。

13.095 故障率 mortality
一个项目的群体在规定期限内的总故障数与该期限内群体的总工作时间之比。通常以每1 000工作小时的故障数表示。

13.096 早期故障率 infant mortality
在产品刚投入使用的一段时间内相对来说比较高的故障条件概率。

13.097 故障概率密度 probability density of failure
在规定的时间间隔发生故障的概率。

13.098 失效 failure
产品在使用中由于自身质的变化导致产品丧失了预定的工作能力或其性能已劣化成不合格的状态。

13.099 早期失效期 incipient failure period
即产品刚制造出厂或翻修后出厂投入使用的早期,其失效条件概率较高的一段时期。

13.100 偶然失效期 chance failure period
在产品使用中期,失效条件概率较稳定,并相对较低的一段时期。

13.101 耗损失效期 wearout failure period
在产品使用晚期,失效条件概率开始随工龄增加而迅速增加的一段时期。

13.102 领先使用 fleet-leader failure period
指定一些最早投入使用的航空器(机件)组织工龄探索,通过早期使用,鉴定航空器随工龄增加而改变其状况的首次迹象,用以摸清装备的可靠性特性,调整和完善维修大纲,确定延长样本或修正使用时限。

13.103 二次损伤 secondary damage
由一具体的故障类型所造成的对其他部分或项目的直接的实际损伤。

13.104 力谱小时 spectrum hours
以制造公司在疲劳试验中所用的任何谱表示的航空器结构的目前飞行经历。

13.105 延时样本 time-extension sample
为延长工作间隔而指定做专门检查分析的机件。

13.106 耗损特性 wearout characteristics
表示一个项目的失效条件概率,随使用工龄的增加而增大的这种条件概率曲线的特性。

13.107 耗损区 wearout region
失效条件概率表示出在某个可鉴别的工龄以后,故障条件概率有明显增大的曲线部分。

13.108 零时化 zeroed time
通过检查或修理等方法使一个机件的使用工龄恢复到零。

14. 飞行、飞行试验与测试技术

14.001 仪表飞行 instrument flight
驾驶员在看不见天地线和地标条件下,完全依据机上仪表和设备判断航空器方位、姿态和飞行参数驾驶航空器的飞行。

14.002 目视飞行 visual flight
驾驶员在简单气象条件下,根据外界景物目测判断航空器飞行状态,确定航空器位置,操纵航空器的飞行。

14.003 编队飞行 formation flight
两架或两架以上的航空器保持一定的纵向、横向和垂直间隔的协同飞行。

14.004 训练飞行 training flight
为使飞行人员掌握飞行、战术、领航、通信、侦察和试飞等各种技术而组织的飞行。

14.005 带飞 instructional flight
飞行教员在教练机上对飞行学员或驾驶员进行的技术教学或技术检查的飞行。

14.006 单飞 solo flight
驾驶员在航空器上单独执行飞行任务的飞行。

14.007 模拟飞行 simulated flight
驾驶员在地面飞行模拟器或飞机上进行的仿真飞行。

14.008 昼间飞行 day flight
在日出至日没时间内的飞行,包括昼间简单和复杂气象飞行。

14.009 夜间飞行 night flight
又称"夜航"。航空器从日没到日出之间的飞行。

14.010 全天候飞行 all weather flight
又称"四种气象飞行"。在昼间和夜间(含黄昏、拂晓)的简单和复杂气象条件下都能执行任务的飞行。

14.011 特技飞行 aerobatic flight
驾驶员操纵航空器在空中的水平面、垂直面和空间平面内所做的机动飞行。

14.012 半滚倒转 half roll and half loop, splits
又称"下滑倒转"。航空器绕纵轴滚转180°后,在垂直面内绕横轴改变180°方向的飞行。

14.013 横滚 roll
航空器绕机体纵轴滚转360°的飞行。

14.014 筋斗 loop
航空器在铅垂面内绕横轴旋转360°的飞行。

14.015 半筋斗翻转 Immelmann turn
又称"殷麦曼翻转"。航空器先完成筋斗前半段动作后,在顶点再绕纵轴滚转180°的飞行。

14.016 战斗转弯 chandelle, combat turn
又称"急上升转弯"。航空器迅速上升高度同时转弯180°的飞行。

14.017 急盘旋下降 dive spiral
航空器沿螺旋线做加速下降的飞行。

14.018 倒飞 inverted flight
航空器机腹朝上,驾驶员头朝下,做负迎角的飞行。

14.019 悬停飞行 hovering flight
直升机或具有垂直起降性能的飞机,在一定的高度上,停留在某一地点上空的飞行。

14.020 零过载飞行 zero-g flight
又称"失重飞行"。利用航空器在引力场中造成短时间失重的飞行。

14.021 过失速机动 poststall maneuver
航空器在大于失速迎角范围内的飞行。

14.022 演示飞行 demonstration flight
通过飞行测试手段,把某种现象或事件显示记录下来,以验证某种理论、方案或认识是否正确的飞行。

14.023 驾驶员 pilot
又称"飞行员"。直接操纵航空器进行飞行的人员。

14.024 空勤组 air crew
又称"机组"。在一架多座航空器上同时执行飞行中各项任务的全体人员的编组。

14.025 滑行 taxiing
驾驶员操纵航空器按规定速度在地(水)面上的运动。

14.026 滑翔 glide
无动力(或关闭发动机)的重于空气的航空器利用重力及风力做下滑或其他的飞行运动。

14.027 空滑比 gliding ratio
在平稳气流中,无动力(或关闭发动机)的重于空气的航空器做下滑过程中所经过的水平距离和下降高度之比。

14.028 复飞 wave off, go around
飞机在下降着陆过程中,遇到某种特殊情况时,立即中止下滑着陆,重新转入正常上升状态的过程。

14.029 迫降 forced landing
航空器在空中出现严重故障或事件的特殊情况下,不能继续正常飞行时被迫在地(水)面进行的紧急降落。

14.030 转场 ferry
航空器由现驻机场起飞转到另一机场降落的飞行过程。

14.031 握杆 control stick fixed
飞机在受扰过程中,驾驶杆始终固定不动。

14.032 松杆 stick-free
指对配平了的飞机,驾驶员完全松开驾驶杆,因而在扰动过程中驾驶力始终为零。

14.033 升降舵固持 elevator control fixed
飞机在受扰过程中,升降舵偏角保持不变。

14.034 升降舵松浮 elevator control free
配平了的飞机。在受扰过程中,升降舵保持松浮状态。

14.035 飞行事故 aircraft accident and incident
航空器或其他飞行器从开车后滑出至着陆后滑到规定位置的整个过程中,发生的一定程度的损伤和人员伤亡的事件。

14.036 密度高度 density altitude
根据飞行中测出的大气静压和大气静温算出大气密度,与国际标准大气表上该密度值相对应的高度。

14.037 温度高度 temperature altitude
根据飞行中测出的大气静温,从标准大气表查得的高度。当温度低于 $-56.5°C$ 时,温度高度就没有意义。

14.038 能量高度 energy height
用航空器单位重力所具有的势能与动能的总和来表示的高度,其表达式为:
$H_E = H + \dfrac{V^2}{2g}$ 。式中 H 和 V 分别为航空器当时的飞行高度和飞行速度。

14.039 动高度 dynamic height
又称"动力高度"。航空器在给定高度上以最大速度状态,按一定的过载控制规律跃升到允许的最小平飞速度所能达到的最大高度。

14.040 飞行试验 flight test
简称"试飞"。航空器、发动机、机载设备及机上各系统在真实的飞行环境条件下进行的各种试验。

14.041 调整试飞 development flight test
为调整航空器及其系统、机载设备,使其符合鉴定试飞航空器移交状态而进行的飞行试验。

14.042 鉴定试飞 evaluation flight test
对经过调整试飞后已处于定型状态的新研制的航空器、发动机及机载设备等,为获取性能数据,并全面鉴定其是否达到战术技术指标和使用要求而进行的试飞。

14.043 出厂试飞 delivery flight test
对国家批准定型投产的批生产航空器,按照订货方和制造厂签订的合同,为检验航空器生产质量而进行的试飞。

14.044 验收试飞 acceptance flight test
根据订货合同规定的验收项目,订货方对航空器及其系统和机载设备的基本性能和质量进行验收考核而实施的试飞。

14.045 使用试飞 operational flight test
在鉴定试飞后,使用方对型号航空器在各种拟定的使用条件下,考核是否满足使用要求而进行的试飞。

14.046 原型机试飞 prototype flight test
用原型机作为试验验证机而进行的型号试飞的总称。

14.047 研究性试飞 research flight test
利用航空器探索人类知识的未知领域,研究未知现象,验证新技术、新理论,将研究成果转化为工程应用技术,为研制新航空器提供数据和设计方案的飞行试验。

14.048 飞行包线扩展试飞 extension of flight envelope in flight test
以扩展航空器飞行包线为目的而进行的试飞。

14.049 型号合格审定试飞 certification flight test
根据民用航空条例和专用条件制定的科目,由适航当局批准和监控对民用航空器所进行的审定试飞。

14.050 伴飞 accompanying flight
伴随试验航空器而进行的飞行。

14.051 飞行模拟器 flight simulator
模仿航空器执行飞行任务时的飞行状态、飞行环境和飞行条件,并给驾驶员(空勤人员)提供相似的操纵负荷、视觉、听觉、运动感觉的试验和训练装置。

14.052 试飞员 test pilot
承担各种飞行试验任务的驾驶员。

14.053 试验机 experimental aircraft
试验和验证机上新系统、新装备及其原理方案和样机的可行性,或对改进改型和全新研制的新发动机、机载设备进行科研试飞(或调整试飞)而专门改装或研制的供作被试对象载体的航空器。

14.054 研究机 research aircraft
用于探索航空、航天科学技术领域新问题、验证新理论、检验新技术、评价新结构的目的而专门研制(或改装)的航空器。

14.055 地速 ground speed
航行中航空器投影于地球表面运动的速度。

14.056 延迟性修正量 lag correction
膜盒式空速系统静压孔附近压力随时间急剧变化时,仪器或仪表敏感元件感受静压滞后而产生的修正量。

14.057 位置误差 position error
又称"气动激波修正量"。由于空速管外形及其在航空器上安装位置所引起的空速表、高度表、马赫数表及升降速度表的误差。

14.058 压缩性修正量 compressibility correction
理想(无误差)的膜盒式空速系统中,校准空速换算到当量空速时的修正量,其数值是由于压差$(p_0 - p_H)$所引起的(p_0——海平面标准气压;p_H——H高度上的气压)。

14.059 指示空速 indicated airspeed
又称"表速"。航空器在飞行中空速表指示的速度读数。

14.060 校正空速 calibrated airspeed

又称"修正空速"。经修正仪表误差、延迟性修正量和位置误差后的指示空速。

14.061 当量空速 equivalent airspeed
修正了空气压缩性修正量后的校正空速。

14.062 真空速 true airspeed
在标准大气条件下,航空器相对于空气团运动的真实速度。即考虑了空气相对密度影响后的当量空速。

14.063 巡航速度 cruising speed
为执行一定任务而选定的适宜于长时间或远距离飞行的平飞速度。

14.064 平飞速度 level flight speed
在给定构形、重量和飞行高度条件下,航空器维持平飞时所需速度。

14.065 最大使用限制速度 maximum operation [limit] speed
航空器在任何飞行状态都不得随意超过的飞行速度。

14.066 加速法 accelerating method
利用水平加速飞行中的各种参数曲线来测定航空器最大速度和爬升性能的方法。

14.067 转速法 engine-speed method
利用稳定直线飞行中发动机转速与运动参数的关系曲线来测定航空器最大速度的方法。

14.068 盘旋法 method of turns
利用定常盘旋飞行中的各种参数曲线来测定航空器最大速度的方法。

14.069 等量高度法 equivalent-altitude method
按照换算条件确定的高度上直接由实际飞行中测定出航空器最大平飞速度的方法。当等量高度小于零或实际转速大于额定(或最大)转速时就不适用。

14.070 锯齿法 tooth method
利用"锯齿"轨迹飞行中的各种参数曲线测定低、中速航空器最大平飞速度和爬升性能的方法。

14.071 连续爬升法 continuous climbing method
又称"直接爬升法"。航空器在垂直平面内,在给定的试验状态(发动机、高度与速度的关系曲线)连续爬升到实用升限,以测定爬升性能的方法。

14.072 定常直线飞行法 steady straight flight method
利用按不同要求(构形、配平位置、重量、重心、高度等)以不同速度进行的定常直线飞行中记录的各种参数,测定航空器中性点和平衡曲线的方法。

14.073 水平直线加速法 level straight acceleration flight method
利用按不同要求(构形、配平位置、重量、重心、高度等)进行的水平加速飞行中记录的各种参数,测定航空器中性点和平衡曲线的常用方法。

14.074 水平直线减速法 level straight deceleration flight method
按不同要求(构形、配平位置、重量、重心、高度等)进行的水平减速飞行,利用所记录的各种参数,测定航空器中性点和平衡曲线的方法。

14.075 调整片法 trim tab method
按不同要求(构形、重心、高度、速度等)通过改变调整片偏角来建立松杆等速飞行,根据记录的各种参数,测定飞机松杆中性点和调整片效率的方法。

14.076 稳定拉起法 steady pull-up method
在垂直平面内,按不同要求(构形、重心、高度、速度等)驾驶员按给定过载阶跃操纵平尾并保持短时间的稳态过载飞行,根据记录的各种参数测定松(握)杆机动点及杆力、杆位移、平尾偏度对过载的梯度和过载对迎角梯度的方法。

14.077 稳定转弯法 steady turn method

在水平面内,驾驶员按不同要求(构形、重心、高度、速度等)和预定过载完成等速等过载的稳定转弯飞行,测定松(握)杆机动点及杆力、杆位移、平尾偏度对过载的梯度和过载对迎角梯度的方法。

14.078 收敛转弯法 wind-up turn method

驾驶员按不同要求(构形、重心、高度、速度等)在空间按预定过载进行等过载减速转弯飞行,测定松(握)杆机动点及杆力、杆位移、平尾偏度对过载的梯度和过载对迎角梯度的方法。

14.079 拉杆 pull back on the stick, pull back on the column

拉动驾驶杆(盘)向后偏移,使航空器增大迎角的操纵动作。

14.080 推杆 push the stick forward, push the column forward

推动驾驶杆(盘)向前偏移,使航空器减小迎角的操纵动作。

14.081 蹬舵 apply rudder

按所需方向蹬动脚蹬板,航空器产生绕机体竖轴转动的偏转力矩,从而使飞机改变航向的操纵动作。

14.082 压杆 turn the control wheel

按所需方向转动驾驶盘或使驾驶杆横向偏移,并使航空器绕机体纵轴滚转,形成坡度的操纵动作。

14.083 脉冲操纵 pulse-control

航空器稳定性与操纵性试飞中的一种操纵动作。特点是在给定的试验状态,迅速将操纵面(平尾、副翼、方向舵)操纵至一定

行程并立即回至原来平衡位置,保持不动,让航空器自由运动。

14.084 阶跃操纵 step-control

航空器稳定性与操纵性试飞中的一种操纵动作。特点是在给定的试验状态,迅速地将操纵面(平尾、副翼、方向舵)操纵至一定位置并保持不变,让航空器自由运动。

14.085 协调侧滑法 coordinated sideslips method

驾驶员协调操纵方向舵和副翼,使航空器保持给定的滚转角和不变的侧滑角,做稳定直线带侧滑飞行,用以测定航空器横航向静稳定性的方法。

14.086 滚转速率振荡 rolling rate oscillation

操纵飞机副翼使其以某一固定速率滚转时所可能激励起的飞机固有横侧振荡模态。

14.087 模型自由飞试验 model free-flight test

利用航空器的缩比模型在真实大气中进行的飞行试验。

14.088 推力测量耙 thrust measurement rake

利用动量原理测量喷气发动机飞行推力时,测量喷管出口总推力的梳状测压、测温探头系统。

14.089 梅花瓣飞行试验 cloverleaf flight test

飞机按预定的"梅花瓣"形状航线飞行,以测量通信天线、导航天线和敌我识别器天线等弱方向性图的空中试验。

14.090 航空器静电试飞 flight test of aircraft static electricity

为研究航空器静电产生的原因、影响、危害并寻求其消除办法等所进行的飞行试验。

14.091 航空电子试验机 avionics test bed
经专门改装用于航空电子设备（系统）的科研或定型鉴定试飞的专用航空器（空中试验室）。

14.092 飞行弹射试验 ejection test in flight
在飞行条件下研究和鉴定弹射救生装置的试验。

14.093 弹射试验机 ejection test vehicle
专门研制或改装用于飞行弹射试验的有试验舱和测试仪器的试验机。

14.094 载机 aerial carrier
装载（安装）需在飞行条件下进行试验、研究或测试的各种航空产品、设备和系统用的航空器。

14.095 激光跟踪 laser tracking
利用激光跟踪系统对动态目标实现自动连续跟踪的一种技术。

14.096 激光校靶 laser boresight
利用激光束校正航空器上武器安装位置与航空器轴线相关位置的过程。

14.097 单站定位 mono-station locating
用一个测量站确定运动目标瞬时空间位置的方法。

14.098 多站交会 multi-stations intersec-tion
用两个或两个以上测量站确定运动目标瞬时空间位置的方法。

14.099 航空摄影 aerophotography
根据航空器拍摄的地面照片,以获取各种信息资料的方法。

14.100 空间交会 space rendezvous
确定航空摄影照片内、外方位元素的方法。

14.101 弹道摄影 ballistic photography
用精密的地面摄录设备对动态目标（火箭、导弹等飞行器和其他航空武器弹等）进行拍摄,以获取飞行轨迹的方法。

14.102 电视测量 television measurement, TV measurement
利用电视确定物体瞬时空间位置的一种测量方法。

14.103 电视跟踪 television tracking, TV tracking
利用电视跟踪系统对动态目标实现自动连续跟踪的一种技术。

14.104 航空遥感技术 aerial remote sens-ing technique
利用航空器携带的探测仪器从空中对地球表面、大气或海域进行的远距探测技术。

15. 航空器适航性

15.001 适航性 airworthiness
民用航空器在安全飞行中反映出来的各种品质的总称。

15.002 民用航空器适航性 civil aircraft airworthiness
民用航空器在规定的使用范围内所需满足的保证航行和乘员安全的条件。

15.003 持续适航性 continuous airworthi-ness
民用航空产品持续保持其已经具备的符合适航性要求的安全水平。

15.004 型号合格审定基础 basis of type

certification

用做型号设计审查基准的相应适航标准和适航当局规定的专用条件。

15.005 适航规章 airworthiness regulation

又称"适航标准"。各国政府主管部门为保证航空器适航而制定的法规性文件,是国家法规文件系统的一部分。

15.006 型号审定专用条件 type certification special condition

在型号合格审定时,由适航当局为具有新颖或独特设计特点的产品制定的未包括在现行适航标准中的安全、运行及环境保护要求。

15.007 技术标准规定 technical standard order, TSO

由适航当局针对部分航空产品新使用的材料、零部件和机载设备等项目而制定的最低性能标准和附加要求。

15.008 等效安全水平 equivalent level of safety

与适航标准和型号审定专用条件所要求的安全水平等效的安全水平。

15.009 适航指令 airworthiness directive

由适航当局针对经合格审定后的某一航空产品制定的,要求该产品的设计、制造、使用及独立维修单位强制执行的有关检查要求、纠正措施或使用限制的指令性文件。

15.010 持续适航文件 instruction for continuous

型号合格证或补充型号合格证持有人向用户提供的关于航空产品维修手册(维修条款)、维修说明书和适航限制条款等内容的文件。

15.011 型号合格证 type certificate

在民用航空产品的型号设计符合相应适航标准中的适用要求和适航当局规定的专用

条件或具有适航当局认可的等效安全水平,其持续适航文件已获得批准,在运行中没有不安全的特征或特性时,由适航当局向申请人颁发的证明性证件。

15.012 补充型号合格证 supplemental type certificate, STC

型号合格证持有人以外的任何人对经过批准的民用航空产品型号设计进行大改时由适航当局向申请人颁发的证明其型号大改符合适用的适航标准和适航当局确定的专用条件,或具有与原型号设计等同的安全水平,在运行中没有不安全的特征或特性的证件。

15.013 型号认可证书 validation of type certificate

对于进口的民用航空产品,在中国适航当局按其规定审查后,确认该产品满足中国的有关适航要求,由中国适航当局对该产品的型号合格证持有人颁发的证件。

15.014 生产许可证 production certificate

在适航当局审查了申请人的质量控制资料、组织机构和生产设施后,认为申请人已经建立并能够保持一个合格的质量控制系统,能够确保所生产的每一产品均能符合型号合格证的设计要求,由适航当局向申请人颁发的证明其生产能力的证件。

15.015 适航证 airworthiness certificate

由适航当局根据民用航空器产品和零件合格审定的规定对民用航空器颁发的证明该航空器处于安全可用状态的证件。

15.016 特许飞行证 special flight permit

由适航当局按有关规定对不具备有效适航证的民用航空器颁发的证明该航空器可进行有限制的飞行的证件。

15.017 零部件制造人批准书 parts manufacturer approval

由适航当局颁发给申请人证明其设计和生产的材料、零部件和机载设备符合适航要求的证件。

15.018 适航批准标签 airworthiness approval tag
在依据零部件制造人批准书生产的材料、零部件和机载设备上标明该产品的设计与生产符合相应适航要求的标志。

15.019 国籍登记证 registration certificate
证明民用航空器国籍的证件。

15.020 正常类飞机 airplane in normal category
座位设置（不包括驾驶员）为9座或以下，最大审定起飞重量为5 700kg（12 500lb）或以下，用于非特技飞行的飞机。非特技飞行包括：(1)正常飞行中遇到的任何机动；(2)失速（不包括尾冲失速）；(3)坡度不大于60°的缓8字飞行、急上升转弯和急转弯。

15.021 实用类飞机 airplane in utility category
座位设置（不包括驾驶员）为9座或以下，最大审定起飞重量为5 700kg（12 500lb）或以下，用于有限特技飞行，并可进行正常类飞机任何飞行动作的飞机。有限特技飞行包括：(1)尾旋（对该型飞机已批准作尾旋）；(2)坡度大于60°的缓8字飞行、急上升转弯和急转弯。

15.022 特技类飞机 airplane in aerobatic category
座位设置（不包括驾驶员）为9座或以下，最大审定起飞重量为5 700kg（12 500lb）或以下，除所要求的飞行试验结果表明需要限制者之外在使用中不加限制的飞机。

15.023 通勤类飞机 airplane in commuter category
座位设置（不包括驾驶员）为19座或以下，最大审定起飞重量为8 618kg（19 000lb）或以下，用于非特技飞行的螺旋桨驱动的多发动机飞机。

15.024 运输类飞机 airplane in transportation category
座位设置（不包括驾驶员）为9座或以上，最大审定起飞重量为5 700kg（12 500lb）以上的飞机。

15.025 正常类旋翼机 rotorcraft in normal category
最大重量等于或小于2 730kg的旋翼机。

15.026 运输类旋翼机 rotorcraft in transportation category
最大重量大于2 730kg的旋翼机。

15.027 航空器噪声审定 aircraft noise certification
航空器登记国按照国际民航组织公约附件《航空器噪声》的标准与程序对航空器噪声进行的一种技术审定，是航空器适航性审定的一部分。

15.028 噪声合格证 noise certificate
经航空器噪声审定后颁发的一种专用合格证，或包含在登记国批准的随机携带文件中的一个适当声明。

16. 航行与空中交通管理

16.001　领航　navigation
引领航空器从地球表面的一点航行至另一点的全过程。

16.002　导航　navigation
依靠各种机载设备和外部设施,给航空器提供实时航行数据和定位信息,指导并保证航空器的航行。

16.003　归航　homing
航空器连续地利用自动定向仪对准导航台的飞行。

16.004　返航　return flight
航空器起飞后遇到特殊情况,无法继续执行任务飞往目的地或备降机场而返回到起飞机场的飞行。

16.005　偏航　off-route
航空器的实际飞行路线(航迹线)偏离预定航线的现象。

16.006　改航　diversion
改变原飞行计划,使航空器飞到非预定点或备降机场的航行措施。

16.007　航路　airway
以空中走廊形式建立,并设有无线电导航设施的管制空域或其一部分。

16.008　航线　route, course
航空器从地球表面一点(起点)飞到另一点(终点)的预定航行路线。

16.009　航段　route segment
飞行计划中规定的两个相连续的重要点之间航线的一部分。

16.010　地标领航　pilotage
飞行中用航空地图对照地面,依靠目视直接观察地面的地形、地物来判定航空器位置、确定航空器航向的方法。

16.011　推测领航　dead reckoning navigation
飞行中根据航行仪表的指示和导航设备测定的航向、空速以及偏流、地速等数据,推算出飞机位置,引领航空器航行的方法。

16.012　大圆航线　great circle route
在地球表面上各航路点间的最短连线。即地球表面二点与球心构成的平面相交形成大圆圈的一部分。

16.013　航线角　course angle
航线去向与当地经线的夹角。在航空地图上经线北端顺时针量到航线去向的角度。

16.014　大圆航线角　great circle course angle
沿大圆航线上任何点与当地经线的交角。除了沿赤道飞行或沿任何经线飞行外,沿大圆航线上的所有大圆航线角处处不等。

16.015　等角航线　rhumb line route
与所有地球经线夹角相等的航线,在地球表面为一条曲线。

16.016　起落航线　traffic pattern
为在机场进行起飞着陆的航空器所规定的交通流程。

16.017　等磁差线　isogonic line
在航空地图上,连接磁差相等的各点的曲线。

16.018　航向　heading

航空器在水平面内的首向,即航空器纵轴在水平面的投影相对于地理基准(经线)之间的夹角。从航空器所在位置的经线北端,顺时针量到航空器纵轴首端的夹角。

16.019 真航向 true heading
以地理经线为基准测定的航向。

16.020 磁航向 magnetic heading
以磁经线为基准测定的航向。

16.021 航行速度三角形 velocity triangle
由空速向量、风速向量和地速向量构成的三角形。

16.022 偏流 drift
航空器受侧风影响出现航迹线偏离航向线的现象。

16.023 偏流角 drift angle
航空器受侧风影响,航迹线偏离航向线的夹角。

16.024 偏航角 track angle error
预定航线和航迹线的夹角。

16.025 偏航修正角 prediction angle
航迹线与航空器所在位置至预定点的新航线之间的夹角。

16.026 偏航距离 cross track distance
航空器偏航后的实际位置点至预定航线的垂直距离。

16.027 区域导航 area navigation
在地面导航设施的作用范围内,或航空器自备导航系统有效距离内,或在两者结合下,航空器可在任何选定航径上飞行的一种航行方法。

16.028 航路点 waypoint
一个预定的地理位置。用以确定区域导航的航路或采用区域导航时定义航路所需的点位。也是飞行中预定经过的参考点。

16.029 航空地图 aeronautical chart
简称"航图"。专供航空器航行而绘制的地球表面一部分地形、地物图。

16.030 国际投影图 international projective chart
根据多圆锥投影原理,并作了重要改进后的多圆锥投影图。

16.031 航迹 track
航行中,航空器在地面投影点的移动轨迹。

16.032 航迹角 track angle
飞行中航迹与当地经线的夹角。在航空地图上从经线北端顺时针方向量计。

16.033 飞行高 flight height
飞行中,某一规定基准面至航空器之间的垂直距离。

16.034 飞行高度 flight altitude
飞行中,平均海平面至航空器之间的垂直距离。

16.035 场面气压高度 barometric altitude above airfield height
气压式高度表按机场场面气压拨正后,高度表所指示的为飞行高。

16.036 标准气压高度 standard barometric altitude, standard pressure altitude
飞行中,航空器相对于标准气压101.32 kPa等压面的垂直距离。

16.037 飞行高度层 flight level
选定以标准气压101.32kPa为基准面所测定的飞行垂直距离上的恒定气压间隔层。

16.038 最低安全高度 minimum safe flight altitude
为防止航空器与地面障碍物相撞而规定在航路上或机场区域内的最低飞行高度。

16.039　高度表拨正　altimeter setting

为满足各飞行阶段对所测高度不同的要求并适应气压变化的情况,根据基准面上的气压值拨正气压式高度表的做法。

16.040　调机飞行　transfer flight

因运输任务的需要,航空器由一个机场调往另一个机场的飞行。

16.041　包机飞行　chartered flight

使用单位为了运送人员、物资、器材或作其他用途,而向航空公司包租航空器的飞行。

16.042　专机飞行　state flight

为了接送国家领导人、外国元首而专门派遣飞机所进行的飞行。

16.043　航班飞行　schedule flight

按照班期时刻表规定的班期和时刻,沿规定航线的飞行。

16.044　加班飞行　extra schedule flight

在航班航线上因某种需要而加派飞机的飞行。

16.045　高空飞行　upper airway flight

在6 000m(含6 000m)高度以上的飞行。

16.046　中空飞行　mid airway flight

在1 000m(含1 000m)至6 000m高度上的飞行。

16.047　低空飞行　low-level flight

距离地面或水面100m(含100m)至1 000m高度上的飞行。

16.048　超低空飞行　super low flight

距离地面或水面100m高度以下的飞行。

16.049　空中交通　air traffic

航空器在空中的运行。

16.050　空中交通管理　air traffic manage-ment, ATM

为行使国家领空主权、保障管制空域的飞行安全和提高飞行效率而建立起来的业务。

16.051　空中交通管制　air traffic control, ATC

利用技术手段对飞行进行监视和控制,以保证安全和有秩序的飞行。

16.052　空中交通服务　air traffic service, ATS

为在飞行中的航空器提供各种信息和交通管制等各方面的技术支持。

16.053　飞行情报　flight information

与飞行安全和效率有关的情报,包括空中交通的情报、气象情况、机场条件和航路设施等。

16.054　飞行情报区　flight information region, FIR

为提供飞行情报服务和告警服务的一个划定的区域。

16.055　终端管制区　terminal control area

通常在航路交汇的一个以上大机场周围建立的管制空域。

16.056　自动终端情报服务　automatic terminal information service, ATIS

通过全天或一天的部分时间内连续的和重复的广播,对进场和离场飞行的航空器提供现行的常规的情报。

16.057　管制扇区　control sector

在管制空域内,一个按管制责任划分的扇形分区。

16.058　管制地带　control zone

从地面向上延伸至一个规定上限的管制空域。

16.059　机场交通　aerodrome traffic

在机场机动区的航空器和车辆的活动,包括在机场附近和起落航线上飞行的所有航空器。

16.060 机场管制塔台 aerodrome control
tower

为机场交通提供空中交通管制服务而设置的单位。

16.061 空中走廊 air corridor

在飞行条件受到限制的地区为保证空中交通安全而划一定宽度的空中通道。

16.062 危险区 danger area

划定在规定的时间内可能对航空器飞行活动存在危险的空域。

16.063 限飞区 restricted area

在一个国家的陆地或领海上空划定的在某些规定条件下限制航空器飞行的空域。

16.064 禁飞区 prohibited area

在一个国家的陆地或领海上空划定的禁止航空器飞行的空域。

16.065 管制移交点 transfer of control
point

在航空器飞行的航线上为提供空中交通管制服务的责任,从一个管制单位或管制席位移交至下一个管制单位或席位所规定的空间位置。

16.066 监视雷达 surveillance radar

按距离和方位确定空中航空器位置的雷达设备。

16.067 雷达监控 radar monitoring

使用雷达提供航空器活动信息,对明显偏离飞行计划和交通冲突进行监督。

16.068 雷达跟踪 radar tracking

通过雷达的人工或计算机跟踪具体航空器的运动,以保证连续指示航空器的识别、位置、航迹和高度。

16.069 雷达引导 radar vectoring

使用雷达向航空器提供具体航向,引导航空器飞行。

16.070 雷达间隔 radar separation

根据雷达测定的航空器位置使用的航空器之间的间隔最低标准。

16.071 纵向间隔 longitudinal separation

在同一高度上航空器航迹之间用距离或航迹之间的偏转角度表示的间隔。

16.072 横向间隔 lateral separation

在同一高度上航空器之间用沿航迹飞行的时间单位或沿航迹的最小距离表示的间隔。

16.073 垂直间隔 vertical separation

为航空器指定不同飞行高度或飞行高度层所确定的间隔。

16.074 间隔最低标准 separation minima

空中交通管制为保证航空器飞行中和起飞着陆时的安全和有秩序地运行所规定的航空器之间最小纵向、横向和垂直间隔。

16.075 流量控制 flow control

为保证最有效地使用空域,对进入给定的空域、沿给定的航路或飞向一个机场的交通流量进行调整的方法。

16.076 空中交通流量管理 air traffic flow
management

为保证进入或通过空中交通需求超过空中交通管制系统容量的地区的最佳流量的服务。

16.077 飞行计划 flight plan

向空中交通服务单位提供的有关航空器一次或其部分飞行按规定格式填写的资料。

16.078 机场起落航线 aerodrome traffic
pattern

为航空器在机场起飞着陆规定的交通流程。

16.079 标准仪表离场 standard instrument departure，SID

预先规划的供驾驶员按仪表飞行规则飞行使用的以图形和文字说明的空中交通管制的离场程序。

16.080 标准进场航线 standard arrival route，STAR

预先规划的供驾驶员按仪表飞行规则飞行使用的以图形或文字说明的空中交通管制的进场程序。

16.081 目视气象条件 visual meteorological condition，VMC

能见度、距云的距离和云高等于或大于规定的目视最小数值的气象条件。

16.082 仪表气象条件 instrument meteorological condition，IMC

能见度、距云的距离和云高小于为目视气象条件规定的仪表指示最小数值的气象条件。

16.083 目视飞行规则 visual flight rules，VFR

在目视气象条件下实施飞行管理程序的有关规则。

16.084 仪表飞行规则 instrument flight rules，IFR

在仪表气象条件下实施飞行管理程序的有关规则。

16.085 等待程序 holding procedure

一种预先制定的机动飞行，使航空器保持在规定的空域内飞行以等待空中交通管制放行。

16.086 等待点 holding point

驾驶员使用导航设施或目视地面可以识别的一个规定的定位点，根据这个定位点建立等待航线，使航空器保持在以等待点为基准的保护空域内。

16.087 航行情报服务 aeronautical information service，AIS

为所有飞行运行、飞行机组及负责飞行情报服务、空中交通服务的单位提供有关空中航行的安全、正常和效率所必需的情报和资料的服务。

16.088 着陆进场 landing approach

又称"着陆进近"。飞机着陆前的一个飞行阶段。包括到达航线段、初始进近段、中间进近段、最终进近段及脱离航线段。

16.089 仪表进近程序 instrument approach procedure，IAP

在仪表飞行条件下为使航空器有秩序地从起始进近定位点或规定的进场航路过渡至能完成着陆的一点，如果不能完成着陆，飞至等待点或飞至满足航路超障准则的位置的一系列规定的机动飞行。

16.090 精密进近程序 precision approach procedure

由仪表着陆系统或精密进近雷达提供精密的方位和下滑引导的仪表进近程序。

16.091 I 类进近着陆运行 category I precision approach and landing operation

决断高不低于 60m(200ft)，能见度不小于 800m 或跑道视程不小于 550m 的精密进近着陆。

16.092 II 类进近着陆运行 category II precision approach and landing operation

决断高低于 60m(200ft)但不低于 30m(100ft)，跑道视程不小于 350m 的精密进近着陆。

16.093 III$_A$ 类进近着陆运行 category III$_A$ precision approach and landing operation

决断高低于 30m(100ft)或无决断高，跑道视程不小于200m的精密进近着陆。

16.094 ⅢB类进近着陆运行 category ⅢB precision approach and landing operation

决断高低于15m(50ft)或无决断高,跑道视程小于200m但不小于50m的精密进近着陆。

16.095 ⅢC类进近着陆运行 category ⅢC precision approach and landing operation

无决断高和无跑道视程限制的精密进近着陆。

16.096 非精密进近程序 non-precision approach procedure

不提供电子下滑道引导的仪表进近程序。

16.097 直角航线程序 racetrack procedure

为使航空器在起始进近航段降低高度,或航空器进场时不适宜进入反向程序时使用的程序。

16.098 反向程序 reversal procedure

为使航空器在起始进近航段作反向飞行而制定的程序,反向程序包括程序转弯和基线转弯。

16.099 程序转弯 procedure turn

从规定航迹转弯,接着向反方向转弯使航空器切入和沿规定航迹的反方向飞行的机动飞行。

16.100 基线转弯 base turn

在起始进近过程中航空器从出航航迹末端与中间进近航迹或最后进近开始之间实施的转弯。

16.101 仪表飞行规则的直线进近 straight-in approach-IFR

最后进近之前不作程序转弯或基线转弯的仪表进近。

16.102 目视飞行规则的直线进近 straight-in approach-VFR

在目视条件下,航空器直接切入跑道中心延长线(最后进近航迹)的进近。

16.103 直线进近着陆 straight-in landing

航空器完成仪表进近后,在最后进近航迹30°以内对准跑道中心线进行的着陆。

16.104 盘旋进近 circling approach

驾驶员完成仪表进近后进行目视盘旋飞行,使飞机到达不适于直线进近的跑道的着陆位置。

16.105 仪表着陆系统关键区 instrument landing system critical area, ILS critical area

又称"仪表着陆系统临界区"。在仪表着陆系统运行过程中,在航向台天线和下滑台天线周围划定的一个禁止航空器和车辆进入的区域。

16.106 仪表着陆系统敏感区 ILS sensitive area

在仪表着陆系统运行过程中,所有航空器和车辆的停放和活动都必须受到管制的区域。敏感区是由关键区向外扩展的一个区域,保护敏感区是防止位于关键区之外但仍在机场围界以内的大型物体的干扰。

16.107 最低扇区高度 minimum sector altitude, MSA

以机场无线电导航设施为中心,半径为46km(25海里)的扇形区内对所有障碍物提供最小超障余度300m的最低高度。

16.108 过渡高度 transition altitude

在机场空域规定的一个高度,航空器在这个高度或以下,其垂直位置是以平均海平面为基准的高度来控制的。

16.109 过渡高 transition height

在机场空域规定的一个高,在这个高或以

下,航空器的垂直位置是以高于机场基准面的高来控制。

16.110 过渡高度层 transition level
在过渡高度或过渡高之上的最低可用的飞行高度层。

16.111 过渡层 transition layer
过渡高度或过渡高至过渡高度层之间的空间。当航空器下降通过过渡层时要将气压高度表拨正至机场的修正海压或场面气压;当航空器上升通过过渡层时要将气压高度表拨正至标准气压高度表拨正值101.32kPa。

16.112 独立平行进近 independent parallel approach
航空器在平行跑道或接近平行的跑道的同时进近。

16.113 独立平行离场 independedt parallel departure
航空器从平行跑道或接近平行跑道同时起飞离场。

16.114 分开的平行运行 segregated parallel operations
在平行或接近平行的仪表跑道同时运行时,一条跑道专用于进近,而另一条跑道专用于起飞离场。

16.115 仪表着陆系统基准高 ILS reference datum height, ILS RDH
仪表着陆系统下滑道直线延伸通过跑道中线与跑道入口交点的高。

16.116 警戒高 alert height
根据航空器的特性及其故障,可用自动着陆系统为Ⅲ类进近规定的高(以跑道平面为基准)。

16.117 超障高度 obstacle clearance altitude, OCA
按照适当的超障准则确定的以平均海平面为测算高度基准的最低高度或最低高。

16.118 超障高 obstacle clearance height, OCH
按照适当的超障准则确定的以机场标高或跑道入口的标高平面为测算高度基准的最低高度。

16.119 决断高度 decision altitude, DA
在精密进近程序中规定的当不能取得继续进近要求的目视参考而必须开始复飞的以平均海平面为基准的高度。

16.120 决断高 decision height, DH
在精密进近程序中规定的当不能取得继续进近要求的目视参考而必须开始复飞的以跑道入口平面为基准的高度。

16.121 最低下降高度 minimum descent altitude, MDA
在非精密进近程序中规定的当没有取得继续进近要求的目视参考时下降高度(以平均海平面为基准)的最低点。

16.122 最低下降高 minimum descent height, MDH
在非精密进近程序中规定的当没有取得继续进近要求的目视参考时下降高度(以跑道入口平面为基准)的最低点。

16.123 复飞点 missed approach point, MAPt
在仪表进近程序中规定的为保证满足最小超障余度必须开始实施复飞程序的空间位置。

16.124 机场运行最低标准 aerodrome operating minimum
机场适用于起飞或着陆的限制。通常用能见度或跑道视程、决断高度、决断高、最低下降高度、最低下降高和云的情况表示。

16.125 经济速度 economic speed

按直接最低营运成本来确定的、在远航速度与最大平飞速度之间折表的巡航速度。

16.126 快升速度 speed for best rate of climb

在给定重量和高度条件下,飞机以最大连续推力,爬升剩余功率最大的瞬时爬升速度。

16.127 陡升速度 speed for steepest climb

在给定重量和高度条件下,飞机以最大连续推力,取得最大爬升梯度所对应的速度。

16.128 爬升时间 climbing time

通过预定爬升高度范围所经历的时间。

16.129 爬升距离 climbing distance

通过预定爬升高度范围所飞过的水平距离。

16.130 最大航程速度 speed for maximum range

平飞的燃油里程最大,耗尽其可用燃油能达到平飞最大航程的速度。

16.131 久航速度 speed for maximum endurance

平飞的燃油航时最大,耗尽其可用燃油而达到平飞最大留空时间的飞行速度。

16.132 远程巡航速度 long-range cruising speed

平飞时大于最大航程速度,达到最大燃油里程99%的巡航速度。

16.133 应急下降 emergency descent

在机舱失密(快速释压)后,为避免危及乘员生命安全而采用飞机容许最大下降率的特殊下降方式。

16.134 刹车能量限制重量 brake energy limiting weight

又称"轮胎速度限制重量"。用起飞离地速度等于轮胎限制速度确定的最大起飞重量。

16.135 着陆限制重量 landing limiting weight

在同时满足结构限制、着陆场地长度限制和着陆爬升(复飞)限制等条件下所确定的最大着陆重量。

16.136 载重与平衡 weight and balance

根据营运空重、业载和燃油重量及其分布,在满足各种限制条件下的起飞重量、重心和配平的状态。

16.137 最大滑行重量 maximum taxi weight

飞机的最大起飞重量再加上到达起飞始点以前的地面滑行消耗燃油重量的总额。

16.138 跑道限制重量 runway limiting weight

起飞滑跑过程中,正好达到起飞决断速度时,有一台发动机失效后,在有限的可用跑道范围内,既能满足继续起飞,又能满足中断起飞所决定的最大起飞重量。

16.139 爬升限制重量 climb limiting weight

全部发动机(简称全发)在起飞中,有一台发动机失效后,用剩下的动力继续起飞,仍能满足中国民用航空规章25部,运输类飞机适航标准对起飞第二段的最低梯度要求,所决定的最大起飞重量。

16.140 越障限制重量 obstacle limiting weight

全发起飞中,有一台发动机失效后,用剩下的动力继续起飞,仍能满足安全越过障碍物的梯度要求所决定的最大起飞重量。

16.141 着陆跳跃 landing bounce

航空器接地后又迅速离地,或多次接地 - 离地的非正常的着陆状态。

16.142 飞行签派 flight dispatch
制定、签发飞行计划,协调派遣飞行任务的简称。

16.143 减推力起飞 reduced thrust take-off
又称"灵活推力起飞"。当起飞重量轻,为延长发动机寿命和降低维修成本而改用减小了的推力起飞。

16.144 等待油量 holding fuel
为避免着陆机场空中交通拥挤,由管制员调配飞机在指定空域内等待进近着陆飞行中所消耗的燃油。

16.145 单轮着陆 one-wheel landing
部分起落架不能完全放下并锁定情况下的着陆。

16.146 失速警告 stall warning
在直线或转弯飞行中,为防止无意造成失速、通过气动抖振或人工装置,提前给驾驶员一个不应再减速的警告信号。

16.147 超速警告 overspeed warning
高速飞行时,飞行速度超过了该航空器设计的最大使用限制速度时而发出的有效警告信号。

16.148 水上迫降 ditching
航空器发生意外情况不能继续飞行时在水面上进行降落的紧急措施。

16.149 应急撤离 emergency evacuation
飞机在放下或收上起落架的撞击着陆或迫降后可能着火时,使乘员从机舱内紧急撤离到地面的行动。

16.150 空中劫持 aerial hijack
在飞行中的航空器内使用暴力、暴力威胁或以其他不正当方式非法干扰或强行控制航空器的行为。飞行中的航空器系指关闭舱门开始滑行直至着陆、发动机停车的全过程。

16.151 空中停车 engine-off in flight
航空器在飞行中因某种原因造成发动机停车的故障。

16.152 迷航 strayed
飞行中,机组处于不能判定航空器所在的位置、无法确定应飞航向,以致不能完成任务的一种飞行状态。

16.153 危险接近 imminent to danger
飞行中的航空器之间纵向、横向和垂直间隔均小于规定值,有可能造成碰撞的飞行。

17. 机场设施与飞行环境

17.001 航空港 airport
对旅客和货物的接纳和转运,对航空器的停场周转和维修具有完整设施的机场。

17.002 机场 aerodrome
在陆地上或水面上的规定区域(带有建筑物、设施和设备在内),其全部或部分供航空器着落、起飞和地面或水面活动之用。

17.003 陆地机场 airfield
在陆地上供航空器安全起落,设有有限设施的规定场地。

17.004 水面机场 seadrome
供水上航空器安全起落,设有必要设施的水面上规定的区域。

17.005 直升机场 heliport, helipads
又称"起落坪"。供直升机起落,设有必要设施的规定场地。

17.006 机场标高 aerodrome elevation

机场主跑道中线上最高点的海拔高度。

17.007 机场容量 aerodrome capacity

（1）在一定时间阶段内,机场能够容纳航空器运行的最大频次。一般以高峰小时的航空器运行次数计,称为机场小时容量。

（2）在一定时间阶段内,机场能够接纳的旅客吞吐量,一般以年统计。

17.008 跑道容量 runway capacity

在一定时间内,跑道能够允许航空器起落的最大频次。一般以高峰小时航空器起落的次数计。

17.009 陆侧 landside

机场内旅客和其他公众可以自由进入的地区。对候机建筑物而言,通常以登机旅客的安全检查口为界。

17.010 空侧 airside

机场内旅客和其他公众不能自由进入的地区。对候机建筑物而言,通常以登机旅客的安全检查口为界。

17.011 机场饱和 aerodrome capacity saturation

机场的航空器运行频次达到或者超过其机场容量。

17.012 主降机场 regular aerodrome

列明在飞行计划中在正常情况下航空器准备降落的机场。

17.013 备降机场 alternate aerodrome

为预防航空器因故不能在原定目的地机场降落,而在飞行计划中确定作为备用降落的其他机场。

17.014 飞行区 aircraft movement area

机场内供航空器安全起飞、着陆、滑行及停驻使用的专用场地及其对应所需净空。

17.015 飞行区等级 aircraft movement area reference code

对飞行区设施的规模、水平的一种表示方法。划定飞行区等级的依据是飞行区设施所能适应吨位最大的航空器。

17.016 升降带 take-off and landing strip

机场里供航空器起降使用而划定的包孕着跑道和停止道的长条形场地。

17.017 跑道 runway

陆地机场上供航空器着陆滑跑和起飞滑跑用的长条形场地。

17.018 跑道端安全地区 runway end safety area

为航空器过早接地或冲出跑道时减轻航空器的损坏程度而在升降带端以外经过平整的规定地区。

17.019 道面强度 runway pavement strength

机场道面对航空器地面载荷的承载能力。

17.020 仪表跑道 instrument runway

设置有供航空器用仪表进近程序飞行所需机场设施的跑道。

17.021 道面等级号 pavement classification number, PCN

机场道面在不限制航空器运行次数的条件下承载强度的表示方法(国际民航组织规定道面以 PCN 值划分等级)。

17.022 刚性道面 rigid pavement

将载荷分布到土基上,面层为抗弯能力较高的波特兰水泥混凝土板的道面结构。

17.023 柔性道面 flexible pavement

与土基紧密接触,并将载荷分布到土层上,稳定性依靠骨料的嵌锁作用、颗粒的磨阻力和结合力的道面结构。

17.024 滑行道 taxiway

陆地机场上供飞机作地面滑行用的规定通

道。

17.025 防吹坪 blast pad

为防止飞机发动机气流对地面的吹蚀,在跑道端外予以加固的规定地面。

17.026 停止道 stop way

在可用起飞滑跑距离末端以外的地面上,供中断起飞的飞机停止滑跑时使用的道面。

17.027 净空道 clearway

供起飞的飞机离地后在其上空爬升达到规定高度的一块长方形地面或水面。

17.028 机场净空 obstacle free airspace

机场内和机场周围一定范围内规定不得有对于航空器运行构成障碍的物体的空间。

17.029 端净空 end clearway

升降带两端一定范围内,不得有对于航空器运行构成障碍之物体的规定空间。

17.030 侧净空 side clearway

升降带两侧一定范围内,不得有对于航空器运行构成障碍之物体的规定空间。

17.031 障碍物限制面 obstacle restrictive surface

为确定和保护机场净空,对地面物体的高度进行限制的各种规定的面,用以评价机场净空。

17.032 滑行路线 taxi circuit

航空器在机场活动区滑行时,根据地面风情况指定的路径。

17.033 障碍物 obstacle

机场内和机场附近的规定范围内,高度超过障碍物限制面的物体。

17.034 主跑道 primary runway

机场内的数条跑道中,在条件许可的任何时候优先使用的那条跑道。

17.035 道肩 runway shoulder

为保持道面坚固和清洁,并作为道面向土面过渡结构,沿着道面两侧边缘处理过的狭长地带。

17.036 信号场地 signal area

机场内用以展示地面信号的一块场地。只用于某些简易机场或供备用。

17.037 进近面 approach surface

为确定和保护飞机在进近时的机场净空,对跑道始端一定范围内规定地面物体的高度限制的区域。

17.038 起飞爬升面 take-off climb surface

为确定和保护飞机在起飞爬升时的机场净空,对跑道端部一定范围内规定地面物体的高度限制的区域。

17.039 滑行带 taxiway strip

滑行路线两侧一定宽度的带有滑行引导标记的地带,包括停机坪出入口及其规定滑行路线两侧经过处理的地带。

17.040 跑道入口 runway threshold

表示进近的飞机可以进入跑道进行接地而设于跑道始端的界限。

17.041 接地地带 touchdown zone

跑道上供着陆的飞机开始接地的那段道面。

17.042 拦阻索 arresting cable

用于吸收着陆(舰)飞机动能、缩短着陆(舰)滑行距离的装置。

17.043 拦阻网 arresting barrier

为防止飞机着陆时冲出跑道面而设于军用机场跑道端的网状设施。

17.044 停机坪 apron

陆地机场上供航空器停驻、客货邮件的上下、加油、维护工作所用的场地。

17.045 备降场 alternative landing field

一个具有最低要求能力的供应急着陆用的场地和设施,或当主要机场关闭或重建停用时提供着陆使用的以及为战术灵活性所需提供着陆使用的场地。

17.046 靶场 range

供军用航空器做空对地投射武器试验和训练的专用场地。

17.047 机库 hangar

机场里供航空器进驻做维修用的具有屋盖的建筑物。

17.048 机场运行设施 aerodrome operating facility

机场内保障航空器安全运行和运输业务正常运转所需的地面设施的总称。

17.049 滑行引导系统 taxiing-guidance system, TGS

为引导航空器在机场上准确地滑行、停放而设置的一系列标志、标记牌和信号设施的总称。

17.050 目视助航设施 navigational visual aid

供驾驶员目视观察机场而设于机场地面的标志和灯光设施。

17.051 飞行区标志 aircraft movement area mark

标明飞行区的直观特征,以保障航空器安全起降和顺利滑行的地面标志线、标志牌(物)以及符号的总称。

17.052 跑道标志 runway marking

为在白天且能见度好的情况下给航空器起飞、着陆提供目视引导,在跑道表面涂刷的规定线条和符号。

17.053 助航灯光 navigational lighting aid

为航空器在夜间或低能见度情况下起飞、着陆、滑行提供目视引导而设于机场内规定地段的灯光之标志总称。

17.054 跑道中线灯 runway center line light

沿跑道中心线等距镶嵌于跑道表面,为航空器在夜间或低能见度情况下起飞、着陆提供目视引导的灯。

17.055 跑道边灯 runway edge light

沿跑道两侧等距设置,用来显示跑道两侧边界的灯。

17.056 跑道入口灯 runway threshold light

装设在跑道入口处显示跑道入口位置的灯。

17.057 跑道末端灯 runway end identification light

装设于跑道两端标明跑道端头的灯光标志。

17.058 接地带灯 touchdown zone light

从跑道入口开始,沿进近方向的规定距离内,镶嵌于跑道表面用来标明跑道接地地带的短排灯组。

17.059 滑行道标志 taxiway marking

用以引导航空器准确滑行涂刷于滑行道道面上的规定线条和符号。

17.060 滑行引导标志 taxiing-guidance sign

为引导航空器安全、准确地滑行,在滑行道旁侧规定位置设立的一系列标志牌。

17.061 滑行道中线灯 taxiway center line light

用以在夜间或低能见度情况下显示滑行道中心线,沿滑行道中心线镶嵌于道面的灯。

17.062 滑行道边灯 taxiway edge light

用以在夜间或低能见度情况下显示滑行道边界而沿滑行道两边线设置的灯。

17.063 航空器停机位标志 aircraft stand marking

为标明航空器在停机坪上的停驻位置而涂刷于停机坪上的标志。

17.064 不适用地区的标志 closed area marking

标明不适用地区而涂刷于机场地面的标志。

17.065 进近灯光系统 approach light system

为夜间或低能见度情况下引导飞机正确进近而设置于跑道入口以外规定地段的灯光系统。

17.066 目视进近坡度灯光系统 visual approach slope indicator light system

为引导进近中的飞机按规定的下滑坡度下滑直至接地点而设置于跑道旁侧规定地段的灯组。

17.067 T字灯 Tee light

向进近中的飞机显示接地点,设于跑道旁侧规定地段的T字形灯组,用以代替传统的T字布。

17.068 障碍物灯 obstacle light

为引起驾驶员注意,装设于对航空器安全运行构成障碍的物体上的灯或灯组。

17.069 航站区 terminal area

机场内办理航空客货运输业务和供旅客、货物地面运转的地区。

17.070 门位 parking gate

飞机停靠于客运大楼前,连接旅客登机廊桥(或登机门)时,飞机在停机坪上对应的用编号确定的位置。

17.071 登机门 boarding gate

旅客由候机厅经过登机廊桥的出入口。

17.072 飞行环境 flight environment

航空器在地面(水面)和空中活动时周围的环境。主要考虑航空器和空中、地面的气象条件、地物及其变化有相互影响。在空中时即为航空器周围的大气环境,在小范围内后机还受前机气流的影响。

17.073 航空气候 aviation climate

指航空器活动的航站、航线或区域,经多年观测,对航空有关的气象要素加以概括得出的航空气象情况。

17.074 航空气候分界 aviation climate divide

根据各航站、航线或区域的航空气候特点,结合航空需要制定一些标准,然后归纳出几种航空气候类型。

17.075 气候极值 climatic extreme

指有记录以来,某气象要素的最大值或最小值。

17.076 气象观测 meteorological observation

对一个或多个气象要素及其变化进行系统地、连续地观察和测定。

17.077 飞行气象条件 flight weather condition

为了保证安全,对不同飞行规则的飞行分别制定对最低气象条件的需求。

17.078 气象监视台 meteorological watch office

气象当局指定与飞行情报中心或区域管制中心相联结的气象台站。

17.079 气象收集中心 meteorological collecting center

指定收集空中报告的民航气象台。

17.080 气象要素 meteorological elements

大气的某些基本属性(如温度、气压等)和大气中出现的某些现象(如风、云、雨等)。

17.081 云底高度 cloud base height

简称"云高"。云层底部距地表面的垂直距离。

17.082 云顶高度 cloud top height

云层顶部距地表面的垂直距离。

17.083 云幂高度 ceiling height

最低一层具有八分之四以上云量的云层的云底高度。

17.084 云幂气球 ceiling balloon

用以测量云底高度的专用氢气球。

17.085 云幂灯 ceiling light, ceiling projector

测量云底高度所用的一种光束向上直射的灯。

17.086 云幂仪 ceilometer

利用测定激光束从云底反射的往返时间算出云底高度的一种仪器。

17.087 地面风 surface wind

在机场由代表飞行地区上空、距地表 6 ~ 10m 高度上空气流动的情况。

17.088 高空风 wind aloft

航空器空中飞行所需知道的、在地面风的高度以上各高度层上空气流动的情况。

17.089 顶风 head wind

又称"逆风"。迎着机头而来的大气气流,与机身轴线相平行的为正顶风,不是平行的为侧顶风。

17.090 顺风 tail wind

迎着机尾而来的大气气流,与机身轴线相平行的为正顺风,不是平行的为侧顺风。

17.091 侧风 cross wind, sidewind

来自机身两侧的大气气流,与机身轴线相垂直的为正侧风,不是垂直的为侧顶风或侧顺风。

17.092 风向 wind direction

大气气流相对于地表面运动的方向。气象上通常用风的来向与真北之间的方位以每 10 度为单位(16 个方位)表示;航行上通常以风的去向和真北之间的夹角度数表示。

17.093 阵风 gust

又称"突风"。大气中小尺度涡流叠加于一般气流上,造成风向、风速时大时小的现象。

17.094 颠簸 turbulence

航空器进入一定强度的湍流中,流经航空器的紊乱气流破坏了航空器在飞行中的空气动力和力矩的平衡,使航空器发生左右摇晃,前后冲激,上下抛掷以及机身振颤的现象。

17.095 晴空颠簸 clear air turbulence, CAT

在碧空无云的大气层中发生的颠簸。

17.096 航空气象学 aeronautical meteorology

研究大气中出现的与航空活动有关的大气物理状态和物理现象的学科。

17.097 对空气象广播 VOLMET broadcast

民航气象部门为飞行中航空器播发需要的例行气象情报。

17.098 机场警告 aerodrome warning

以明语提供的,关于对地面上的航空器,包括停场航空器和机场设施与服务有害的气象情况的简要情报。

17.099 机场预报 aerodrome forecast

简要说明在特定时期内预期的机场气象情况。

17.100 着陆预报 landing forecast

为了满足当地用户和距机场大约 1 小时以

内的飞行时间的航空器需要的有关机场的预期气象情况。

17.101　起飞预报　forecast for take-off
在预计起飞前 3 小时内提供的机场场面全部气象要素报告。

17.102　趋势型着陆预报　tend type landing forecast
机场例行报告、特殊报告或特选报告和附有该机场气象情况预期趋势的简要说明。

17.103　区域预报　area forecast
地区区域预报中心按规定的区域、高度层、预报类型等每天四次定时地以图形或数字或网格点资料形式，对该区域内的航路上的重要气象发布的预报。

17.104　航路预报　route forecast
地区区域预报中心发布的预报以外的航路上的天气预报。

17.105　重要天气　significant weather
航路上可能影响航空器飞行安全的危险天气现象。如雷暴、热带气旋、颠簸、积冰、地形波、强尘暴、强沙暴、火山灰等。

17.106　气象报告　meteorological report
对某一地方、某一时间观测到的气象情况的报告。

17.107　气象预报　meteorological prevision
对某一特定地区或空域的某一部分，在某一特定时间上或期间内、预期的气象情况的说明。涉及的要素值应理解为：在该预报时间、空间内该要素某个数值范围的最大可能的平均值。

17.108　能见度　visibility
观测人员在正常视力情况下，在白天，以雾或天空作背景，能看到和辨认出在地面附近一个大小适度的黑色目标物的最大距离；在夜间，则为能看到和识别中等强度的

灯光的最大距离。

17.109　垂直能见度　vertical visibility
沿着垂直于地面的视线对某一特定物体或灯光的能见度。

17.110　斜程能见度　slant visibility
沿着一条明显地不是水平的视线能看清合乎规定的目标物或灯光的最大距离。

17.111　跑道视程　runway visual range, RVR
在跑道中线，航空器上的驾驶员能看到跑道面上的标识、跑道边界灯或中线灯的距离。

17.112　冻结高度层　freezing level
用摄氏零度等温线表示的可能产生冻结现象的高度层。

17.113　摄氏零度等温线高度层　0℃ iso-thermal level
大气中摄氏零度面与某一垂直剖面或某一等压面相交的线。

17.114　航空危险天气　aviation hazard weather
可能引起航空器飞行中发生灾难性事故的各种天气。

17.115　沙暴　sand storm
强风将地面大量尘沙卷入空中，使空气混浊的现象。垂直能见度恶劣，水平能见度不到 1km。

17.116　火山灰云　volcanic ash cloud
火山爆发时大量岩浆与杂质喷至很高的大气中，其质量轻的浮游在空中，并积聚成堆所形成的类似云层。

17.117　风切变　wind shear
在某一特定时间，风速矢量在空中垂直的或水平的距离上的局部变化。它是用两点的距离去除两点风速的矢量差来计量的。

17.118 下击暴流 downburst

一种诱发在地面或近地面的破坏性大风的向外暴流的强下曳气流。

17.119 飞机尾迹 aircraft trail

俗称"飞机拉烟"。空中飞行的飞机在合适的温度、湿度气压条件的大气环境里,由飞机的发动机排出的废气而引起的水气凝结或冻结的现象。

17.120 雷击 lightning stroke

在对流旺盛的积雨云团之间、云团内部上下或云团与地面之间形成强的正负电荷放电及爆震的天气现象。

17.121 鸟撞 bird strike

航空器在低空飞行和进近着陆时,迎面受到飞鸟撞击造成局部损伤的事件。

17.122 有效感觉噪声水平 effective perceived noise level, EPNL

对感觉噪声级(即根据测试者判断、具有相等噪度的来自下前方的中心频率为1 000Hz 的倍频带噪声的声压级)进行纯音和持续时间修正后所得噪声声压级,是航空器噪声审定时使用的法定国际计量单位,以有效感觉噪声分贝表示(EPNLdB)。

17.123 推力收回角 thrust cutback angle

起飞噪声测量中(对某一地面测量点而言),航空发动机推力开始减小(收回发动机油门杆)和停止减小时反映在起飞航径上两个点分别与地面的夹角(用 δ 与 ε 表示)。

17.124 噪声角 noise angle

地面某测量点上噪声路径相对飞行航径的夹角(θ),或该噪声路径相对于地面的夹角(Φ)。对 θ 而言,有起飞噪声角与进近噪声角之分。

17.125 基准航空器 datum aircraft

在经过登记国当局批准的飞行测试中,按照国际民航组织公约的规定来测量噪声水平所使用的航空器。

17.126 噪声缓解 noise abatement

采取特定的航空器使用程序去减轻航空器在飞行和地面运行中产生的噪声对机场附近的影响。

17.127 烟雾 smoke

航空发动机排出物中影响光线传送的碳素物。

17.128 排烟数 smoke number

又称"发烟数"。衡量燃料燃烧时,从燃料室排放物中冒烟程度的指标,用符号 SN 表示,其数值在 0 ~ 100 之间。

17.129 排气流 plume

从航空发动机排出气体形成的气流。

英 汉 索 引

A

absorbent structure　吸波结构　04.019

accelerated mission test　加速任务试车　05.304

accelerating method　加速法　14.066

acceleration atelectasis　加速度性肺萎陷　10.172

acceleration tolerance　加速度耐力　10.171

accelerometer　加速度计　06.114,加速度表,＊载荷因数表,＊过载表　06.167

acceptance flight test　验收试飞　14.044

acceptance test　工厂试车,＊验收试车　05.298

accompanying flight　伴飞　14.050

accumulator　蓄压器　08.039

ACN　飞机等级数　04.095

acoustic fatigue　声疲劳　04.024

acquisition　截获　07.195

active clearance control　主动间隙控制　05.213

active control technology　主动控制技术　06.040

adaptive array antenna　自适应天线阵　07.276

adaptive autopilot　自适应自动驾驶仪　06.023

adaptive control　自适应控制　06.024

adaptive ejection seat　自适应弹射座椅　10.071

adaptive wall　自适应壁,＊自修正壁　03.143

adaptive wing　自适应机翼　02.100

adhesive for honeycomb sandwich structure　蜂窝夹层结构胶黏剂　11.072

adjustable horizontal stabilizer　可调安定面　02.150

advancing blade　前行桨叶　03.361

adverse pressure gradient　逆压梯度　03.051

aerial bomb parachute　航弹伞　10.128

aerial carrier　载机　14.094

aerial hijack　空中劫持　16.150

aerial mine　航空水雷,＊空投水雷　09.037

aerial refuelling system　空中受油系统　08.106

aerial remote sensing technique　航空遥感技术　14.104

aerial warfare weapon　航空武器,＊机载武器　09.001

aero-acoustic design　气动声学设计　05.090

aeroballistics　航空弹道学　09.038

aerobatic flight　特技飞行　14.011

aerodrome　机场　17.002

aerodrome capacity　机场容量　17.007

aerodrome capacity saturation　机场饱和　17.011

aerodrome control tower　机场管制塔台　16.060

aerodrome elevation　机场标高　17.006

aerodrome forecast　机场预报　17.099

aerodrome operating facility　机场运行设施　17.048

aerodrome operating minimum　机场运行最低标准　16.124

aerodrome traffic　机场交通　16.059

aerodrome traffic pattern　机场起落航线　16.078

aerodrome warning　机场警告　17.098

aerodynamical panel parachute　气动幅伞,＊活动幅伞　10.132

aerodynamic balance　气动补偿　03.218

aerodynamic center　气动力中心,＊气动力焦点　03.251

aerodynamic configuration layout　气动力布局　03.188

aerodynamic decelerator　气动力减速器　10.118

aerodynamic derivative　气动导数　03.255

aerodynamic focus　气动力中心,＊气动力焦点　03.251

aerodynamic heating　气动加热　03.049

aerodynamic noise　气动噪声　03.053

aerodynamics　空气动力学　03.055

aerodynamic stability　气动稳定性　05.016

aerodynamic twist　气动扭转　03.215

aeroelasticity　气动弹性力学　04.042

aeroelastic tailoring　气动弹性剪裁　04.048

aeroemphysema　体液沸腾,＊高空组织气肿　10.161

aero-engine　航空发动机　05.024

aeronautical chart 航空地图，＊航图 16.029

aeronautical information service 航行情报服务 16.087

aeronautical material 航空材料 11.001

aeronautical meteorology 航空气象学 17.096

aeronautic sextant 航空六分仪 06.125

aerophotography 航空摄影 14.099

aeroplane 飞机 02.006

aero-route surveillance radar 航路监视雷达 07.179

aerospace 航空航天 01.001

afterburner 加力燃烧室，＊复燃室，＊补燃室 05.215

afterburner liner 隔热防振屏 05.220

afterward limit of center of gravity 重心后限 03.344

age at failure 故障工龄 13.082

age exploration 工龄探索 13.073

agility 敏捷性，＊机动性 03.352

agricultural airplane 农业机 02.026

AGSM 抗 G 紧张动作 10.165

aileron 副翼 02.129

aileron reversal 副翼反效 04.108

aimable fragment warhead 定向战斗部 09.186

AIM parachute 自动充气调节伞，＊AIM 伞 10.136

air-actuated mortar 气动炮 10.138

air blast atomizer 空气雾化喷嘴 05.167

air bleed 放气，＊引气 05.145

airborne anti-radiation missile 航空反辐射导弹，＊机载反辐射导弹 09.104

airborne anti-satellite missile 航空反星导弹，＊机载反星导弹 09.108

airborne antisubmarine 航空反潜 09.018

airborne anti-tank missile 航空反坦克导弹，＊机载反坦克导弹 09.103

airborne cannon 航空机炮 09.023

airborne collision avoidance equipment 机载防撞设备 07.180

airborne computer 机载计算机 07.280

airborne decoy 航空诱惑弹，＊机载诱惑弹 09.105

airborne early warning radar 机载预警雷达 07.247

airborne fire-control radar 机载火控雷达 07.245

airborne fire control system 航空火力控制系统 09.076

airborne laser range finder 激光测距器 09.084

airborne machine gun 航空机枪 09.022

airborne mine-laying 航空布雷 09.017

airborne MTD radar 机载动目标检测雷达 07.235

airborne MTI radar 机载动目标指示雷达 07.234

airborne radar 机载雷达 07.224

airborne reconnaissance radar 机载侦察雷达 07.242

airborne rocket 航空火箭弹，＊机载火箭弹 09.109

airborne video recording system 航空视频记录系统，＊机载视频记录系统 09.086

airborne warning and control system 机载警戒与控制系统 07.013

airborne weapon 航空武器，＊机载武器 09.001

airborne weapon system 航空武器系统，＊机载武器系统 09.002

airborne weather radar 机载气象雷达 07.250

airbrake 减速板 02.122

air breathing engine 吸空气发动机 05.023

air combat 空战 09.003

air corridor 空中走廊 16.061

aircraft 航空器 02.001

aircraft accident and incident 飞行事故 14.035

aircraft accident recorder 飞行事故记录器，＊黑匣子 06.200

aircraft alerting system 航空器告警系统 06.196

aircraft antenna 机上天线 07.255

aircraft availability 航空器可用度 13.087

aircraft-carried normal earth-fixed system 航空器牵连铅垂地面坐标系 03.268

aircraft classification number 飞机等级数 04.095

aircraft electrical system 航空电气系统 08.001

aircraft/engine integration 飞机 - 发动机一体化 05.018

aircraft exterior lighting 机外照明 08.030

aircraft fabric 飞机蒙布 11.079

aircraft fuel system 飞机燃油系统 08.098

aircraft generator 航空发电机 08.022

aircraft icing 航空器结冰 10.051

aircraft integrity 航空器完好度 13.086

aircraft interior lighting 机内照明，＊座舱照明

08.029

aircraft life cycle cost 航空器全寿命费用 04.071

aircraft magnetic field 航空器磁场 06.138

aircraft-missile interference 机弹干扰 09.096

aircraft motion compensation 载机运动补偿 07.203

aircraft movement area 飞行区 17.014

aircraft movement area mark 飞行区标志 17.051

aircraft movement area reference code 飞行区等级 17.015

aircraft noise certification 航空器噪声审定 15.027

aircraft performance penalty 航空器性能代偿损失 10.026

aircraft powerplant 航空器动力装置 02.183

aircraft production reference system 航空器工艺基准系统 12.011

aircraft serviceability 航空器出勤率 13.085

aircraft stand marking 航空器停机位标志 17.063

aircraft-store compatibility 航空器悬挂物相容性 09.021

aircraft structural integrity 航空器结构完整性 04.085

aircraft trail 飞机尾迹，＊飞机拉烟 17.119

air crew 空勤组，＊机组 14.024

air-cushion landing gear 气垫式起落架 02.179

air-cushion vehicle 气垫飞行器 02.033

air cycle cooling system 空气循环冷却系统 10.006

air data computer 大气数据计算机 06.131

air distribution system 空气分配系统 10.011

airfield 陆地机场 17.003

airfoil mean line 翼型中弧线 03.192

airfoil profile 翼型，＊翼剖面 03.190

air intake 进气道 02.185

air-launched ballistic missile 空射弹道导弹 09.106

air-launched cruise missile 空射巡航导弹 09.107

air-launched mine 航空水雷，＊空投水雷 09.037

air-launched torpedo 航空鱼雷，＊空投鱼雷 09.036

air-path axis system 气流坐标系 03.271

airplane 飞机 02.006

airplane in aerobatic category 特技类飞机 15.022

airplane in commuter category 通勤类飞机 15.023

airplane in normal category 正常类飞机 15.020

airplane in transportation category 运输类飞机 15.024

airplane in utility category 实用类飞机 15.021

airplane thrust weight ratio 飞机推重比 03.280

airport 航空港 17.001

airport surveillance radar 机场监视雷达 07.185

air propeller 空气螺旋桨 05.239

air recycle system 空气再循环系统 10.012

air screw 空气螺旋桨 05.239

airship 飞艇 02.005

airside 空侧 17.010

air speed 空速 03.279

air speed indicator 空速表 06.152

air speed-Mach indicator 空速马赫数表 06.153

airstart boundary 空中起动边界 05.322

air-temperature indicator 大气温度表 06.165

air-to-air missile 空空导弹 09.097

air-to-ground missile 空地导弹 09.101

air-to-ship missile 空舰导弹 09.102

air traffic 空中交通 16.049

air traffic control 空中交通管制 16.051

air traffic flow management 空中交通流量管理 16.076

air traffic management 空中交通管理 16.050

air traffic service 空中交通服务 16.052

airway 航路 16.007

airworthiness 适航性 15.001

airworthiness approval tag 适航批准标签 15.018

airworthiness certificate 适航证 15.015

airworthiness directive 适航指令 15.009

airworthiness regulation 适航规章，＊适航标准 15.005

AIS 航行情报服务 16.087

alert height 警戒高 16.116

all coherent moving target indicator 全相参动目标指示 07.202

all moving fin 全动垂尾 02.156

all moving tailplane 全动平尾 02.151

all weather flight 全天候飞行，＊四种气象飞行 14.010

almanac 历书 07.143

alternate aerodrome 备降机场 17.013

alternative landing field　备降场　17.045

altimeter setting　高度表拨正　16.039

altitude characteristics　高度特性　05.075

altitude decompression sickness　高空减压病，＊气体栓塞症　10.154

altitude hold　高度保持　06.008

altitude-hole effect　高度空穴效应　07.117

altitude〔hypobaric〕chamber　低压舱　10.212

altitude hypoxia　高空缺氧　10.152

aluminium lithium alloy　铝锂合金　11.021

alveolar ventilation volume　肺泡通气量，＊有效通气量　10.156

AMAS　自动机动攻击系统　09.081

ammunition belt drag　弹带阻力　09.027

ammunition capacity　备弹量　09.028

amphibian　水陆两用飞机　02.029

amplitude-comparison monopulse　比幅单脉冲　07.204

AMT　加速任务试车　05.304

analytic redundancy　解析余度　06.069

aneroid altimeter　气压高度表　06.148

angle deception jamming　角度欺骗干扰　07.047

angle of attack　迎角，＊攻角　03.222

angle of attack indicator　迎角指示器　06.163

angle of bank　滚转角，＊坡度，＊倾斜角　03.273

angle of climb　爬升角　03.274

angle of incidence　安装角　02.048

angle of sideslip　侧滑角　03.246

angle search system　角搜索系统　07.223

angle tracking error　角跟踪误差　07.209

angle tracking system　角跟踪系统　07.222

anhedral angle　下反角　02.052

anisoelasticity torque　非等弹性力矩　06.083

annular combustor　环形燃烧室　05.155

annular effect　圆环效应　07.172

anthropometry　人体测量学　10.209

anthropomorphic dummy　假人，＊仿真人　10.083

anti-collision light　防撞灯，＊闪光灯　08.032

anti-G strain maneuver　抗 G 紧张动作　10.165

anti-G suit　抗荷服　10.106

anti-icing fluid　防冰液　10.030

anti-icing system　防冰系统　10.027

anti-immersion suit　抗浸服　10.113

anti-radar coating　反雷达涂层　07.058

antirunway bomb　反跑道炸弹，＊反机场武器　09.029

anti-skid brake system　防滑刹车系统　08.085

anti-static coating for radome　雷达罩防静电涂层　11.076

anti-submarine warfare airplane　反潜机　02.014

anti-submarine warfare control　反潜控制　06.056

antitorque of rotor　旋翼反扭矩　03.374

apple curve　苹果曲线　03.101

apply rudder　蹬舵　14.081

approach aperture　进近窗口　07.175

approach light system　进近灯光系统　17.065

approach surface　进近面　17.037

apron　停机坪　17.044

area forecast　区域预报　17.103

area navigation　区域导航　16.027

area rule　面积律　03.243

armament　引爆系统　09.166

arming unit　爆控机构　09.195

array antenna　阵列天线，＊天线阵　07.270

arresting barrier　拦阻网　17.043

arresting cable　拦阻索　17.042

arresting hook　拦阻钩　02.182

arresting mechanism　拦阻装置　08.090

ARSR　航路监视雷达　07.179

articulated rotor　铰接式旋翼　02.197

artificial feel system　人感系统，＊载荷感觉机构　06.019

artificial transition　人工转捩　03.178

artificial viscosity　人工黏性，＊人工耗散　03.187

aspect angle　目标进入角　09.055

aspect ratio　展弦比　03.208

ASR　机场监视雷达　07.185

assembly jig　装配型架　12.010

ATC　空中交通管制　16.051

ATE　自动测试设备　07.032

ATHS　自动目标数据交接系统　07.022

ATIS　自动终端情报服务　16.056

ATM　空中交通管理　16.050

atomic scale machining　原子级加工　12.043

atomized metal powder　雾化金属粉末　11.033

ATS　空中交通服务　16.052

attack airplane 强击机，＊攻击机 02.011

attack helicopter 武装直升机 02.195

attitude director indicator 姿态指引指示器，＊指引地平仪 06.186

attitude heading reference system 姿态航向基准系统 06.156

attitude hold 姿态保持 06.007

augmentation ratio 加力比，＊加力度 05.062

aural alerting device 音响告警装置 06.198

austempering 贝氏体等温淬火 12.067

autobrake system 自动刹车系统 08.086

autogyro 旋翼机 02.189

autolanding system 自动着陆系统 06.029

automatic direction finder 自动测向仪，＊全自动无线电罗盘 07.153

automatic gear ratio changer 力臂调节器 08.069

automatic hovering control 自动悬停控制 06.055

automatic inflation modulation parachute 自动充气调节伞，＊AIM 伞 10.136

automatic landing 自动着陆 07.176

automatic maneuvering attack system 自动机动攻击系统 09.081

automatic navigator 自动导航仪 06.130

automatic tab system 自动调整片系统 06.022

automatic target handoff system 自动目标数据交接系统 07.022

automatic terminal information service 自动终端情报服务 16.056

automatic test equipment 自动测试设备 07.032

automatic transition control 自动过渡控制 06.054

automatic trim system 自动配平系统 06.021

automatic tuning 自动调谐 07.087

autopilot 自动驾驶仪 06.020

autorotative descent 自转下降 03.376

autorotative glide 自转下滑 03.377

autothrottle system 自动油门系统 06.026

auxiliary electrical power source 辅助电源 08.011

auxiliary flight control system 辅助飞行操纵系统 08.061

auxiliary fuel tank 副油箱 02.114

auxiliary inlet door 进气道辅助进气门 05.113

auxiliary power unit 辅助动力装置 08.092

average life 平均寿命 13.075

aviation 航空 01.002

aviation biodynamics 航空生物动力学 10.162

aviation climate 航空气候 17.073

aviation climate divide 航空气候分界 17.074

aviation emergency escapement 航空救生 10.052

aviation epidemiology 航空流行病学 10.202

aviation ergonomics 航空工效学 10.208

aviation fuel 航空燃料 11.081

aviation gasoline 航空汽油 11.082

aviation hazard weather 航空危险天气 17.114

aviation hydraulic fluid 航空液压油 11.087

aviation medicine 航空医学 10.150

aviation pathology 航空病理学 10.200

aviation physiological training 航空生理训练 10.203

aviation physiology 航空生理学 10.151

aviation psychology 航空心理学 10.198

aviation satellite 航空卫星通信网 07.015

aviation toxicology 航空毒理学 10.205

avionics 航空电子学 07.001

avionics system 航空电子系统 07.011

avionics system simulation 航空电子系统仿真 07.002

avionics test bed 航空电子试验机 14.091

AVSAT 航空卫星通信网 07.015

AWACS 机载警戒与控制系统 07.013

axial-flow compressor 轴流压气机 05.119

B

baggage compartment 行李舱 02.080

ballistic function 弹道函数 09.039

ballistic photography 弹道摄影 14.101

ballistic table 弹道表 09.041

balloon 气球 02.002

barometric altitude above airfield height 场面气压高度 16.035

barotrauma 气压性损伤 10.158

base drag 底阻 03.235

baseline 基线 07.129

base turn　基线转弯　16.100

basis of type certification　型号合格审定基础　15.004

BC superalloy　硼碳高温合金　11.009

beam riding guidance　波束制导，＊驾束制导　09.121

bearingless rotor　无轴承式旋翼　02.200

Bernoulli's equation　伯努利方程　03.050

beyond visual range air-to-air missile　超视距空空导弹　09.099

biconvex aerofoil profile　双圆弧翼型　03.201

bicycle landing gear　自行车式起落架　02.165

biotelemetry　生物遥测　10.210

Biot-Savart formula　毕奥－萨伐尔公式　03.095

bird strike　鸟撞　17.121

bistatic radar　双基地雷达　07.243

BIT　机内自检　13.064

blackout　黑视　10.183

bladder fuel tank　软油箱　02.112

blade　叶片　05.138

blade antenna　刀状天线，＊桅杆式天线　07.258

blade azimuth angle　桨叶方位角　03.360

blade cyclic pitch　桨叶周期变距　03.367

blade-disc coupling vibration　叶盘耦合振动　05.283

blade element　叶素　03.353

blade flapping　桨叶挥舞　03.364

blade flutter　叶片颤振　05.273

blade lagging　桨叶摆振　03.370

blade natural frequency under rotation　叶片动频　05.272

blade noise　叶片噪声　05.084

blade pitch　桨距　02.228

blade profiling　叶片造型　05.201

blade root cut-off　桨根切除　02.226

blade section pitch　桨叶剖面安装角　02.227

blade vortex interaction　桨－涡干扰　03.372

Blasius solution for flat plate flow　布拉休斯平板解　03.103

Blasius theorem　布拉休斯定理　03.096

blast pad　防吹坪　17.025

blended wing-body configuration　翼身融合　03.189

blind direction　盲向　07.200

blind riveting　单面铆接，＊盲铆　12.038

blind zone　盲区　07.199

blisk rotor configuration　叶盘转子结构　05.144

blockage effect　阻塞效应　03.174

blow flap　吹气襟翼　02.138

boarding gate　登机门　17.071

boat tail angle　船尾角　03.221

body axis system　机体坐标系　03.269

bogie landing gear　车架式起落架　02.168

boiling of body fluid　体液沸腾，＊高空组织气肿　10.161

bomb bay　炸弹舱　02.085

bomb caliber　炸弹口径　09.019

bomber　轰炸机　02.010

bombing　轰炸　09.007

bombing radar　轰炸雷达　07.246

bombing sight　轰炸瞄准具　09.078

bomb shackle　挂弹钩　09.192

bonded structure　胶接结构　04.006

booster　助推器　09.161

booster engine　助推发动机　05.041

booster stage　增压级　05.125

boron-carbon superalloy　硼碳高温合金　11.009

boundary layer　边界层，＊附面层　03.043

boundary layer bleed　边界层泄除　05.114

boundary layer displacement thickness　边界层位移厚度　03.044

boundary layer integral relations　边界层积分关系式　03.088

boundary layer momentum thickness　边界层动量厚度　03.045

bound vortex　附着涡　03.113

box beam　盒形梁　02.105

brake control system　刹车控制系统　08.081

brake energy　刹车能量　08.076

brake energy limiting weight　刹车能量限制重量，＊轮胎速度限制重量　16.134

brake parachute　阻力伞，＊刹车伞　10.124

brake pressure　刹车压力　08.074

brake pressure gage　刹车压力表　06.189

brake pressurize　制动比压　08.077

brake speed　刹车速度　03.316

brake torque　刹车力矩，＊制动力矩　08.078

breathing pressure fluctuation 呼吸压力波动 10.098

brushless DC generator 无刷直流发电机 08.023

bubble flow visualization 气泡流动显示 03.159

buffet boundary 抖振边界 03.277

buffeting 抖振 04.045

built-in test 机内自检 13.064

bulkhead 隔框 02.060

buoyancy 浮性 03.386

buoyancy correction 浮力修正 03.172

business airplane 公务机 02.024

buzz 嗡鸣 04.046

BVI 桨-涡干扰 03.372

BVRAAM 超视距空空导弹 09.099

bypass ratio 涵道比，*流量比 05.061

C

cabin 座舱 02.072

cabin air supply 座舱供气 10.002

cabin altitude 座舱高度，*座舱气压高度 10.022

cabin altitude and pressure difference gage 座舱高度压差表 06.190

cabin dew point 座舱露点 10.049

cabin emergency dump valve 座舱应急卸压活门 10.021

cabin pressure regulator 座舱压力调节器 10.019

cabin pressure schedule 座舱压力制度 10.023

cabin safety valve 座舱安全活门 10.020

cabin window 舷窗 02.078

cable pulley system 软式传动机构 08.065

calibrated airspeed 校正空速，*修正空速 14.060

calibration-model test 标模实验 03.168

camber 弯度 03.193

camouflage paint 伪装涂料 11.074

Campbell diagram 坎贝尔图，*共振图，*叶片共振转速特性图 05.284

canard 前翼，*鸭翼 02.161

canard airplane 鸭式飞机 02.042

cannular combustor 联管燃烧室 05.154

canopy 座舱盖 02.073

canopy breath 伞衣呼吸，*伞衣脉动 10.147

canopy fabric porosity 伞衣织物透气量 10.148

canopy jettison ejection 抛盖弹射 10.055

CAP 操纵期望参数 03.342

captive balloon 系留气球 02.004

carbon-carbon composite 碳-碳复合材料 11.054

cargo airplane 货机 02.021

cargo compartment 货舱 02.081

cargo parachute 投物伞 10.127

carrier aircraft 舰载航空器 02.030

carrier landing system 着舰系统 07.192

carrier synchronization 载波同步 07.073

cartridge 抛放弹，*弹射弹 09.194

cascade 叶栅 05.130

cascade solidity 叶栅稠度 05.149

casing treatment 机匣处理 05.146

Cassegrain antenna 卡塞格林天线 07.262

cast aluminium alloy 铸造铝合金 11.020

cast magnesium alloy 铸造镁合金 11.023

cast superalloy 铸造高温合金 11.005

cast titanium alloy 铸造钛合金 11.026

CAT 晴空颠簸 17.095

catalytic ignition 催化点火 05.222

catapulting force 弹射力 08.080

category I precision approach and landing operation I类进近着陆运行 16.091

category II precision approach and landing operation II类进近着陆运行 16.092

category IIIA precision approach and landing operation IIIA类进近着陆运行 16.093

category IIIB precision approach and landing operation IIIB类进近着陆运行 16.094

category IIIC precision approach and landing operation IIIC类进近着陆运行 16.095

cavitation 空穴 05.255

cavitation erosion 气蚀 05.256

C-C composite 碳-碳复合材料 11.054

CCIL 连续计算命中线 09.048

CCIP 连续计算命中点 09.049

C criterion C准则 08.057

CCRP 连续计算投放点 09.050

ceiling 升限 03.291

ceiling balloon 云幂气球 17.084

ceiling height 云幂高度 17.083

ceiling light 云幂灯 17.085

ceiling projector 云幂灯 17.085

ceilometer 云幂仪 17.086

celestial compass 天文罗盘 06.124

celestial navigation system 天文导航系统 06.121

central control mechanism 中央操纵机构，*座舱操纵机构 08.067

centrifugal compressor 离心压气机 05.120

ceramic matrix composite 陶瓷基复合材料 11.053

certification flight test 型号合格审定试飞 14.049

chaff 箔条 07.045

chaff cloud 干扰云 07.055

chain of stations 台链 07.126

chamber effect 舱效应 05.314

chance failure period 偶然失效期 13.100

chandelle 战斗转弯，*急上升转弯 14.016

channel flow with variable mass flow rate 变流量管流 05.004

characteristics life 特征寿命 13.077

characteristics of mode 模态特性 03.322

chartered flight 包机飞行 16.041

check 检查 13.023

check test 检验试车 05.299

chemical milling 化学铣切 12.051

chip detector 屑末探测器，*检屑器 05.266

choked technique 堵塞技术 05.313

chopper 调制盘，*斩光器 09.142

C³I 通信、指挥、控制与情报系统 07.016

circadian rhythm 昼夜节律 10.193

circling approach 盘旋进近 16.104

circular error probable 圆概率偏差 09.013

circulation 环量 03.066

0°C isothermal level 摄氏零度等温线高度层 17.113

civil aircraft airworthiness 民用航空器适航性 15.002

civil airplane 民用飞机，*民机 02.018

civil aviation 民用航空 01.003

civil aviation medicine 民航医学 10.206

clear air turbulence 晴空颠簸 17.095

clearway 净空道 17.027

clear zone 清晰区 07.198

climatic extreme 气候极值 17.075

climb 爬升 03.287

climbing distance 爬升距离 16.129

climbing time 爬升时间 16.128

climb limiting weight 爬升限制重量 16.139

clinical medicine of aviation 航空临床医学 10.204

close combat air-to-air missile 格斗空空导弹 09.098

closed air cycle cooling system 闭式空气循环冷却系统 10.008

closed area marking 不适用地区的标志 17.064

cloth-skin structure 蒙布式结构 04.003

cloud base height 云底高度，*云高 17.081

cloud top height 云顶高度 17.082

cloverleaf flight test 梅花瓣飞行试验 14.089

cluster bomb〔unit〕 集束炸弹 09.033

cluster warhead 子母战斗部，*集束战斗部 09.187

coaxial helicopter 双旋翼共轴式直升机 02.192

cobalt-base superalloy 钴基高温合金 11.008

cockpit 驾驶舱 02.066

coefficient of squeezed riveting 压铆系数 12.039

coefficient of viscosity 黏性系数 03.012

cold strain 冷紧张 10.185

cold stress 冷应激 10.184

cold tolerance 耐冷限，*冷耐限 10.190

collective pitch 总距 02.229

collective pitch stick 总距操纵杆，*总距－油门杆 02.212

combat turn 战斗转弯，*急上升转弯 14.016

combined altimeter 组合式高度表 06.150

combined compressor 组合压气机 05.121

combined cooling 复合冷却 05.206

combined engine 组合发动机 05.040

combined guidance 复合制导 09.124

combustion chamber 燃烧室 05.152

combustion effectiveness 燃烧完全系数 05.171

combustion instability 燃烧不稳定性 05.009

combustion noise 燃烧噪声 05.086

combustion product 燃烧产物 05.191

combustion scaling rule 燃烧模化准则 05.192

combustion simulation criteria　燃烧模化准则 05.192

combustion stability limit　稳定燃烧边界 05.178

command guidance　指令制导 09.117

common mode fault　共模故障 13.052

communication, command, control and intelligence system　通信、指挥、控制与情报系统 07.016

communication control unit　通信控制器 07.095

communication network　通信网 07.096

communication protocol　通信规约, *数据通信协议 07.082

compass　罗盘 06.158

compass deviation　罗差 06.139

compass deviation compensation　罗差补偿 06.140

compass heading　罗航向 06.141

composite structure　复合材料结构 04.002

compressibility correction　压缩性修正量 14.058

compressible fluid　可压缩流体 03.005

compression deception jamming　压缩欺骗干扰 07.051

compression wave　压缩波 03.036

compressor　压气机 05.118

compressor casing　压气机机匣 05.137

compressor element stage　压气机基元级 05.126

compressor flow path　压气机流道 05.128

compressor passage　压气机流道 05.128

compressor pressure ratio　压气机增压比 05.127

compressor rotor　压气机转子 05.136

computational aerodynamics　计算空气动力学 03.179

conceptual design　方案设计 04.028

conditional maintenance　针对性维修 13.009

conditioner　调理器 06.145

condition monitoring　状态监控 13.035

conformal array antenna　共形阵天线, *保形天线 07.274

conformal carriage　保形外挂 09.089

conical camber　锥形扭转 03.216

conical flow　锥形流 03.077

conical-scanning radar　圆锥扫描雷达 07.231

coning effect　锥效应 06.087

constant-bearing navigation　平行接近法 09.153

constant percentage chord line　等百分线 03.210

constant speed drive unit　恒速驱动装置 08.025

constant speed-frequency AC power system　恒速恒频交流电源系统 08.013

constant speed propeller　恒速螺桨 05.244

containment　包容性 05.294

continuity equation　连续方程 03.079

continuous airworthiness　持续适航性 15.003

continuous climbing method　连续爬升法, *直接爬升法 14.071

continuously computed impact line　连续计算命中线 09.048

continuously computed impact point　连续计算命中点 09.049

continuously computed release point　连续计算投放点 09.050

continuous monitor　连续监测 13.034

continuous rod warhead　链条战斗部, *连续杆战斗部 09.185

continuous self test　连续自检 13.065

continuous-wave radar　连续波雷达 07.226

contour mapping　等高面测绘 07.216

contour of constant geometric accuracy　等精度曲线 07.110

contour roll forming　型辊成形 12.053

contraction section　收缩段 03.137

control and intelligence　通信、指挥、控制与情报系统 07.016

control anticipation parameter　操纵期望参数 03.342

control augmentation system　控制增稳系统 06.017

control column　驾驶盘 02.069

control derivative　操纵导数 03.257

control force　操纵力, *驾驶力 03.333

control force/displacement　操纵力和位移 08.059

controllability　操纵性 03.336

control law　控制律 06.006

control law of flareout　拉平控制律 06.028

controlled diffusion airfoil　可控扩散叶型 05.147

controlled vortex design　可控涡设计 05.212

control sector　管制扇区 16.057

control stick　驾驶杆 02.067

control stick fixed　握杆 14.031

control zone　管制地带 16.058

convective cooling 对流冷却 05.203

convergent-divergent nozzle 收敛－扩张喷管 05.228

cooling system 冷却系统，＊制冷系统 10.005

cooling turbine unit 涡轮冷却器，＊空气循环机，＊空气膨胀机 10.015

cooperative jamming 协同干扰 07.048

coordinated loading 协调加载 04.041

coordinated sideslips method 协调侧滑法 14.085

coordinate turn 协调转弯 03.303

coordination accuracy 协调精确度 12.006

coordination route 协调路线 12.005

core engine 核心机 05.319

Coriolis inertial sensor 科里奥利惯性传感器，＊科氏惯性传感器 06.113

correction angle due to parallax 位差修正角 09.058

correction angle due to the force of gravity 抬高角 09.056

correction angle due to windage jump 侧偏修正角 09.057

corrective maintenance 修复性维修 13.007

corrosion fatigue 腐蚀疲劳 04.083

corrosion-resistant aluminium alloy 耐蚀铝合金 11.019

counterbalancing weight 反配重，＊对重 08.056

counter-rotating turbine 对转涡轮 05.210

coupling 联轴器 05.098

course 航线 16.008

course angle 航线角 16.013

course indicator 航道罗盘 06.160

cover-pulse jamming 覆盖脉冲干扰 07.049

crack arrest 止裂 04.027

crack initiation life 裂纹形成寿命 04.064

crack propagation life 裂纹扩展寿命 04.063

crane helicopter 起重直升机 02.194

crashworthiness 耐坠毁性 04.022

crashworthy seat 耐坠毁座椅，＊抗坠毁座椅 10.073

creep fatigue 蠕变疲劳 05.290

creep-resistant titanium alloy 抗蠕变钛合金，＊热强钛合金 11.028

critical closing speed 临界闭伞速度 10.145

critical fault 危险性故障 13.049

critical Mach number 临界马赫数 03.009

critical opening speed 临界开伞速度，＊临界充满速度 10.144

critical rotor speed 转子临界转速 05.274

cross derivative 交叉导数 03.260

cross polarization ECCM 交叉极化反干扰 07.059

cross track distance 偏航距离 16.026

cross wind 侧风 17.091

cruise 巡航 03.294

cruising speed 巡航速度 14.063

cryogenic superconducting gyroscope 低温超导陀螺 06.106

cryogenic wind tunnel 低温风洞 03.134

cumulative damage rule 累积损伤法则 04.081

cyclic-pitch stick 周期变距操纵杆，＊驾驶杆 02.213

cylinder head thermometer 气缸头温度表 06.171

D

DA 决断高度 16.119

DAIS 数字式航空电子信息系统 07.017

D'Alembert paradox 达朗贝尔佯谬，＊达朗贝尔疑题 03.094

damage tolerance design 损伤容限设计 04.026

damper 阻尼器 06.015

damping derivative 阻尼导数 03.261

damping fluid 阻尼液 11.089

danger area 危险区 16.062

DART stabilization system 达特［稳定］系统，＊弹道方向自动再调准系统 10.076

data bus protocol 数据总线规约 07.007

data communication 数据通信 07.081

data terminal equipment 数据终端设备 07.093

data transfer equipment 数据传送设备 07.031

datum aircraft 基准航空器 17.125

day flight 昼间飞行 14.008

DBS 多普勒波束锐化 07.213

D criterion　D准则　08.058

dead reckoning　航位推算法　06.128

dead reckoning navigation　推测领航　16.011

dead time　静寂时间　07.124

deaerator　油气分离器　05.263

deception jamming　欺骗干扰　07.046

decision altitude　决断高度　16.119

decision height　决断高　16.120

deflection limiter　挠度限制器　05.281

defuelling and jettison system　放油系统　08.099

degradation　故障降级　06.076

deicing system　除冰系统　10.028

delivery　投放　09.010

delivery flight test　出厂试飞　14.043

delivery test　交付试车，＊提交试车　05.300

delta wing　三角翼　02.096

demonstration engine　验证机　05.320

demonstration flight　演示飞行　14.022

density altitude　密度高度　14.036

descent　下降　03.292

design compensation　设计补偿　12.003

design diving speed　设计俯冲速度　04.090

design/off-design points　设计点－非设计点　05.072

design wheel load　机轮设计载荷　08.075

destructive fault　破坏性故障　13.048

detail design　细节设计　04.030

detail fatigue rating　细节疲劳额定强度　04.068

detective field of view angle　探测视场角　09.180

detonation　爆震，＊爆震波　05.048

development flight test　调整试飞　14.041

deviation angle　落后角，＊偏角　05.148

DH　决断高　16.120

dielectric antenna　介质天线　07.266

die quench-forming　模内淬火成形　12.065

differential control crank arm　差动操纵摇臂　08.068

differential GPS　差分全球定位系统　07.168

differential tailplane　差动平尾　02.152

diffuser　扩压段，＊扩散段　03.144，扩压器　05.108

diffusion bonding　扩散焊，＊扩散连接　12.031

diffusion brazing　扩散钎焊　12.034

diffusion flame　扩散火焰　05.007

diffusion welding　扩散焊，＊扩散连接　12.031

digital avionics information system　数字式航空电子信息系统　07.017

digital map system　数字式地图系统　07.019

digital network　数字网　07.098

dihedral angle　上反角　02.051

dihedral vane　倾斜叶片　05.150

dilution zone　掺混区　05.186

dimensional analysis　量纲分析　03.123

3-dimension guidance system　三维制导系统　06.052

4-dimension guidance system　四维制导系统　06.053

direct force control　直接力控制　06.044

directional automatic realignment of trajectory system　达特[稳定]系统，＊弹道方向自动再调准系统　10.076

directional control　航向操纵　03.339

directional crystallization blade　定向结晶叶片，＊定向凝固叶片　05.208

directional fragment warhead　定向战斗部　09.186

directional gyroscope　航向陀螺　06.097

directionally solidified eutectic superalloy　定向共晶高温合金　11.011

directionally solidified superalloy　定向凝固高温合金　11.010

directional sighting　定向瞄准，＊方向瞄准　09.060

directional solidification　定向凝固　12.019

disc burst speed　轮盘破裂转速　05.271

dispenser bomb　子母炸弹　09.034

dissimilar redundancy　非相似余度　06.072

distance between rotor centers　旋翼中心间距　02.224

distance measuring equipment　测距器，＊地美依　07.160

distance measuring gate　测距门　07.122

distance of landing run　着陆滑跑距离　03.318

distance of take-off run　起飞滑跑距离　03.309

distortion index　畸变指数　05.116

distortion pattern　畸变图谱　05.015

distortion tolerance　畸变容限　05.318

ditching　水上迫降　16.148

dive 俯冲 03.306

dive bombing 俯冲轰炸 09.043

divergence 变形扩大，*变形发散 04.055

diversion 改航 16.006

dive spiral 急盘旋下降 14.017

dive-toss bombing 改出俯冲轰炸，*俯冲拉起轰炸 09.044

DME 测距器，*地美依 07.160

DME transponder 测距应答器 07.146

dominant fault 支配性故障 13.050

Doppler beam sharpening 多普勒波束锐化 07.213

Doppler navigation system 多普勒导航系统 07.150

Doppler radio fuze 多普勒无线电引信 09.169

Doppler VOR 多普勒伏尔 07.156

dorsal fin 背鳍 02.089

doublet 偶极子 03.064

double wedge aerofoil profile 菱形翼型 03.200

downburst 下击暴流 17.118

downward ejection 向下弹射 10.061

downwash 下洗 03.262

draft 吃水 03.393

drag 阻力 03.231

drag divergence 阻力发散 03.239

drag due to lift 升致阻力 03.242

drag parachute 阻力伞，*刹车伞 10.124

DRI 动态响应指数 10.173

drift 偏流 16.022

drift angle 偏流角 16.023

drift correction 偏流修正 07.282

drogue parachute 稳定减速伞，*稳定伞 10.125

droplet impingement parameter 水滴撞击参数 10.046

droplet shadowed zone 水滴遮蔽区 10.048

drop tank 副油箱 02.114

DS superalloy 定向凝固高温合金 11.010

DTE 数据传送设备 07.031，数据终端设备 07.093

dual color homing head 双色导引头 09.132

duct burner 外涵加力燃烧室，*管道加力燃烧室 05.216

ducted tail rotor 涵道尾桨，*涵道风扇式尾桨 02.216

duct noise 管道噪声 05.083

dummy 假人，*仿真人 10.083

dump diffuser 突扩扩压器 05.158

duplicated crank 复合摇臂 08.071

durability design 耐久性设计 04.025

duralumin 硬铝合金，*杜拉铝 11.015

Dutch roll mode 荷兰滚模态 03.327

DVOR 多普勒伏尔 07.156

dynamic derivative 动导数 03.259

dynamic directional stability 动方向稳定性 03.332

dynamic height 动高度，*动力高度 14.039

dynamic pressure 动压，*速压 03.070

dynamic range 动力射程 09.094

dynamic response 动力响应 04.056

dynamic response index 动态响应指数 10.173

dynamic stability 动稳定性 03.331

dynamic tuned gyroscope 动力调谐陀螺 06.100

E

early warning airplane 预警机 02.013

earth-fixed axis system 地面坐标系 03.266

ebullism 体液沸腾，*高空组织气肿 10.161

ECCM 电子反对抗，*抗干扰，*电子反干扰 07.035

ECM 电子对抗，*电子干扰 07.034

economic cruising rating 经济巡航状态 05.069

economic life 经济寿命 04.072

economic speed 经济速度 16.125

effective kill radius 有效杀伤半径 09.189

effective perceived noise level 有效感觉噪声水平 17.122

effective width 有效宽度 04.036

EJ 投掷式干扰机 07.040

ejectable cockpit 弹射座舱，*分离座舱 10.067

ejection escape 弹射救生 10.053

ejection injuries 弹射损伤 10.059

ejection seat 弹射座椅 10.066

ejection sequence control unit 弹射程序控制装置 10.074

ejection test in flight　飞行弹射试验　14.092

ejection test vehicle　弹射试验机　14.093

ejection trajectory　弹射轨迹　10.085

ejection with canopy　带盖弹射，＊带离弹射
　　10.058

ejector　引射器，＊引射泵　10.016

ejector nozzle　引射喷管　05.229

ejector piston　弹射杆　09.193

elastomeric bearing　弹性轴承　02.206

electric aircraft　全电飞机　08.019

electrical flight path line　电航迹线　07.174

electrical ground　搭铁　08.028

electrical power generating system　电源系统
　　08.003

electrical power supply system　供电系统　08.002

electrical power transmission /distribution system　输
　　配电系统　08.021

electro-hydraulic servo valve　电液伺服阀　08.044

electromagnetic compatibility　电磁兼容性　08.018

electron beam machining　电子束加工　12.046

electronic counter counter-measures　电子反对抗，
　　＊抗干扰，＊电子反干扰　07.035

electronic counter-measures　电子对抗，＊电子干扰
　　07.034

electronic integrated display system　电子综合显示系
　　统　07.023

electronic library system　电子资料库系统　07.020

electronic reconnaissance　电子侦察　07.037

electronic scanning antenna　电扫描天线　07.277

electronic support measures　电子支援措施　07.036

electronic warfare　电子战　07.033

electronic warfare airplane　电子战飞机　02.015

electro-optical combined radar　光电复合雷达
　　07.244

electro-optical reconnaissance system　光电侦察系统
　　07.044

electrostatically suspended gyroscope　静电悬浮陀螺
　　06.101

electrostatic support accelerometer　静电加速度计
　　06.119

elevation unit　仰角单元，＊仰角引导单元　07.285

elevator　升降舵　02.149

elevator angle per gram　每克升降舵偏角　03.335

elevator control fixed　升降舵固持　14.033

elevator control free　升降舵松浮　14.034

elevon　升降副翼　02.130

emergency brake system　应急刹车系统　08.082

emergency descent　应急下降　16.133

emergency electrical power source　应急电源
　　08.010

emergency electrical power supply　应急供电
　　08.006

emergency escape system　应急离机系统　10.065

emergency evacuated equipment　应急撤离设备
　　10.068

emergency evacuation　应急撤离　16.149

emergency exit　应急出口　02.077

emergency power unit　应急动力装置　08.093

emergency rating　应急状态　05.070

empty weight　空重　04.110

enclosed ejection　封闭式弹射　10.057

encoding the response　应答编码　07.171

encounter angle　交会角，＊遭遇角　09.181

end clearway　端净空　17.029

endplate　端板　02.123

endurance　续航时间　03.296

endurance test　长期试车，＊持久试车　05.301

energy absorber　吸能机构　10.079

energy equation　能量方程　03.081

energy height　能量高度　14.038

energy management system　能量管理系统　06.050

engine acceleration　发动机加速性　05.077

engine altitude simulated test facility　发动机高空模
　　拟试车台　05.325

engine bleed air system　发动机引气系统　10.003

engine compartment　发动机舱　02.086

engine deceleration　发动机减速性　05.078

engine display　发动机显示器，＊发动机参数显示
　　器　06.188

engineering ceramics　结构陶瓷，＊工程陶瓷
　　11.055

engine flight test bed　发动机飞行试验台，＊空中试
　　车台　05.323

engine-off in flight　空中停车　16.151

engine operability　发动机适用性　05.093

engine performance　发动机性能　05.047

engine-speed method　转速法　14.067

engine stability margin　［发动机］稳定性裕度，
　*［发动机］喘振裕度　05.017

engine structure integrity program　发动机结构完整性
　大纲　05.295

engine test bed　发动机试车台　05.324

engine vibration monitoring system　发动机振动监视
　系统　06.181

environmental characteristics　环境特性　05.081

environmental control system　环境控制系统
　10.001

ephemeris　星历　07.142

EPNL　有效感觉噪声水平　17.122

equalization　均衡　06.073

equal-probable error ellipse　等概率误差椭圆
　07.111

equation in conservation form　守恒型方程　03.180

equation in nonconservation form　非守恒型方程
　03.181

equation of state of gas　气体状态方程　03.002

equipment bay　设备舱　02.084

equivalent airspeed　当量空速　14.061

equivalent-altitude method　等量高度法　14.069

equivalent divergent angle　当量扩张角　05.160

equivalent level of safety　等效安全水平　15.008

equivalent ratio　当量比　05.173

error-circular radius　误差圆半径　07.113

escape envelope　救生性能包线，*安全弹射包线
　10.084

ESM　电子支援措施　07.036

Euler equation　欧拉方程　03.083

Euler viewpoint　欧拉观点，*欧拉法　03.098

evaluation flight test　鉴定试飞　14.042

evaporative anti-icing　蒸发防冰　10.043

EW　电子战　07.033

EW pod　电子战吊舱　07.039

excess air coefficient　余气系数　05.175

executive airplane　公务机　02.024

exhaust emission　排放污染　05.091

exhaust gas pressure gage　排气压力表，*功率损耗
　表　06.170

exhaust gas thermometer　排气温度表　06.172

exhaust impulse　排气冲量　05.235

exhaust nozzle　尾喷管　05.226

exhaust nozzle exit　尾喷口　05.227

exhaust pollution　排放污染　05.091

exhaust system　排气系统　05.225

exit temperature distribution　出口温度分布　05.182

expansion wave　膨胀波　03.035

expendable engine　短寿命发动机　05.046

expendable jammer　投掷式干扰机　07.040

experimental aerodynamics　实验空气动力学
　03.122

experimental aircraft　试验机　14.053

expert control system　专家控制系统　06.081

expiratory resistance　呼气阻力　10.116

explosion line　爆炸线　09.064

explosive decompression　迅速减压，*爆炸减压
　10.153

explosive forming　爆炸成形　12.063

explosive train　传爆系列　09.182

extension of flight envelope in flight test　飞行包线扩
　展试飞　14.048

external characteristics　外特性，*负荷特性，*转
　速特性　05.049

external compression inlet　外压式进气道　05.101

externally coherent moving target indicator　外相参动
　目标指示　07.201

external store　外挂物　02.143

extra schedule flight　加班飞行　16.044

F

fabric for parachute canopy　伞衣织物　11.080

factory test　工厂试车，*验收试车　05.298

fail-operation　故障工作　06.077

fail-passive　故障降级　06.076

fail-safe　故障安全　06.074

fail safe structure　破损安全结构　04.001

fail-soften　故障弱化　06.075

failure　失效　13.098

failure rate　失效率　13.074

failure reconfiguration　故障重构　06.078

fairing 整流罩 02.088

false-alarm 虚警 13.068

false-target generator 假目标产生器 07.041

fan 风扇 05.124

faster-than-real-time simulation 超实时仿真 06.059

fatigue life 疲劳寿命，＊安全寿命 04.069

fatigue load spectrum 疲劳载荷谱 04.077

fault 故障 13.041

fault data 故障数据 13.042

fault detection 故障检测 13.058

fault effects 故障影响 13.043

fault evidence 故障迹象 13.044

fault isolation 故障隔离 13.060

fault location 故障定位 13.059

fault mode 故障模式 13.045

fault tolerant electrical power supply 容错供电 08.004

favorable pressure gradient 顺压梯度 03.052

feathering hinge 变距铰，＊轴向铰 02.205

feathering hub 跷板式桨毂 02.207

feature modelling 特征造型 12.013

feedback ratio 回力比 08.053

feeder liner 支线客机 02.023

ferry 转场 14.030

fiber gyroscope 光纤陀螺 06.107

fiber hybrid composite 混杂纤维复合材料 11.050

field of vision 视界 02.074

fighter 歼击机，＊战斗机 02.008

fighter-bomber 歼击轰炸机 02.009

filler pulse 填充脉冲 07.123

film cooling 气膜冷却 05.204

finite span wing 有限翼展机翼 03.204

FIR 飞行情报区 16.054

fire and forget air-to-air missile 发射后不管空空导弹 09.100

fireproof 防火 11.090

fire resistant 耐火 11.091

firing 射击 09.008

fixed landing gear 固定式起落架 02.176

fixed pitch propeller 定距螺桨 05.248

fixed reticle 固定环 09.071

flag alarm 警旗，＊警告牌 07.119

flagpole antenna 刀状天线，＊桅杆式天线 07.258

flame coating 火焰喷涂 12.068

flame front 火焰前峰，＊火焰前沿，＊火焰面 05.006

flame holder 火焰稳定器 05.219

flame propagation 火焰传播 05.005

flame resistant 阻燃 11.092

flame-resistant material 阻燃材料 11.068

flammable 易燃 11.093

flange 凸缘 02.108

flap 襟翼 02.133

flapping hinge 挥舞铰，＊水平铰 02.203

flared landing 雀降 10.142

flash resistant 抗闪燃 11.094

fleet-leader failure period 领先使用 13.102

flexible die deep drawing 弹性凹模深压延 12.057

flexible pavement 柔性道面 17.023

flexible rotor 柔性转子 05.276

flexible support 弹性支承，＊柔性支承 05.278

flexure accelerometer 挠性加速度计 06.116

flight 飞行 01.007

flight altitude 飞行高度 16.034

flight boundary control system 飞行边界控制系统 06.038

flight by flight spectrum 飞续飞谱 04.079

flight control system 飞行控制系统，＊飞控系统 06.001

flight data recorder 飞行参数记录器，＊飞行记录器 06.201

flight deck 驾驶舱 02.066

flight director system 飞行指引系统 06.157

flight dispatch 飞行签派 16.142

flight envelope 飞行包线 03.350

flight environment 飞行环境 17.072

flight flutter test 飞行颤振试验 04.061

flight height 飞行高 16.033

flight idle speed 飞行慢车 05.315

flight information 飞行情报 16.053

flight information region 飞行情报区 16.054

flight level 飞行高度层 16.037

flight management system 飞行管理系统 06.048

flight mechanics 飞行力学 03.265

flight mission analysis 飞行任务分析 05.019

flight mission profile 飞行任务剖面 03.298

flight-path axis system 航迹坐标系 03.270

flight-path azimuth angle 航迹方位角 03.275

flight performance 飞行性能 03.276

flight plan 飞行计划 16.077

flight profile 飞行剖面 03.321

flight simulator 飞行模拟器 14.051

flight test 飞行试验，＊试飞 14.040

flight test of aircraft static electricity 航空器静电试飞 14.090

flight vehicle 飞行器 01.006

flight velocity 飞行速度 03.278

flight weather condition 飞行气象条件 17.077

FLIR 前视红外系统 09.083

float gear 浮筒式起落架 02.178

flow control 流量控制 16.075

flow direction probe 流向探头，＊方向仪 03.149

flow field 流场 03.018

flow pattern 流谱 03.021

flow penetration depth 气流穿透深度 05.188

flow quality 流场品质 03.147

flow visualization 流态显示 03.157

fluid-solid coupling 流固耦合 04.043

flutter 颤振 04.044

flutter margin 颤振余量 04.052

flutter model test 颤振模型试验 04.060

flutter suppression control 颤振抑制控制 06.047

fly-by-light control 光传飞行控制 06.039

fly-by-wire control 电传飞行控制 06.036

flying qualities 飞行品质 03.349

flying quality simulator 飞行品质仿真器，＊工程模拟器 06.061

focused synthetic aperture 聚焦合成孔径，＊聚焦合成天线 07.214

forced landing 迫降 14.029

force/power feedback 力－功率反传 08.054

forecast for take-off 起飞预报 17.101

foreign object ingestion 外物吞咽 05.293

forging aluminium alloy 锻铝合金 11.017

formation flight 编队飞行 14.003

form drag 型阻 03.234

forward limit of center of gravity 重心前限 03.343

forward-looking infrared system 前视红外系统 09.083

forward tilting angle of rotor shaft 旋翼轴前倾角 02.223

Foucault pendulum 傅科摆 06.089

FOV of acquisition 捕获视场 09.137

FOV of search 搜索视场 09.138

FOV variable homing head 变视场导引头 09.134

Fowler flap 福勒襟翼 02.137

frame 隔框 02.060

framed structure 刚架式结构 04.008

free balloon 自由气球 02.003

free-stream 自由流 03.061

free turbine 自由涡轮 05.195

free vortex 自由涡 03.112

freezing fraction 冻结系数 10.041

freezing level 冻结高度层 17.112

freight compartment 货舱 02.081

frequency agility 频率捷变 07.220

frequency diversity radar 频率分集雷达 07.228

frequency hopping spread spectrum 跳频扩频 07.077

frequency modulated radar 调频雷达 07.225

fretting fatigue 磨蚀疲劳 04.084，微动磨损疲劳 05.289

friction drag 摩擦阻力 03.233

friction welding 摩擦焊 12.030

Froude number 弗劳德数 03.017

fuel-air bomb 油气炸弹，＊燃料空气炸弹 09.035

fuel-air ratio 油气比 05.176

fuel atomizer 燃油雾化喷嘴 05.164

fuel concentration distribution 燃油浓度分布 05.189

fuel detonation suppressant system 防爆系统 08.101

fuel flow meter 燃油流量表，＊燃油流量计 06.173

fuel manifold 燃油总管 05.163

fuel pump 燃油泵 05.254

fuel quantity measurement system 油量测量系统 08.102

fuel quantity meter 燃油油量表 06.174

fuel tank 油箱 02.110

fuel transfer system 输油系统 08.100

full authority flight control　全权限飞行控制　06.005

full expansion　完全膨胀　05.238

full life test　全寿命试车　05.302

full-potential equation　全速势方程　03.084

full pressure suit　全压服，＊高空密闭服　10.107

functional ceramics　功能陶瓷　11.066

functional composite material　功能复合材料　11.058

functional fault　功能性故障　13.046

functional gradient material　功能梯度材料　11.067

functional material　功能材料　11.056

function inspection　功能检查　13.029

fuselage　机身　02.059

fuselage fineness ratio　机身长细比　03.219

fuselage maximum cross-sectional area　机身最大横截面积　03.220

fuze actuation angle　引信启动角　09.177

fuze actuation distance　引信启动距离　09.178

fuze actuation zone　引信启动区　09.176

fuze sensitivity　引信灵敏度　09.175

fuze-warhead coordination　引战协调性　09.179

fuze-warhead matching capability　引战协调性　09.179

fuzing system　引爆系统　09.166

G

gas-bearing accelerometer　气浮加速度计　06.120

gas generator　燃气发生器　05.321

gas turbine engine　燃气涡轮发动机　05.026

GCA　地面指挥进近系统　07.191

general aviation　通用航空　01.005

generic fault　类属性故障　13.053

geocentric coordinate system　地心坐标系　07.101

geometric twist　几何扭转　03.214

get-away speed　离水速度　03.396

gimbaled hub　万向接头式桨毂　02.208

gimbaled inertial navigation system　平台式惯性导航系统　06.091

glide　下滑　03.293，滑翔　14.026

glider　滑翔机　02.031

glide slope　下滑信标　07.183

gliding ratio　空滑比　14.027

global orbiting navigation satellite system　全球轨道卫星导航系统　07.169

global positioning system　全球定位系统，＊定时测距导航系统　07.167

GLONASS　全球轨道卫星导航系统　07.169

glove vane　扇翼　02.124

go around　复飞　14.028

Goethert rule　格特尔特法则　03.108

Goodman diagram　古德曼曲线，＊等寿命曲线　05.291

governor　调节器　05.258

GPS　全球定位系统，＊定时测距导航系统　07.167

graceful degradation　柔性降级　07.010

gradient of climb　爬升梯度　03.289

gradient of position line　位置线梯度　07.112

gradual failure　渐变性故障，＊耗损性故障　13.055

graphic data structure　图形数据结构　12.012

gravity refuelling　重力加油，＊开式加油　08.094

great circle course angle　大圆航线角　16.014

great circle route　大圆航线　16.012

greyout　灰视　10.182

grid coordinate system　格网坐标系　07.102

grid heading　格网航向　07.104

groove type spray suppressor　喷溅抑制槽　02.188

ground-air-ground load cycle　地－空－地载荷循环　04.103

ground angle　停机角　02.055

ground controlled approach system　地面指挥进近系统　07.191

ground dynamic ejection test　地面有速度弹射试验　10.080

ground effect　地面效应　03.264

ground effect test　地面效应实验　03.170

ground effect vehicle　地效飞行器　02.032

ground electrical power source　地面电源　08.012

ground idle speed　地面慢车　05.316

ground mapping radar　地形测绘雷达　07.251

ground proximity warning system　近地告警系统

07.024

ground resonance test 地面共振试验 04.058

ground speed 地速 14.055

ground speed-drift angle indicator 地速偏流表 06.161

group synchronization 群同步 07.075

guard gates 防护波门 07.060

guidance 制导 06.003

guidance law 导引律 06.004

guidance system 制导系统 09.112

guided bomb 制导炸弹，＊灵巧炸弹 09.032

guide-surface parachute 导向面伞 10.133

guide vane 导流叶片 05.141

gun camera 照相枪 09.087

gun fire rate 机炮射速 09.024

gunsight 射击瞄准具 09.069

gust 阵风，＊突风 17.093

gust alleviation 阵风缓和 06.045

gust load 阵风载荷 04.099

gust load alleviation 阵风载荷减缓 04.101

gust response 阵风响应 04.102

gust speed 阵风速率 04.100

gyro drift rate 陀螺漂移率 06.109

gyro fluid 陀螺浮油，＊陀螺液 11.088

gyro horizon 陀螺地平仪 06.155

gyro magnetic compass 陀螺磁罗盘 06.159

gyro servo test 陀螺伺服试验，＊转台反馈试验 06.111

gyro torque rebalance test 陀螺力矩反馈试验，＊速率反馈试验 06.110

gyro tumbling test 陀螺翻滚试验 06.112

G_z-induced loss of consciousness G_z引起的意识丧失 10.164

H

half-model test 半模实验 03.167

half roll and half loop 半滚倒转，＊下滑倒转 14.012

hand-over-word 转换字符 07.140

hands-on throttle and stick 握杆控制 06.037

hangar 机库 17.047

hard aluminium alloy 硬铝合金，＊杜拉铝 11.015

head down display 下视显示器，＊下视仪 06.184

head guard 护头装置 10.077

heading 航向 16.018

heading hold 航向保持 06.009

heading of station 电台航向，＊无线电航向 07.103

heading reference 航向基准 07.145

head restraint 护头装置 10.077

head-up display 平视显示器，＊平视仪 06.182

head wind 顶风，＊逆风 17.089

heat exchanger 换热器，＊热交换器 10.014

heat knife 热刀，＊分离带 10.031

heat load of anti-icing 防冰表面热载荷 10.044

heat loss 热阻，＊热损失 05.172

heat resistance 热阻，＊热损失 05.172

heat sink 冷源，＊热沉 10.024

heat strain 热紧张 10.187

heat stress 热应激 10.186

heat tolerance 耐热限，＊热耐限 10.188

helical antenna 螺旋天线 07.264

helicopter 直升机 02.190

helicopter deck-landing devices 直升机着舰装置 02.219

helicopter floatation gear 直升机着水装置 02.218

helicopter forbidden region 直升机回避区 03.378

helicopter ground resonance 直升机地面共振 04.109

helicopter landing gear 直升机起落装置 02.217

helicopter power loading 直升机功率载荷 02.221

helicopter power utilization coefficient 直升机功率传递系数，＊直升机功率利用系数 03.373

helicopter service ceiling 直升机前飞升限，＊直升机动升限 03.382

helipads 直升机场，＊起落坪 17.005

heliport 直升机场，＊起落坪 17.005

helmet-mounted display 头盔显示器 06.183

helmet-mounted sight 头盔瞄准具 09.079

hemispherical resonance gyroscope 半球谐振陀螺 06.104

150 h endurance test 150 小时长期试车 05.303

hidden fault 隐患性故障 13.047

high altitude compensating suit 高空代偿服 10.108

high-energy beam machining 高能束加工 12.045

high-energy density beam welding 高能束焊接 12.029

high-energy fuel 高能燃料 11.084

high lift device 增升装置 02.131

high pitch 大距, *高距 05.246

high precision air pressure generator 高精度气压发生器, *大气静压模拟器 06.132

high pressure compressor 高压压气机 05.122

high pressure water separation-regenerative air cycle cooling system 高压除水-回冷式空气循环冷却系统 10.009

high strength aluminium alloy 高强铝合金, *超硬铝合金 11.016

high-wing 上单翼 02.101

hingeless rotor 无铰式旋翼, *刚接式旋翼 02.199

hinge moment 铰链力矩 03.254

hinge moment derivative 铰链力矩导数 03.258

hit probability 命中概率 09.012

hodograph method 速度图法 03.102

holdback force 牵制力 08.079

holding fuel 等待油量 16.144

holding point 等待点 16.086

holding procedure 等待程序 16.085

homing 归航 16.003

homing guidance 寻的制导, *自动导引 09.123

homing head 导引装置, *导引头 09.126

homing head blind zone 导引头盲区, *[导引头]非灵敏区, *[导引头]死区 09.139

homing head resolution 导引头分辨率 09.140

homing missile ECCM 寻的导弹反干扰 07.061

honeycomb structure 蜂窝结构 04.015

horizontal situation display 水平状态显示器, *导航显示器, *电子航道罗盘 06.187

horizontal stabilizer 水平安定面 02.148

horizontal tail 水平尾翼, *平尾 02.147

horn antenna 喇叭天线 07.268

horse-shoe vortex 马蹄涡 03.114

HOTAS 握杆控制 06.037

hot isostatic pressing 热等静压 12.027

hot wire anemometer 热线风速仪 03.151

hovering 悬停 03.354

hovering ceiling 悬停升限, *直升机静升限 03.355

hovering efficiency 悬停效率, *完善系数 03.375

hovering flight 悬停飞行 14.019

hovering indicator 悬停指示器 06.164

HOW 转换字符 07.140

hub 轮毂 08.089

HUD 平视显示器, *平视仪 06.182

hull 船体 02.186

human centrifuge 载人离心机 10.211

hybrid engine 组合发动机 05.040

hybrid power source 混合电源 08.017

hybrid propellant rocket engine 混合推进剂火箭发动机 05.039

hydraulic accessory integration 液压附件集成 08.042

hydraulic actuating unit 液压致动机构 08.047

hydraulic actuator 液压舵机 08.046

hydraulic booster 液压助力器 08.048

hydraulic brake system 液压刹车系统 08.083

hydraulic control 液压控制 08.037

hydraulic filter 液压油滤 08.040

hydraulic lock 液[压]锁 05.261

hydraulic redundancy control 液压余度控制 08.049

hydraulic seal 液压密封 08.038

hydraulic system 液压系统 08.035

hydraulic tank 液压油箱 08.041

hydraulic transmission 液压传动 08.036

hydrostatic extrusion 静液挤压 12.026

hyperbolic navigation system 双曲线导航系统 07.164

hypersonic flow 高超声速流 03.047

hypersonic shock layer 高超声速激波层 03.048

hypersonic wind tunnel 高超声速风洞 03.130

hypobaric thermal chamber 低压温度舱 10.213

hypoxia alarm 缺氧警告 10.096

I

IAP 仪表进近程序 16.089

ICD 接口控制文件 07.003

icing area 结冰区 10.042

icing cloud 结冰云 10.035

icing detector 结冰信号器 10.029

icing intensity 结冰强度，＊结冰速率 10.038

icing shape 冰形 10.037

icing signaller 结冰信号器 10.029

icing tunnel 冰风洞 10.034

ICNI 通信、导航和识别综合系统 07.018

ideal cycle 理想循环 05.001

ideal fluid 理想流体 03.010

identification of friend or foe 敌我识别系统 07.025

IDG 组合电源 08.005

idling rating 慢车状态 05.068

IFF 敌我识别系统 07.025

IFFCS 综合火力飞行控制系统 09.080

IFR 仪表飞行规则 16.084

ignition altitude 点火高度 05.180

ignition energy 点火能量 05.190

ignition limit 点火边界 05.179

ILS 仪表着陆系统 07.188

ILS critical area 仪表着陆系统关键区，＊仪表着陆系统临界区 16.105

ILS RDH 仪表着陆系统基准高 16.115

ILS reference datum height 仪表着陆系统基准高 16.115

ILS sensitive area 仪表着陆系统敏感区 16.106

image frequency interference 镜像频率干扰 07.086

image matching guidance 景象匹配制导 09.120

IMC 仪表气象条件 16.082

Immelmann turn 半筋斗翻转，＊殷麦曼翻转 14.015

imminent to danger 危险接近 16.153

impact fuze 触发引信，＊碰炸引信 09.167

impact load 冲击载荷 04.107

impeller 叶轮 05.135

impingement area 撞击范围 10.047

impingement cooling 冲击冷却 05.202

impulse radar 无载波雷达，＊冲击雷达 07.240

impulse turbine 冲击涡轮 05.196

incipient failure period 早期失效期 13.099

incompressible fluid 不可压缩流体 03.006

independent parallel approach 独立平行进近 16.112

independent parallel departure 独立平行离场 16.113

indicated airspeed 指示空速，＊表速 14.059

induced drag 诱导阻力 03.240

inert gas atomized powder 惰性气体雾化粉末 11.034

inertial coupling 惯性耦合，＊惯性交感 03.328

inertial cross-coupling control system 惯性耦合控制系统 06.013

inertial navigation system 惯性导航系统 06.090

inertial platform 惯性平台 06.095

inertial sensor 惯性传感器 06.096

INEWS 综合化电子战系统 07.038

infant mortality 早期故障率 13.096

in-field balancing 本机平衡，＊现场平衡 05.286

infinite span wing 无限翼展机翼 03.203

in-flight alignment 空中对准 06.093

in-flight fuel jettison 空中应急放油 08.096

in-flight shutdown rate 空中停车率 05.296

infrared detector 红外探测器 09.144

infrared focal plane array 红外焦平面阵列 09.146

infrared fuze 红外引信 09.172

infrared guidance 红外制导 09.113

infrared inhibition 红外抑制 05.092

infrared search and track device 红外搜索跟踪器 09.145

infrared stealth material 红外隐形材料 11.060

infrared window material 红外窗口材料 11.062

initial breakdown interface 设计分离面 12.001

initiated self test 引发自检 13.066

injection pump 引射器，＊引射泵 10.016

injection station 注入站 07.148

inlet additive drag 进气道附加阻力 05.109

inlet dynamic distortion　进气道动态畸变　05.115

inlet dynamic response　进气道动态响应　05.112

inlet-engine compatibility　进气道-发动机相容性　05.011

inlet external drag　进气道外阻　05.110

inlet lip　进气道唇口　05.106

inlet ramp/cone position indicator　进气道板位-锥位表　06.179

inlet stability margin　进气道稳定裕度　05.111

inlet swirl flow distortion　进气旋流畸变　05.014

inlet throat　进气道喉道　05.107

inlet total pressure distortion　进气总压畸变　05.012

inlet total pressure recovery　进气道总压恢复，*进气扩压效率　05.105

inlet total temperature distortion　进气总温畸变　05.013

inner reduction gearbox　体内减速器　05.252

inspiratory resistance　吸气阻力　10.117

installation loss　安装损失　05.020

installed specific fuel consumption　安装耗油率　05.022

installed thrust　安装推力　05.021

instructional flight　带飞　14.005

instruction for continuous　持续适航文件　15.010

instrument approach procedure　仪表进近程序　16.089

instrumented missile　遥测试验[导]弹　09.202

instrument flight　仪表飞行　14.001

instrument flight rules　仪表飞行规则　16.084

instrument landing system　仪表着陆系统　07.188

instrument landing system critical area　仪表着陆系统关键区，*仪表着陆系统临界区　16.105

instrument meteorological condition　仪表气象条件　16.082

instrument runway　仪表跑道　17.020

integral fuel tank　整体油箱　02.111

integral structure　整体结构　04.010

integrated avionics system　综合航空电子系统　07.012

integrated communication navigation and identification　通信、导航和识别综合系统　07.018

integrated drive generator　组合电源　08.005

integrated EW system　综合化电子战系统　07.038

integrated fire/flight control system　综合火力飞行控制系统　09.080

integrated flight/propulsion control　综合飞行-推力控制　06.064

integrated hydraulic actuator　液压复合舵机　08.051

integrated navigation　组合导航　06.133

integrated service digital network　综合业务数字网　07.099

intelligent control system　智能控制系统　06.080

intelligent material　智能材料　11.065

intercept attack　拦截攻击　09.005

intercom　机内通话器　07.027

interconnector　传焰管　05.170

interface control document　接口控制文件　07.003

interference drag　干扰阻力　03.238

interferogram technique　干涉图法　03.163

interframe predictive coding　帧间预测编码　07.085

intermediate rating　中间状态　05.065

intermediate reduction gearbox　中间减速器　05.251

intermetallic compound　金属间化合物　11.039

intermittency factor　间歇因子　03.087

intermittent fault　间歇性故障　13.057

internal air system　内部空气系统，*二次流系统　05.269

internal compression inlet　内压式进气道　05.102

international projective chart　国际投影图　16.030

interphone　机内通话器　07.027

interrogation mode　询问模式　07.170

interrogation pulse　询问脉冲　07.120

inverse gain jamming　逆增益干扰　07.050

inverse synthetic aperture radar　逆合成孔径雷达　07.237

inverted flight　倒飞　14.018

inverted flight fuel tank　倒飞油箱　02.113

investment casting　熔模铸造　12.017

ion beam machining　离子束加工　12.047

ion implantation　离子注入　12.070

ionospheric refraction correction　电离层折射校正　07.136

IR homing head　红外导引头　09.127

IR image homing head　热成像导引头　09.130

iron aluminide　铁铝化合物　11.042

iron-base superalloy　铁基高温合金　11.007

ironing 变薄压延 12.061

irreversible boosted mechanical control 不可逆助力机械操纵 08.063

irrotational flow 无旋流，＊势流 03.025

IRST device 红外搜索跟踪器 09.145

ISAR 逆合成孔径雷达 07.237

isoentropic flow 等熵流动 03.026

isogonic line 等磁差线 16.017

isothermal forging 等温锻造 12.022

J

jet fuel 喷气燃料，＊航空涡轮燃料，＊航空煤油 11.083

jet noise 喷流噪声 05.082

jettison 投弃 09.011

joint tactical information distribution system 联合战术信息分发系统 07.014

JTIDS 联合战术信息分发系统 07.014

K

Kalman filtering 卡尔曼滤波 06.088

Karman-Tsien formula 卡门－钱公式 03.110

Kelvin theorem 汤姆孙定理，＊开尔文定理 03.092

kill probability 毁伤概率 09.016

Krueger flap 克鲁格襟翼，＊克吕格尔襟翼

02.142

Kutta-Joukowski condition 库塔－茹科夫斯基条件 03.097

Kutta-Joukowski theorem 库塔－茹科夫斯基定理 03.093

L

lag correction 延迟性修正量 14.056

lag of wash 洗流时差 03.263

Lagrange viewpoint 拉格朗日观点，＊拉格朗日法 03.099

laminar flow 层流 03.038

laminar flow aerofoil profile 层流翼型 03.197

laminar flow wing 层流机翼 02.097

laminated blade 层板叶片 05.207

laminated glass 层合玻璃 11.070

landing approach 着陆进场，＊着陆进近 16.088

landing bounce 着陆跳跃 16.141

landing distance 着陆距离 03.317

landing energy 着陆能量 04.104

landing forecast 着陆预报 17.100

landing gear 起落装置 02.162

landing gear drop test 起落架落震试验 04.059

landing gear with two stage shock absorber 双腔起落架 02.171

landing impact 着水撞击 03.395

landing light 着陆灯 08.033

landing limiting weight 着陆限制重量 16.135

landside 陆侧 17.009

lane identification 巷识别 07.286

laser beam machining 激光束加工 12.048

laser boresight 激光校靶 14.096

laser Doppler velocimeter 激光多普勒测速仪 03.156

laser fuze 激光引信 09.173

laser guidance 激光制导 09.116

laser gyroscope 激光陀螺 06.103

laser radar 激光雷达 07.238

laser spot tracker/illuminator 激光跟踪照射器 09.085

laser surface modification 激光表层改性 12.049

laser tracking 激光跟踪 14.095

latent heat 潜热 10.192

lateral acceleration 侧向加速度 10.168

lateral control 横向操纵 03.338

lateral control departure parameter 横向操纵偏离参数 03.341

lateral-directional motion 横侧运动 03.320

lateral separation 横向间隔 16.072

lateral trajectory divergence rocket 侧向轨道发散火箭 10.075

launch 发射 09.009

launch range 发射距离 09.095

Laval nozzle 拉瓦尔管 03.075

LCDP 横向操纵偏离参数 03.341

LCN 载荷等级数 04.094

LCOS 计算提前角的光学瞄准 09.046

lead angle 提前角，＊前置角 09.054

lead-bias control 超前偏置控制 09.149

lead computing optical sight 计算提前角的光学瞄准 09.046

leading edge droop 前缘下垂 02.128

leading edge drop 前缘下垂 03.217

leading edge flap 前缘襟翼 02.135

leading edge notch 前缘缺口 02.126

leading edge radius 前缘半径 03.195

leading edge sawtooth 前缘锯齿 02.127

leading edge slat 前缘缝翼 02.136

leading edge suction 前缘吸力 03.241

lead-lag hinge 摆振铰，＊垂直铰 02.204

lead-lag motion 桨叶摆振 03.370

leakage 直达干扰 07.116

lean blade 倾斜叶片 05.150

lens antenna 透镜天线 07.261

lethal zone 杀伤区 09.188

level bombing 水平轰炸 09.042

level flight speed 平飞速度 14.064

level straight acceleration flight method 水平直线加速法 14.073

level straight deceleration flight method 水平直线减速法 14.074

levered suspension landing gear 摇臂式起落架 02.169

life-limit element 到寿件 13.080

life saving equipment 救生设备 10.064

lifetime extension 延寿 13.083

lift 升力 03.223

lift curve 升力曲线 03.224

lift damper 减升板 02.121

lift-drag ratio 升阻比 03.244

lift engine 升力发动机 05.044

lift fan 升力风扇 05.045

lifting-line theory 升力线理论 03.111

lifting rotor 旋翼，＊升力螺旋桨 02.196

lifting-surface theory 升力面理论 03.115

lift-off speed 起飞离地速度 03.310

lightning stroke 雷击 17.120

light-sheet flow visualization 片光流态显示 03.164

limb restraint 四肢约束装置 10.078

limit angle of ricochet 跳弹极限角 09.068

limiter 限制器 05.259

limiting accuracy machining 极限精度加工 12.044

limiting dynamic pressure 限制动压 04.089

limiting Mach number 限制马赫数 04.091

limit load 限制载荷，＊使用载荷 04.087

linear FM 线性调频，＊啁啾技术 07.212

line maintenance 航线维修，＊外场维修 13.010

line of constant Doppler shift 等多普勒频率线 07.115

line of sight 瞄准线，＊视线 09.052

line-of-sight method 三点法 09.150

line-of-sight rate 视线角速度 09.136

liner 火焰筒 05.161

line replaceable unit 航线可换件，＊外场可换件 13.037

liquid-cooled helmet 液冷头盔 10.104

liquid-cooled suit 液冷服 10.112

liquid floated gyroscope 液浮陀螺，＊浮子陀螺 06.102

liquid floated pendulous accelerometer 液浮摆式加速度计 06.115

liquid oxygen converter 液氧转换器 10.089

liquid propellant rocket engine 液体火箭发动机，＊液体推进剂火箭发动机 05.037

load classification number 载荷等级数 04.094

load factor 过载，＊载荷因数 03.304，载荷系数 04.086

load history 载荷历程 04.096

loading ramp 货桥 02.082

loading spectrum　载荷谱　05.292

load supporting system　承力系统　05.099

localizer　航向信标　07.182

localizer unit　方位单元，*方位引导单元　07.284

local strain method　局部应变法　04.076

loft bombing　上仰轰炸，*拉起轰炸　09.045

lofting　模线　12.008

log-periodic antenna　对数周期天线　07.265

longeron　桁梁　02.063

longeron structure　桁梁式结构　04.011

longitudinal control　纵向操纵　03.337

longitudinal motion　纵向运动　03.319

longitudinal separation　纵向间隔　16.071

long-range aid to navigation system C　［双曲线］远程
　导航系统－C，*罗兰－C　07.165

long-range cruising speed　远程巡航速度　16.132

loop　筋斗　14.014

loop antenna　环形天线　07.259

loop direction finder　环状天线测向器　07.152

LORAN-C　［双曲线］远程导航系统－C，*罗
　兰－C　07.165

LOS　瞄准线，*视线　09.052

low drag bomb　低阻炸弹　09.030

low expansion superalloy　低膨胀高温合金　11.013

low-level collision avoidance　低空避撞　06.030

low-level flight　低空飞行　16.047

low pitch　小距，*低距　05.247

low pressure compressor　低压压气机　05.123

low speed wind tunnel　低速风洞　03.127

low-wing　下单翼　02.103

LRU　航线可换件，*外场可换件　13.037

luggage compartment　行李舱　02.080

M

Mach angle　马赫角　03.033

Mach cone　马赫锥　03.034

Mach hold　马赫数保持　06.011

Mach meter　马赫数表　06.151

Mach number　马赫数　03.008

Mach trim　马赫数配平　06.010

Mach wave　马赫波　03.032

magnetic dip　磁倾角　06.137

magnetic heading　磁航向　16.020

magnetic particle clutch　磁粉离合器　08.026

magnetic resonance gyroscope　核磁共振陀螺
　06.105

magnetic suspension technique　磁悬浮技术　06.108

magnetic variation　磁差，*磁偏角　06.136

magnetofluid dynamics　磁流体动力学　03.058

main gear　主起落架　02.167

main gearbox　主减速器　02.214

maintenability　维修性　13.003

maintenance　维修　13.001

maintenance accessibility　维修可达性　13.092

maintenance cycle　维修周期　13.094

maintenance distinguish　维修鉴别性　13.093

maintenance engineering　维修工程，*机务工程
　13.002

maintenance program　维修大纲　13.090

maintenance release　维修放行　13.084

maintenance service　维护　13.015

maneuverability　机动性　03.301

maneuver flap　机动襟翼　02.141

maneuver load　机动载荷　04.098

maneuver load control　机动载荷控制　06.042

maneuver margin　机动裕度　03.348

maneuver point　机动点　03.346

Mangler transformation　曼格勒变换　03.104

manifold pressure gage　进气压力表　06.168

man-in-loop simulation　人机在环仿真　06.057

man-machine-environment system engineering　人－
　机－环境系统工程　10.207

man-machine interface　人机接口，*驾驶员运载器
　接口　07.009

map display　地图显示器　06.129

MAPt　复飞点　16.123

marginal check　边缘检验，*拉偏检验　13.063

margin of safety　安全裕度　04.037

marker beacon　指点信标　07.184

martempering　马氏体等温淬火　12.066

mass balance　质量平衡　04.053

master control station　主控站　07.147

master station 主台 07.127

maximum continuous rating 最大连续状态 05.067

maximum landing weight 最大着陆重量 04.115

maximum level speed 最大平飞速度 03.285

maximum lift coefficient 最大升力系数 03.226

maximum operation〔limit〕speed 最大使用限制速度 14.065

maximum ramp weight 最大停机坪重量 04.114

maximum rating 最大状态 05.063

maximum take off weight 最大起飞重量 04.112

maximum taxi weight 最大滑行重量 16.137

MDA 最低下降高度 16.121

MDH 最低下降高 16.122

mean aerodynamic chord 平均空气动力弦 03.211

mean geometric chord 平均几何弦 03.212

mean time between failures 平均无故障工作时间，*平均故障间隔时间 13.039

mean time to repair 平均修复时间 13.040

mechanical lung 机械肺，*假肺 10.115

mechanically alloyed dispersion strengthened material 机械合金化弥散强化材料 11.038

mechanical noise 机械噪声 05.085

mechanics of rarefied gas 稀薄气体力学 03.057

medical selection of aircrew 空勤人员医学选拔 10.201

MER 复式挂弹架 09.191

metal brush seal 金属刷密封 05.260

metal matrix composite 金属基复合材料 11.052

meteorological collecting center 气象收集中心 17.079

meteorological elements 气象要素 17.080

meteorological observation 气象观测 17.076

meteorological parameter of icing 结冰气象参数 10.039

meteorological prevision 气象预报 17.107

meteorological report 气象报告 17.106

meteorological watch office 气象监视台 17.078

metering orifice 节流嘴 05.270

method of characteristics 特征线法 03.185

method of finite fundamental solution 有限基本解法，*奇点法 03.182

method of image 镜像法 03.106

method of singularities 有限基本解法，*奇点法 03.182

method of turns 盘旋法 14.068

micro-manufacturing technology 微加工 12.041

microstrip antenna 微带天线 07.269

microstrip antenna array 微带天线阵 07.273

microwave hologram radar 微波全息雷达 07.239

microwave landing system 微波着陆系统 07.190

microwave landing system coverage 微波着陆系统覆盖 07.173

microwave radiation 微波辐射 10.197

mid airway flight 中空飞行 16.046

mid-wing 中单翼 02.102

military airplane 军用飞机 02.007

military aviation 军事航空，*军用航空 01.004

minimum augmentation rating 最小加力状态 05.064

minimum descent altitude 最低下降高度 16.121

minimum descent height 最低下降高 16.122

minimum level speed 最小平飞速度 03.286

minimum safe flight altitude 最低安全高度 16.038

minimum safety altitude 最低安全高度 10.140

minimum sector altitude 最低扇区高度 16.107

miss-distance 脱靶距离，*脱靶量 09.200

missed approach point 复飞点 16.123

missile attack envelop 导弹攻击区，*导弹允许发射区 09.093

missile body decoupling 弹体解耦 09.143

missile launcher 导弹发射架 09.198

missile off-boresight launch 导弹离轴发射 09.006

missile zero-in 导弹归零 09.157

mission computer 任务计算机 07.029

mission profile 飞行剖面 03.321

mission radius 活动半径 03.299

miss launch opportunity probability 失机概率 09.015

mixed compression inlet 混压式进气道 05.103

mixer 〔内外涵〕混合器，*混合室 05.218

MLS 微波着陆系统 07.190

modal balancing 模态平衡，*振型平衡 05.287

model free-flight test 模型自由飞试验 14.087

modem 调制解调器 07.094

mode S transponder S模式应答器 07.187

modification 改装 13.019

modified inertia parameter 修正惯性系数 10.040

modular design 单元体设计 05.094

molecular sieve oxygen generation 分子筛制氧 10.091

momentum equation 动量方程 03.080

monitor 监测 13.031

monitoring 监控 13.032

monocoque structure 硬壳式结构 04.012

monopulse antenna 单脉冲天线 07.278

monopulse null depth 单脉冲零深 07.207

monopulse radar 单脉冲雷达 07.230

mono-station locating 单站定位 14.097

mortality 故障率 13.095

motion sickness 运动病 10.175

mount 安装节 05.100

moving reticle 活动环 09.070

MSA 最低扇区高度 16.107

MSOG 分子筛制氧 10.091

MTBF 平均无故障工作时间，＊平均故障间隔时间 13.039

MTTR 平均修复时间 13.040

multi-detector homing head 多元探测导引头 09.129

multifunction radar 多功能雷达 07.249

multimode guidance 多模制导，＊多工制导 09.125

multi-orifice laminated material 多孔层压材料 11.049

multiple access communication 多址通信 07.089

multiple ejection rack 复式挂弹架 09.191

multiple fault 多重故障 13.051

multiple-ram forging 多向模锻 12.021

multiple target tracking 多目标跟踪 07.211

multiplex communication 多路［复用］通信 07.088

multiplex data bus 多路传输数据总线 07.030

multiplex modulation fuze 复合调制引信 09.171

multistage opening 多级开伞，＊多次［充气］开伞 10.139

multi-stations intersection 多站交会 14.098

muzzle power 炮口功率 09.025

N

nap-of-the-earth flight 贴地飞行 03.384

natural laminar flow aerofoil profile 自然层流翼型 03.202

Navier-Stokes equation 纳维－斯托克斯方程 03.078

navigation 领航 16.001，导航 16.002

navigational lighting aid 助航灯光 17.053

navigational visual aid 目视助航设施 17.050

navigation attack system 导航攻击系统 09.077

navigation light 航行灯 08.034

navigation ratio 导航比，＊导航常数 09.152

NBC protective suit 防核生化服 10.114

negative acceleration 负加速度 10.166

neutral point 中性点，＊中立重心位置 03.345

nickel aluminide 镍铝化合物 11.040

nickel-base superalloy 镍基高温合金 11.006

night flight 夜间飞行，＊夜航 14.009

niobium titanium aluminide 铌钛铝化合物 11.043

no-feathering plane 桨距不变平面，＊旋翼等效平面 03.368

noise abatement 噪声缓解 17.126

noise angle 噪声角 17.124

noise certificate 噪声合格证 15.028

noise elimination structure 消声结构 04.018

noise suppression 消声 05.087

noise suppression gasket 消声衬 05.088

noise suppression liner 消声衬 05.088

noise suppression nozzle 消声喷管 05.089

nominal stress method 名义应力法 04.074

non-congeneric redundancy 非同类余度 06.071

nondirectional beacon 无方向性信标，＊全向信标 07.283

non-ideal cycle 实际循环 05.002

non-precision approach procedure 非精密进近程序 16.096

normal earth-fixed axis system 铅垂地面坐标系 03.267

normal rating 额定状态 05.066

nose landing gear 前起落架 02.172

nose over angle 防倒立角 02.057

nose wheel shimmy　前轮摆振　04.057

nozzle base drag　喷管底阻　05.234

nozzle expansion ratio　喷管膨胀比　05.233

nozzle guide vane　导向器叶片，＊导叶，＊涡轮静叶　05.200

nozzleless rocket motor　无喷管发动机　09.159

nozzle position indicator　喷口位置表　06.180

nozzle section　喷管段　03.138

nuclear biological and chemical protective suit　防核生化服　10.114

nuclear flash blindness　核闪光盲　10.195

null ephemeris table　零值星历表　07.131

Nusselt number　努塞特数　03.015

O

oblique wing airplane　斜翼飞机　02.039

OBOG　机载制氧　10.090

obstacle　障碍物　17.033

obstacle clearance altitude　超障高度　16.117

obstacle clearance height　超障高　16.118

obstacle free airspace　机场净空　17.028

obstacle light　障碍物灯　17.068

obstacle limiting weight　越障限制重量　16.140

obstacle restrictive surface　障碍物限制面　17.031

OCA　超障高度　16.117

OCH　超障高　16.118

off-operational fault detection　脱机故障检测，＊离线检测　13.061

off-route　偏航　16.005

OFP　操作飞行程序　07.005

oil filter　油滤　05.257

oil flow technique　油流法　03.160

oil heat exchanger　滑油热交换器　05.265

oil pump　滑油泵　05.262

oil vent　滑油通风器，＊油雾分离器　05.264

Omega system　奥米伽系统　07.166

on-board maintenance system　机上维修系统　13.067

on-board oxygen generation　机载制氧　10.090

on-condition maintenance　视情维修　13.006

one-dimensional steady channel flow　一维定常管流　05.003

one-wheel landing　单轮着陆　16.145

on-line diagnostics　联机诊断，＊在线诊断　13.062

on-site maintenance　原位维修　13.012

on-site repair　现场修理　13.014

open ejection　敞开式弹射　10.054

opening shock　开伞动载，＊开伞力，＊开伞冲击　10.146

opening speed　开伞速度　10.143

operating line　共同工作线　05.073

operational flight test　使用试飞　14.045

operational missile　战斗[导]弹，＊实弹　09.201

operation flight program　操作飞行程序　07.005

operation test program　操作测试程序　07.006

optical fiber transducer　光纤传感器　06.147

optimal design　优化设计　04.032

orbit of shaft center　轴心轨迹　05.282

organic functional material　有机功能材料　11.057

oriented organoglass　定向有机玻璃　11.069

ornithopter　扑翼机　02.044

oscillating combustion　振荡燃烧　05.224

OTP　操作测试程序　07.006

out of bound probability　出界概率　09.014

outrigger wheel　护翼轮　02.166

overall efficiency　总效率　05.060

overall height　机高　02.046

overall length　全长　02.045

overexpansion　过度膨胀　05.236

overhaul　翻修　13.018

overnight service　过夜维护　13.017

overrunning clutch　超转离合器，＊超越离合器　05.268

overspeed test　超转试车　05.306

overspeed warning　超速警告　16.147

overtemperature test　超温试车　05.305

oxygen delivery capacity　供氧能力，＊流通能力　10.100

oxygen excess　氧过多症　10.159

oxygen flow indicator　氧气示流器　06.191

oxygen mask　氧气面罩　10.097

oxygen overpressure 氧气余压 10.093

oxygen overpressure indicator 氧气余压表 06.192

oxygen partial pressure 氧分压 10.095

oxygen pressure ratio 氧气压力比 10.094

oxygen regulator 氧气调节器 10.092

oxygen supply altitude 供氧高度 10.099

oxygen system 氧气系统，＊氧气装备 10.087

P

PAC 路径衰减校准 07.177

packet switching network 分组交换网 07.097

panel 壁板 02.104

panel flutter 壁板颤振 04.051

panel method 面元法，＊板块法 03.183

PAR 精密进近雷达 07.186

parabolic antenna 抛物面天线 07.260

parachute 降落伞 10.120

parachute bay 伞舱 02.083

parachute canopy 伞衣 10.137

paracone 降落锥，＊伞锥 10.119

paracone ejection seat 降落锥弹射座椅 10.072

parafoil 翼伞 10.135，冲压式翼伞 10.149

parallel approach method 平行接近法 09.153

parameter monitoring 参数监控 13.036

parawing 伞翼机 02.040

parking brake 停放刹车 08.073

parking gate 门位 17.070

particle image velocimetry 粒子图像测速 03.165

particle separator 粒子分离器 05.117

parting strip 热刀，＊分离带 10.031

parts manufacturer approval 零部件制造人批准书 15.017

part-span shroud of blade 叶片阻尼凸台 05.151

passenger airplane ［旅］客机 02.020

passenger cabin 客舱 02.075

passenger door 客舱门 02.076

passive detection 无源探测 07.194

passive location 无源定位 07.063

path attenuation correction 路径衰减校准 07.177

path line 迹线 03.022

pattern distortion caused by radome 天线罩波瓣畸变 07.279

pattern matching guidance 图像匹配制导 09.118

pavement classification number 道面等级号 17.021

payload 商载，＊酬载 04.116

PCN 道面等级号 17.021

peak volume of inspiratory flow rate 吸气流率峰值 10.157

peaky aerofoil profile 尖峰翼型 03.198

percentage-thrust indicator 推力百分比表 06.177

perfect gas 完全气体 03.004

performance management system 性能管理系统 06.049

periodic maintenance 定期维修 13.005

periodic monitor 定时监测 13.033

personal cooling system 个体冷却系统 10.010

personal protection 个体防护 10.086

personal thermal conditioning 个体热调节 10.025

perturbation velocity potential 扰动速度势 03.090

PFRT 飞行前规定试验 05.307

phase-comparison monopulse 比相单脉冲 07.205

phased array antenna 相控阵天线 07.275

phased array radar 相控阵雷达 07.229

phaselock technique 锁相技术，＊相位锁定技术 07.070

photoconductive detector 光电导探测器 09.147

photopic vision 明视觉 10.181

photovoltaic detector 光伏探测器 09.148

phugoid mode 沉浮模态 03.323

physiological effects of angular acceleration 角加速度生理效应 10.169

physiological effects of Coriolis acceleration 科里奥利加速度生理效应 10.170

piezoresistor accelerometer 压阻加速度计 06.118

pilot 驾驶员，＊飞行员 14.023

pilotage 地标领航 16.010

pilot-aid system 驾驶员助手系统 06.082

pilot induced oscillation 驾驶员诱发振荡 03.351

pilot operation procedure 驾驶员操作程序 07.004

pilot parachute 引导伞 10.129

pilot psychological selection 驾驶员心理选拔

10.199

pipper　中心光点　09.072

piston ejector ram　弹射杆　09.193

piston engine　活塞式发动机　05.025

pitch angle　俯仰角　03.272

pitch-flap coupling coefficient　挥舞变距耦合系数，
　*挥舞调节系数　03.369

pitch hinge　变距铰，*轴向铰　02.205

pitching　纵摇　03.391

pitching moment　俯仰力矩　03.247

pitch-up　上仰　03.249

Pitot static tube　皮托静压管　03.153

Pitot tube　皮托管，*空速管　03.152

plain orifice atomizer　直射喷嘴　05.165

planar array antenna　平面阵天线，*二维阵天线
　07.271

planing step　断阶　02.187

plasma coating　等离子喷涂　12.069

plasma spraying　等离子喷涂　12.069

plenum chamber　驻室　03.140

plug nozzle　塞式喷管　05.230

plume　排气流　17.129

pneumatic brake system　气压刹车系统　08.084

pneumatic system　冷气系统，*气压系统　08.052

Pohlhausen method　波尔豪森法　03.105

polar　极曲线　03.232

polar curve　极曲线　03.232

polar navigation　极区导航　06.127

polar orbit　极轨道　07.135

POP　驾驶员操作程序　07.004

porosity　开闭比　03.142

position dilution of precision　定位几何误差因子
　07.141

position error　位置误差，*气动激波修正量
　14.057

position line　位置线　07.107

positive acceleration　正加速度　10.163

positive pressure oxygen system　加压供氧系统
　10.088

postflight check　飞行后检查　13.021

poststall maneuver　过失速机动　14.021

potential flow　无旋流，*势流　03.025

powder forging　粉末锻造　12.024

powder metallurgy aluminium alloy　粉末铝合金
　11.031

powder metallurgy superalloy　粉末高温合金
　11.029

powder metallurgy titanium alloy　粉末钛合金
　11.030

power available　可用功率　03.284

power coefficient　威力系数　09.026

power loading　功率载荷　04.093

power loss indicator　排气压力表，*功率损耗表
　06.170

power required　需用功率　03.282

power spinning　交薄旋压，*旋薄　12.060

power synthesis　功率合成　07.071

power take off　功率提取　05.052

power to weight ratio　功重比　05.056

power turbine　动力涡轮　05.194

practice missile　教练［导］弹　09.203

Prandtl-Glauert rule　普朗特－格劳特法则　03.109

Prandtl-Meyer flow　普朗特－迈耶流　03.076

Prandtl number　普朗特数　03.014

precision approach procedure　精密进近程序
　16.090

precision approach radar　精密进近雷达　07.186

precision guided munitions　精确制导武器　09.110

precision VOR　精密伏尔　07.157

predicted guidance law　预测导引律　09.154

prediction angle　总修正角，*总提前角　09.051，
　偏航修正角　16.025

preflight check　飞行前检查　13.020

preliminary design　初步设计　04.029

preliminary flight rating test　飞行前规定试验
　05.307

preliminary inspection period　首次检查期　13.022

prepreg　预浸料　11.047

present position　即时位置，*当前位置　07.105

preset angle　超越角　09.063

pressure　压强，*压力强度　03.003

pressure breathing　加压呼吸，*正压呼吸　10.155

pressure bulkhead　气密框　02.062

pressure center　压力中心　03.250

pressure helmet　加压头盔　10.102

pressure jacket　代偿背心　10.109

pressure rake 测压排管 03.154

pressure ratio gage 压力比表 06.169

pressure refuelling 压力加油，*闭式加油 08.095

pressurization air source 增压气源 10.004

pressurized cabin 增压座舱 02.079

preventive maintenance 预防性维修 13.004

primary air 一股流 05.183

primary combustion zone 主燃区 05.185

primary electrical power source 主电源 08.008

primary flight control system 主飞行操纵系统 08.060

primary flight display 主飞行显示器，*垂直状态显示仪 06.185

primary runway 主跑道 17.034

prior-to-service program 使用前大纲 13.091

probability density of failure 故障概率密度 13.097

probability of survivability 存活率 04.082

procedure turn 程序转弯 16.099

production breakdown interface 工艺分离面 12.002

production certificate 生产许可证 15.014

profile 叶型 05.129

program block spectrum 程序块谱 04.078

program flight control system 程序飞行控制系统 06.025

program guidance 程序制导 09.122

prohibited area 禁飞区 16.064

propeller 螺旋桨 02.184

propeller advance ratio 螺旋桨进距比 05.241

propeller characteristics 螺桨特性 05.050

propeller feathering 顺桨 05.249

propeller pitch 桨距 05.240

propeller pitch indicator 桨距表 06.176

propeller reversing 反桨 05.250

propeller slipstream 螺旋桨滑流 03.120

propeller speed governor 螺桨调速器 05.242

propfan engine 桨扇发动机，*无涵道风扇发动机 05.031

proportional navigation method 比例导引法 09.151

propulsion system 推进系统 05.010

propulsion wind tunnel 推进风洞 05.312

propulsive efficiency 推进效率 05.059

protection of laser hazard 激光防护 10.196

protection of solar radiation 太阳辐射防护 10.194

protective helmet 防护头盔 10.101

protective suit 防护服 10.105

prototype flight test 原型机试飞 14.046

proximity fuze 近炸引信 09.168

pseudolite 伪卫星 07.149

pseudo-random code 伪随机码，*伪随机序列，*伪噪声序列 07.079

pseudo-random code modulation fuze 伪随机码调制引信 09.170

pseudorange 伪距 07.138

pseudo satellite 伪卫星 07.149

P-S-N curves *P-S-N* 曲线 04.066

pull back on the column 拉杆 14.079

pull back on the stick 拉杆 14.079

pulse analog modulation 脉冲模拟调制 07.068

pulse compression radar 脉冲压缩雷达 07.232

pulse-control 脉冲操纵 14.083

pulse digital modulation 脉冲数字调制 07.069

pulse Doppler radar 脉冲多普勒雷达 07.233

pulse Doppler spectrum 脉冲多普勒频谱 07.196

pulse jet engine 脉冲喷气发动机 05.034

pulse radar 脉冲雷达 07.227

pulse solid rocket engine 脉冲固体火箭发动机 05.038

pursuit attack 追踪攻击 09.004

push-pull rod system 硬式传动机构 08.066

push the column forward 推杆 14.080

push the stick forward 推杆 14.080

PVOR 精密伏尔 07.157

pylon 吊挂架 02.144

Q

qualification test 定型试验 05.308

quasi-image homing head 准成像导引头 09.131

quick access recorder 快速存储记录器 06.203

R

racetrack procedure　直角航线程序　16.097

radar absorb painting　反雷达涂层　07.058

radar beam-riding guidance device　雷达波束导引装置　09.135

radar monitoring　雷达监控　16.067

radar ranger　雷达测距器，＊半雷达　07.248

radar separation　雷达间隔　16.070

radar tracking　雷达跟踪　16.068

radar trap　雷达陷阱　07.057

radar vectoring　雷达引导　16.069

radial precision forging　径向精锻　12.025

radiation resistant coating　耐辐射涂层　11.078

radio altimeter　无线电高度表　07.189

radio compass error　无线电罗盘自差　07.118

radio-cycle match　载频周期匹配　07.130

radio direction-finding　无线电测向　07.151

radio distance-measuring　无线电测距　07.159

radio guidance　无线电制导　09.114

radio position fixing　无线电定位法　07.106

radome　雷达天线罩　02.087

rain echo attenuation compensation technique　雨回波衰减补偿技术　07.221

rain erosion resistant coating　抗雨蚀涂层　11.075

ram-air turbopump　风动泵　08.043

ramjet engine　冲压喷气发动机　05.032

random fault　随机故障，＊偶然故障　13.054

random spectrum　随机谱　04.080

range　航程　03.297，靶场　17.046

range factor　航程因子，＊燃油效率　03.295

range sighting　定距瞄准，＊距离瞄准　09.061

range-while-search　边搜索边测距　07.208

rang gate interpolation ranging　波门内插测距　07.219

ranging reticle　测距环　09.074

rapid decompression　迅速减压，＊爆炸减压　10.153

rapidly solidified material　快速凝固材料　11.032

rate gyroscope　速率陀螺　06.099

rate of climb　爬升率　03.288

rate-of-climb indicator　升降速度表，＊垂直速度表　06.154

REACT　雨回波衰减补偿技术　07.221

reaction turbine　反力涡轮　05.197

real-time simulation　实时仿真　06.058

receiver channel combination　接收机通道合并　07.206

receiver protection　接收机保护　07.197

recirculation zone　回流区　05.187

reconnaissance airplane　侦察机　02.012

reconnaissance system for radar　雷达侦察系统　07.042

recovery parachute　回收伞　10.126

reduced thrust take-off　减推力起飞，＊灵活推力起飞　16.143

redundancy actuator　余度舵机　08.050

redundancy architecture　余度结构　06.067

redundancy management　余度管理　06.068

redundancy technology　余度技术　06.066

redundant electrical power supply　余度供电　08.007

reference ellipsoid　参考椭球　07.100

refuelling platform　加油平台　08.104

refuelling pod　加油吊舱　08.105

registration certificate　国籍登记证　15.019

regular aerodrome　主降机场　17.012

regulator　调节器　05.258

reinforced bulkhead　加强框　02.061

relaxed static stability control　放宽静稳定性控制　06.041

release circle　投弹圆　09.065

release slant range　投弹斜距　09.062

reliability　可靠性　13.069

reliability design　可靠性设计　04.031

reliability growth　可靠性增长　13.070

reliability index　可靠性指标　13.071

reliability monitoring　可靠性监控　13.072

reliable life　可靠寿命　13.076

remotely piloted vehicle　遥控飞行器　02.038

repair　修理　13.013

repetitive noise 重复噪声，＊相关噪声 07.052

reply pulse 回答脉冲 07.121

research aircraft 研究机 14.054

research flight test 研究性试飞 14.047

residual life 剩余寿命 04.073

residual strain 残余应变 04.039

residual strength 剩余强度 04.038

resin matrix composite 树脂基复合材料 11.044

restricted area 限飞区 16.063

retarded bomb 减速炸弹 09.031

reticle 调制盘，＊斩光器 09.142

reticle stabilizing time 稳环时间 09.075

retractable landing gear 收放式起落架 02.177

retreating blade 后行桨叶 03.362

retrofit 改装 13.019

return flight 返航 16.004

return transfer oscillations 回输振荡 08.055

reversal procedure 反向程序 16.098

reversed flow region 反流区 03.363

reverse flow combustor 回流燃烧室 05.157

reversible boosted mechanical control 可逆助力机械
操纵，＊有回力助力操纵系统 08.062

Reynolds equation 雷诺方程 03.082

Reynolds number 雷诺数 03.013

rhumb line route 等角航线 16.015

ribbon parachute 带条伞 10.131

ricochet 跳弹 09.067

ride quality control 乘坐品质控制 06.046

rigid pavement 刚性道面 17.022

rigid rotor 刚性转子 05.275

rigid support 刚性支承 05.277

ring slot parachute 环缝伞，＊宽带条伞 10.130

rivet bonding 胶铆连接，＊胶铆 12.040

riveted structure 铆接结构 04.004

riveting 铆接 12.035

rocket engine 火箭发动机 05.035

rocket extract 火箭牵引 10.063

rocket launcher 火箭发射器 09.199

rocket sled 火箭滑车，＊火箭滑橇 10.082

rocket sled test 火箭滑车试验 10.081

roll 横滚 14.013

roll angle 滚转角，＊坡度，＊倾斜角 03.273

roll forming 滚弯成形 12.052

rolling 横摇 03.392

rolling moment 滚转力矩 03.253

rolling rate oscillation 滚转速率振荡 14.086

rolling subsidence mode 滚转收敛模态 03.325

root and tip loss factor 叶端损失系数 03.357

root chord 根弦 03.206

rotary inverter 变流机 08.020

rotating cardioid pattern 旋转心脏形方向图
07.155

rotating disk atomized powder 旋转盘雾化粉末
11.036

rotating parachute 旋转伞 10.134

rotating pylon 可转挂架 09.190

rotating stall 旋转失速 05.131

rotational flow 有旋流 03.024

rotation speed 抬前轮速度 03.312

rotor 旋翼，＊升力螺旋桨 02.196

rotor advance ratio 旋翼前进比 03.358

rotor balancing 转子平衡 05.285

rotor blade 旋翼桨叶 02.201，转子叶片 05.139

rotor brake system 旋翼刹车系统 08.087

rotor coning 旋翼锥度 03.365

rotorcraft in normal category 正常类旋翼机 15.025

rotorcraft in transportation category 运输类旋翼机
15.026

rotor disk area 桨盘面积 02.225

rotor disk loading 旋翼桨盘载荷 02.220

rotor hub 旋翼桨毂 02.202

rotor inflow ratio 旋翼入流比 03.359

rotor solidity 旋翼实度，＊填充系数 02.222

rotor thrust 旋翼拉力 03.379

rotor tower test 旋翼塔实验 03.169

rotor vortex ring 旋翼涡环 03.380

rotor wake 旋翼尾流 03.371

rotor windmill braking 旋翼风车制动 03.381

route 航线 16.008

route forecast 航路预报 17.104

route segment 航段 16.009

routine maintenance 定期维修 13.005

rubber cell hydroforming 橡皮膏液压成形 12.056

rudder 方向舵 02.155

rudderon 偏转副翼 02.132

rudder pedal 脚蹬 02.070

ruddervator 方向升降舵 02.159

run length encoding 行程编码，*游程编码 07.084

runway 跑道 17.017

runway capacity 跑道容量 17.008

runway center line light 跑道中线灯 17.054

runway edge light 跑道边灯 17.055

runway end identification light 跑道末端灯 17.057

runway end safety area 跑道端安全地区 17.018

runway limiting weight 跑道限制重量 16.138

runway marking 跑道标志 17.052

runway pavement strength 道面强度 17.019

runway shoulder 道肩 17.035

runway threshold 跑道入口 17.040

runway threshold light 跑道入口灯 17.056

runway visual range 跑道视程 17.111

RVR 跑道视程 17.111

RWS 边搜索边测距 07.208

S

S&A device 安全和解除保险装置 09.183

safe and arming device 安全和解除保险装置 09.183

safe ejection envelope 救生性能包线，*安全弹射包线 10.084

safe life design 安全寿命设计 04.023

safe release altitude 安全投弹高度 09.066

safety fuel 安全燃料 11.086

Sagnac effect 萨奈克效应 06.084

sand storm 沙暴 17.115

sandwich material 夹层结构材料 11.048

sandwich structure 夹层结构 04.014

SAR 合成孔径雷达 07.236

satellite communication 卫星通信 07.083

satellite communication earth station 卫星通信地球站，*卫星通信地面站 07.091

satellite perturbance motion 卫星摄动运动 07.132

satellite transponder 卫星转发器 07.090

scale effect 尺度效应 03.177

scanning direction finding 搜索测向法 07.062

scanning frequency measurement 搜索测频法 07.065

scheduled maintenance 计划维修 13.008

schedule flight 航班飞行 16.043

schlieren technique 纹影法 03.162

Schuler principle 舒勒原理 06.086

scotopic〔rod〕vision 暗〔杆体〕视觉，*杆体视觉 10.178

scramjet engine 超燃冲压发动机 05.033

seadrome 水面机场 17.004

seal 密封装置 05.096

sealing riveting 密封铆接 12.036

seal structure 密封结构 04.017

seaplane 水上飞机 02.028

seaplane hydrodynamic performance 水上飞机水动性能 03.385

seaplane landing taxiing 水上飞机着水滑行 03.398

seaplane take-off taxiing 水上飞机起飞滑行 03.397

seaworthiness 适海性 03.394

secondary air 二股流 05.184

secondary damage 二次损伤 13.103

secondary electrical power source 二次电源 08.009

secondary power system 二次能源系统 08.091

secondary surveillance radar 二次监视雷达，*空中交通管制雷达信标系统 07.181

second throat 第二喉道 03.145

secure communication 保密通信 07.080

seeker 导引装置，*导引头 09.126

seesaw hub 跷板式桨毂 02.207

segregated parallel operations 分开的平行运行 16.114

self-contained navigation 自备式导航，*自主式导航 06.094

self-controlled ballistic phase 弹道自控段 09.155

self-correcting wall 自适应壁，*自修正壁 03.143

self-destruction device 自毁装置 09.174

self-guided ballistic phase 弹道自导段 09.156

self-repairing system 自修复系统 06.079

self-screening jamming 自卫干扰 07.053

self-screening range 自卫距离 07.193

semi-articulated rotor 半铰接式旋翼，＊半刚接式旋翼，＊跷板式旋翼 02.198

semi-monocoque structure 半硬壳式结构 04.013

semi-submerged carriage 半埋外挂 09.090

sensible heat 显热 10.191

sensitive threshold 灵敏阈［值］，＊死区 06.143

sensitivity 灵敏度 06.144

sensitivity factor of notch 缺口敏感系数 04.067

sensitivity-time control 灵敏度时间控制，＊近程增益控制，＊时间增益控制 07.218

SEP 单位剩余功率 03.290

separated flow 分离［流］ 03.041

separation minima 间隔最低标准 16.074

service environment spectrum 使用环境谱 04.097

service inspection 使用检查 13.028

servo aeroelasticity 伺服气动弹性 04.047

servo altimeter 伺服高度表 06.149

servo motor 伺服电机 08.024

settling chamber 稳定段 03.136

shadowgraph technique 阴影法 03.161

shaped-beam antenna 赋形波束天线，＊余割平方天线 07.263

shape memory alloy 形状记忆合金 11.061

shear spinning 交薄旋压，＊旋薄 12.060

shed vortex 脱体涡 03.118

shell mold casting 壳型铸造 12.018

shielding structure 屏蔽结构 04.021

shimmy damper 减摆器 02.181

shipboard aircraft 舰载航空器 02.030

shock absorber 减震器 02.180

shock capturing algorithm 激波捕捉算法 03.186

shock polar 激波极曲线 03.100

shock wave 激波 03.037

shock wave-boundary layer interaction 激波－边界层干扰 03.046

shop maintenance 车间维修，＊内场维修 13.011

shop replaceable unit 车间可换件 13.038

shop visit rate 返修率，＊拆换率 13.078

short-period mode 短周期模态 03.324

short take-off and landing airplane 短距起落飞机 02.034

shot peen forming 喷丸成形 12.059

SID 标准仪表离场 16.079

side clearway 侧净空 17.030

side control stick 侧置驾驶杆，＊侧杆 02.068

side force 侧力 03.245

side-looking radar 侧视雷达，＊旁视雷达 07.241

sidewind 侧风 17.091

signal area 信号场地 17.036

significant weather 重要天气 17.105

similarity criterion 相似准则 03.125

similarity law 相似律 03.107

simulated flight 模拟飞行 14.007

simulator induced syndrome 模拟器病，＊模拟器诱发综合征 10.176

simulator sickness 模拟器病，＊模拟器诱发综合征 10.176

single-chamber multistage-thrust motor 单室多推力发动机 09.158

single crystal blade 单晶叶片 05.209

single crystal casting 单晶铸造 12.020

single crystal superalloy 单晶高温合金 11.012

single-detector homing head 单元探测导引头 09.128

single star and multistars navigation 单星及多星导航 06.122

sink 汇 03.063

skewed sensor technology 斜置技术 06.070

skid landing gear 滑橇式起落架 02.175

skin 蒙皮 02.065

skin stretch forming 蒙皮拉伸成形 12.055

sky simulator 星空模拟器 06.126

slant visibility 斜程能见度 17.110

slave station 副台 07.128

slender body theory 细长体理论 03.091

slinger ring atomizer 甩油盘 05.169

slip 转差，＊转速差 05.310

slope of lift curve 升力线斜率 03.227

slot antenna 缝隙天线 07.267

slotted flap 开缝襟翼 02.140

slotted waveguide antenna 波导缝隙阵天线 07.272

slug riveting 无头铆钉铆接 12.037

slurry fuel 悬浮燃料 11.085

small perturbation equation 小扰动方程 03.089

smart bomb 制导炸弹，＊灵巧炸弹 09.032

smart material 机敏材料 11.064

smart skins　智能蒙皮　07.008

smoke　烟雾　17.127

smoke number　排烟数，＊发烟数　17.128

snap shot　快速射击　09.047

S-N curves　*S-N* 曲线　04.065

soft ignition　软点火　05.223

solid model　实体模型　12.015

solid propellant rocket engine　固体火箭发动机，
　＊固体推进剂火箭发动机　05.036

solo flight　单飞　14.006

sonic barrier　声障　03.059

sonic boom　声爆　03.054

sound speed　声速，＊音速　03.007

source　源　03.062

space myopia　空间近视　10.179

space rendezvous　空间交会　14.100

span　翼展　02.047

spatial disorientation　空间定向障碍，＊飞行错觉
　10.177

special flight permit　特许飞行证　15.016

specific efficiency　比冲效率，＊冲量效率　09.164

specific excess power　单位剩余功率　03.290

specific fuel consumption　耗油率，＊单位燃油消耗
　率　05.057

specific impulse　比冲［量］　09.165

specific thrust　单位推力　05.053

spectrum hours　力谱小时　13.104

spectrum purity　频谱纯度　07.217

speed brake　减速板　02.122

speed difference　转差，＊转速差　05.310

speed for best rate of climb　快升速度　16.126

speed for maximum endurance　久航速度　16.131

speed for maximum range　最大航程速度　16.130

speed for steepest climb　陡升速度　16.127

speed hang-up　转速悬挂　05.309

speed synchronizer　转速同步器　05.243

spheriflex hub　球形柔性桨毂　02.210

spin　尾旋　03.300

spinning with reduction　交薄旋压，＊旋薄　12.060

spin up　起转，＊起旋　04.105

spin wind tunnel　尾旋风洞　03.132

spiral mode　螺旋模态　03.326

split flap　开裂襟翼　02.139

split-s　半滚倒转，＊下滑倒转　14.012

spoiler　扰流片　02.119

sport parachute　运动伞　10.123

spot-weld bonding structure　胶接点焊结构　04.007

spray formed material　喷射成形材料　11.037

spray forming　喷射成形　12.028

spray process　喷射成形　12.028

spray resistance　喷溅阻力，＊滑行阻力　03.389

spread spectrum communication　扩频通信　07.076

spring back　回弹　04.106

square-law compensation　平方律补偿　06.135

squeeze [oil] film damper　挤压油膜阻尼器，＊挤
　压油膜轴承　05.280

SRU　车间可换件　13.038

SS　快速射击　09.047

SSR　二次监视雷达，＊空中交通管制雷达信标系
　统　07.181

stability　稳定性，＊安定性　03.329

stability augmentation system　增稳系统　06.016

stability of gyroscope　陀螺稳定性　06.085

stable fault　稳定性故障　13.056

stadiametric ranging　外基线测距　09.073

stagnation point　驻点，＊滞止点　03.074

stall flutter　失速颤振　04.049

stalling angle of attack　失速迎角　03.228

stalling departure　失速偏离　03.229

stalling speed　失速速度　03.314

stall warning　失速警告　16.146

stall warning system　失速警告系统　06.199

standard arrival route　标准进场航线　16.080

standard atmosphere　标准大气　03.001

standard barometric altitude　标准气压高度　16.036

standard instrument departure　标准仪表离场
　16.079

standard pressure altitude　标准气压高度　16.036

stand-by emergency flight control system　备用飞行操
　纵系统，＊应急飞行操纵系统　08.064

stand-off weapon　防区外发射武器　09.111

STAR　标准进场航线　16.080

starflex hub　星形柔性桨毂　02.209

staring homing head　凝视导引头　09.133

starter　起动机　05.267

star tracker　星体跟踪器　06.123

state flight　专机飞行　16.042

static air-temperature indicator　大气静温表　06.166

static derivative　静导数　03.256

static margin　静稳定裕度　03.347

static pressure　静压　03.069

static pressure lag　静压迟滞　06.134

static stability　静稳定性　03.330

static temperature　静温　03.072

static test　静力试验　04.040

stationary satellite　静止卫星　07.134

stator vane　整流叶片　05.140

STC　灵敏度时间控制，＊近程增益控制，＊时间增益控制　07.218，补充型号合格证　15.012

steady descent　稳定下降　10.141

steady flow　定常流　03.027

steady pull-up method　稳定拉起法　14.076

steady state performance　稳态性能　05.079

steady straight flight method　定常直线飞行法　14.072

steady turn method　稳定转弯法　14.077

stealth material　隐形材料　11.059

stealth technique　隐形技术，＊隐身技术　07.056

step　断阶　02.187

step-control　阶跃操纵　14.084

stick force per gram　每克驾驶杆力　03.334

stick-free　松杆　14.032

stoichiometric ratio　化学恰当比　05.177

STOL airplane　短距起落飞机　02.034

stop way　停止道　17.026

store-carrying capacity　载弹量　09.020

store management system　外挂物管理系统　09.082

straight-in approach-IFR　仪表飞行规则的直线进近　16.101

straight-in approach-VFR　目视飞行规则的直线进近　16.102

straight-in landing　直线进近着陆　16.103

straight wing　平直翼　02.092

strake　边条　02.117

strapdown inertial navigation system　捷联式惯性导航系统　06.092

strayed　迷航　16.152

stream function　流函数　03.067

stream line　流线　03.019

stream tube　流管　03.020

strength　强度　04.033

stress severity factor method　应力严重系数法　04.075

stretch-draw forming　拉伸压延成形，＊拉延　12.058

stretch-wrap forming　拉弯成形　12.054

stringer　桁条　02.064

stroboscopic effect on distance measurement　测距频闪效应　07.125

Strouhal number　施特鲁哈尔数　03.016

structural adhesive　结构胶黏剂，＊结构胶　11.071

structural ceramics　结构陶瓷，＊工程陶瓷　11.055

structural ratings　结构品级号　13.089

structural titanium alloy　结构钛合金　11.027

subsonic flow　亚声速流　03.029

superalloy　高温合金　11.003

supercooled water droplet　过冷水滴　10.036

supercritical aerofoil profile　超临界翼型　03.199

supercritical wing　超临界机翼　02.098

super cryogenic preforming　超低温预成形　12.064

superhybrid composite　超混杂复合材料　11.051

super low flight　超低空飞行　16.048

superplastic forging　超塑性锻造　12.023

superplastic forming　超塑性成形　12.062

superplastic forming/diffusion bonding　超塑性成形-扩散连接　12.032

supersonic flow　超声速流　03.031

supersonic through-flow stage　超声速通流级　05.143

supersonic wind tunnel　超声速风洞　03.129

supplemental type certificate　补充型号合格证　15.012

support interference correction　支架干扰修正　03.176

support stiffness　支承刚度　05.279

surface model　曲面模型　12.016

surface wetness fraction　表面湿润系数　10.050

surface wind　地面风　17.087

surge　喘振　05.132

surge limit　喘振边界，＊失速边界　05.133

surge line　喘振边界，＊失速边界　05.133

surge margin　喘振裕度，＊失速裕度　05.134

surveillance radar　监视雷达　16.066

survivability　生存力　06.014

survival kit　救生材　10.069

survival parachute　救生伞　10.121

suspension and release equipment　悬挂投放装置　09.092

sustainer motor　主发动机，*续航发动机　09.160

swashplate　倾斜盘，*自动倾斜器　02.211

sweep back angle　后掠角　02.049

sweep forward angle　前掠角　02.050

swept back wing　后掠翼　02.093

swept forward wing　前掠翼　02.095

swirl afterburner　旋流加力燃烧室　05.217

swirler　旋流器　05.162

swirl injector　离心喷嘴　05.166

symbol synchronization　码元同步　07.074

synchro　同步器，*自整角机　08.027

synchronization technique　同步技术　07.072

synchronous satellite　同步卫星　07.133

synchropter　双旋翼交叉式直升机　02.193

synthetic aperture radar　合成孔径雷达　07.236

synthetic dynamic display　综合动态显示器　07.178

θ-θ system　角－角系统，*测向系统，*测角系统　07.108

ρ-θ system　距离－方位系统，*极坐标系统　07.281

ρ-ρ system　圆－圆系统，*测距系统　07.109

system management computer　系统管理计算机　07.028

T

tab　调整片　02.120

TACAN system　战术空中导航系统，*塔康系统　07.162

tachometer　转速表　06.178

tactical air navigation system　战术空中导航系统，*塔康系统　07.162

tail boom　尾撑，*尾梁　02.145

tail down angle　擦地角，*后坐角　02.056

taildragger　后三点起落架　02.164

taileron　差动平尾　02.152

tailless airplane　无尾飞机　02.041

tail rotor　尾桨　02.215

tail skid　尾橇　02.174

tail unit　尾翼　02.146

tail-warning radar　护尾雷达　07.254

tail-warning set　护尾器　07.043

tail wheel　尾轮　02.173

tail wheel landing gear　后三点起落架　02.164

tail wind　顺风　17.090

take-off and landing strip　升降带　17.016

take-off balance field length　起飞平衡场长　03.313

take-off climb surface　起飞爬升面　17.038

take-off decision speed　起飞决断速度　03.311

take-off distance　起飞距离　03.308

take-off speed　起飞离地速度　03.310

take-off weight　起飞重量　04.111

tandem cascade　串列叶栅　05.142

tandem helicopter　双旋翼纵列式直升机　02.191

tank attitude error　油箱姿态误差　06.142

tanker airplane　空中加油机　02.016

tanker refuelling system　空中加油系统　08.103

tank pressurization　油箱增压　08.097

taper ratio　梢根比　03.209

TAR　地形回避雷达　07.252

target drone　靶机　02.017

targeting pod　瞄准吊舱　09.088

target lock-on　目标锁定　09.141

target simulator　目标仿真器　06.060

target state estimator　目标状态估计器　06.062

target tracker　目标跟踪器　06.063

taxi circuit　滑行路线　17.032

taxiing　滑行　14.025

taxilight　滑行灯　08.031

taxiing-guidance sign　滑行引导标志　17.060

taxiing-guidance system　滑行引导系统　17.049

taxiway　滑行道　17.024

taxiway center line light　滑行道中线灯　17.061

taxiway edge light　滑行道边灯　17.062

taxiway marking　滑行道标志　17.059

taxiway strip　滑行带　17.039

teardown inspection　分解检查　13.025

technical standard order　技术标准规定　15.007

technological compensation　工艺补偿　12.004

technologically useful life　技术淘汰寿命　13.081

Tee light　T字灯　17.067

telemetry missile　遥测试验[导]弹　09.202

telemetry symbol　遥测字符　07.287

telescopic landing gear　支柱式起落架　02.170

television guidance　电视制导　09.115

television measurement　电视测量　14.102

television tracking　电视跟踪　14.103

temperature altitude　温度高度　14.037

temperature control system　温度控制系统，＊温控系统　10.013

temperature rise ratio　加温比　05.181

template　样板　12.009

tend type landing forecast　趋势型着陆预报　17.102

tension field　张力场　04.034

tension field beam　张力场梁　04.035

terminal area　航站区　17.069

terminal control area　终端管制区　16.055

terminal VOR　终端伏尔　07.158

terrain avoidance　地形回避　06.033

terrain avoidance radar　地形回避雷达　07.252

terrain following　地形跟随　06.031

terrain following radar　地形跟随雷达　07.253

terrain matching　地形匹配　06.035

terrain matching guidance　地形匹配制导　09.119

terrain profile　地形轮廓　07.215

terrain referenced navigation system　地形参考导航系统　07.021

terrain sensing unit　地形敏感装置　06.032

terrain storage　地形存储　06.034

test　测试　13.030

test pilot　试飞员　14.052

test section　实验段，＊试验段　03.139

TFR　地形跟随雷达　07.253

TGS　滑行引导系统　17.049

Π-theorem　Π-定理　03.124

theoretical aerodynamics　理论空气动力学　03.056

thermal barrier　热障　03.060

thermal boundary layer　热边界层　03.086

thermal choking　热堵塞　05.221

thermal efficiency　热效率　05.058

thermal fatigue　热疲劳　05.288

thermal image homing head　热成像导引头　09.130

thermal protection structure　防热结构　04.016

thermo-conditional suit　调温服　10.110

thermoplastic resin composite　热塑性树脂复合材料　11.046

thermosetting resin composite　热固性树脂复合材料　11.045

thermo-strength　热强度　04.062

thickness distribution　厚度分布　03.194

thin airfoil theory　薄翼理论　03.121

thin-walled structure　薄壁结构　04.009

Thomson theorem　汤姆孙定理，＊开尔文定理　03.092

three-point method　三点法　09.150

throttle characteristics　节流特性，＊油门特性　05.076

through canopy ejection　穿盖弹射　10.056

throughflow combustor　直流燃烧室　05.156

thrust　推力　05.051

thrust available　可用推力　03.283

thrust balance　推力平衡，＊转子轴向力平衡　05.097

thrust coefficient　推力系数　09.162

thrust control system　推力控制系统　06.065

thrust cutback angle　推力收回角　17.123

thrust measurement rake　推力测量耙　14.088

thrust per frontal area　单位迎面推力　05.054

thrust required　需用推力　03.281

thrust reverser　反推力装置　05.232

thrust reversing rating　反推力状态　05.071

thrust to weight ratio　推重比　05.055

thrust vector control　推力矢量控制　06.027

thrust-vectoring engine　推力转向发动机，＊推力矢量发动机　05.043

tilt rotor aircraft　转向旋翼航空器，＊倾转旋翼航空器　02.036

time between overhauls　翻修寿命　13.079

time-extension sample　延时样本　13.105

time-frequency modulation　时频调制　07.066

time-frequency-phase modulation　时频相调制　07.067

time hopping spread spectrum 跳时扩频 07.078

time of useful consciousness 有效意识时间 10.160

tip back angle 防擦地角 02.058

tip chord 梢弦 03.207

tip path plane 桨尖轨迹平面，＊挥舞不变平面 03.366

titanium alloy 钛合金 11.024

titanium aluminide 钛铝化合物 11.041

to/from indicator 向/背台指示器 07.144

tolerance fault 容错 06.002

tooling 工艺装备 12.007

tooth method 锯齿法 14.070

torque indicator 扭矩表 06.175

torque-measuring mechanism 测扭机构 05.253

torque motor 力矩马达 08.045

toss bombing 上仰轰炸，＊拉起轰炸 09.045

total correcting angle 总修正角，＊总提前角 09.051

total energy control 总能量控制 06.051

total fatigue life 疲劳总寿命 04.070

total impulse 总冲量 09.163

total pressure 总压，＊驻点压强 03.071

total temperature 总温，＊驻点温度 03.073

touchdown speed 接地速度 03.315

touchdown zone 接地地带 17.041

touchdown zone light 接地带灯 17.058

touch screen 触敏控制板，＊触敏显示屏 06.195

touch sensitive panel 触敏控制板，＊触敏显示屏 06.195

towing brake 牵引刹车 08.072

track 航迹 16.031

track angle 航迹角 16.032

track angle error 偏航角 16.024

tracking line 跟踪线 09.053

track-while-scan 边扫描边跟踪，＊边搜索边跟踪 07.210

traffic pattern 起落航线 16.016

trail 退曳 09.059

trailing-edge angle 后缘角 03.196

trailing-edge flap 后缘襟翼 02.134

trailing vortex 尾随涡 03.117

trainer 教练机 02.027

training flight 训练飞行 14.004

training missile 教练［导］弹 09.203

trajectory control 轨迹控制 06.012

trajectory data 弹道诸元 09.040

transfer flight 调机飞行 16.040

transfer of control point 管制移交点 16.065

transient performance 瞬态性能 05.080

transition 转捩 03.040

transition altitude 过渡高度 16.108

transition height 过渡高 16.109

transition layer 过渡层 16.111

transition level 过渡高度层 16.110

transonic dip 跨声速凹坑 04.054

transonic flow 跨声速流 03.030

transonic wind tunnel 跨声速风洞 03.128

transparent radar reflection coating 透明雷达反射涂层 11.077

transparent structure 透波结构 04.020

transpiration cooling 发散冷却，＊发汗冷却 05.205

transpiration cooling material 发散冷却材料 11.063

transport airplane 运输机 02.019

transverse acceleration 横向加速度 10.167

triangulation location 三角定位法 07.064

tricycle landing gear 前三点起落架 02.163

trim angle 纵倾角，＊配平角 03.390

trimming 配平 03.340

trimming effect mechanism 调整片效应机构 08.070

trim tab method 调整片法 14.075

troop parachute 伞兵伞 10.122

tropospheric refraction correction 对流层折射校正 07.137

true airspeed 真空速 14.062

true heading 真航向 16.019

trunk liner 干线客机 02.022

TSO 技术标准规定 15.007

T-tail T形尾翼 02.160

tubular combustor 分管燃烧室，＊单管燃烧室 05.153

turbine 涡轮 05.193

turbine inlet temperature 涡轮进口温度 05.198

turbine nozzle 导向器，＊涡轮静子，＊涡轮喷嘴环

05.199

turbo-fan engine 涡轮风扇发动机，＊内外涵发动机 05.028

turbo-jet engine 涡轮喷气发动机 05.027

turbo-prop engine 涡轮螺旋桨发动机 05.029

turbo-shaft engine 涡轮轴发动机 05.030

turbulence 湍流度 03.148，颠簸 17.094

turbulence sphere 湍流球 03.150

turbulent flow 湍流，＊紊流 03.039

turn 盘旋 03.302

turn and bank indicator 转弯侧滑仪 06.162

turning in hover 悬停回转 03.383

turnover service 短停维护 13.016

turn the control wheel 压杆 14.082

turret 炮塔，＊活动射击装置 09.196

TV measurement 电视测量 14.102

TVOR 终端伏尔 07.158

TV tracking 电视跟踪 14.103

twin vertical fin 双垂尾 02.157

twisted blade 弯扭叶片，＊复合倾斜叶片 05.211

two-dimensional wind tunnel 二维风洞 03.131

two phase combustion 两相燃烧 05.008

TWS 边扫描边跟踪，＊边搜索边跟踪 07.210

type certificate 型号合格证 15.011

type certification special condition 型号审定专用条件 15.006

U

ultimate load 极限载荷，＊设计载荷 04.088

ultra-high strength steel 超高强度钢 11.002

ultralight airplane 超轻型飞机 02.025

ultraprecision machining 超精加工 12.042

ultrasonic gas atomized powder 超声气体雾化粉末 11.035

undercarriage 起落装置 02.162

underexpansion 不完全膨胀 05.237

underwater ejection 水下弹射 10.062

unit effective scattering area 单位有效散射面积 07.114

unloading cavity 卸荷腔，＊平衡腔 05.095

unmanned aerial vehicle 无人驾驶飞行器，＊无人机 02.037

unscheduled engine removal rate 提前换发率 05.297

unsteady flow 非定常流 03.028

unsymmetrical flight 非对称飞行 03.305

up front control panel 前上方控制板，＊正前方控制板 06.193

UPM 超精加工 12.042

upper airway flight 高空飞行 16.045

V

vacuum brazing 真空钎焊 12.033

validation of type certificate 型号认可证书 15.013

vane 叶片 05.138

vapor cycle cooling system 蒸气循环冷却系统，＊蒸发循环冷却系统 10.007

vaporizer 蒸发管 05.168

vapor refrigeration compressor 蒸气制冷压缩机 10.017

vapor screen technique 蒸气屏法 03.158

variable camber wing 变弯度机翼 02.099

variable-density wind tunnel 变密度风洞 03.133

variable frequency AC power system 变频交流电源系统 08.014

variable geometry combustor 变几何燃烧室 05.159

variable geometry design 变几何设计 05.214

variable geometry inlet 可调进气道 05.104

variable pitch propeller 变距螺桨 05.245

variable speed constant frequency AC power system 变速恒频电源系统 08.016

variable stability airplane 变稳飞机 02.043

variable stability flight control 可变稳定性飞行控制 06.018

variable swept back wing 变后掠翼 02.094

variable voltage variable frequency AC power system 变压变频交流电源系统 08.015

variable wing camber control 机翼变弯度控制

06.043

vectoring nozzle　转向喷管，＊矢量喷管　05.231

vee tail　V形尾翼　02.158

velocity boundary layer　速度边界层　03.085

velocity characteristics　速度特性　05.074

velocity deception jamming　速度欺骗干扰　07.054

velocity potential　速度势　03.068

velocity triangle　航行速度三角形　16.021

ventilating wall　通气壁　03.141

ventilation helmet　通风头盔　10.103

ventilation suit　通风服　10.111

ventral fin　腹鳍　02.090

vertical ascent　垂直上升　03.356

[vertical] fin　垂直尾翼，＊垂尾，＊立尾　02.153

vertical gyroscope　垂直陀螺　06.098

vertical seeking ejection seat　立姿自导弹射座椅，＊垂直定位弹射座椅　10.070

vertical separation　垂直间隔　16.073

vertical stabilizer　垂直安定面　02.154

vertical tail　垂直尾翼，＊垂尾，＊立尾　02.153

vertical take-off and landing airplane　垂直起落飞机　02.035

vertical visibility　垂直能见度　17.109

VFR　目视飞行规则　16.083

VHF omnidirectional radio range/tactical air navigation system　甚高频全向信标－战术空中导航系统，＊伏塔克　07.163

VHF omnidirectional radio range/distance measuring equipment　甚高频全向信标－测距器，＊伏尔－地美依　07.161

VHF omnidirectional radio range　甚高频全向信标，＊伏尔　07.154

vibrating beam accelerometer　振梁加速度计　06.117

vibrating wire converter　振动弦式变换器　06.146

viscous fluid　黏性流体　03.011

visibility　能见度　17.108

visual acuity　视敏度，＊视力　10.180

visual alerting device　目视告警装置　06.197

visual approach slope indicator light system　目视进近坡度灯光系统　17.066

visual check　目视检查　13.024

visual flight　目视飞行　14.002

visual flight rules　目视飞行规则　16.083

visual meteorological condition　目视气象条件　16.081

VMC　目视气象条件　16.081

vocoder　声码器，＊语音信号分析合成系统　07.092

voice command system　话音指令控制系统　06.194

voice recorder　话音记录器　06.202

volcanic ash cloud　火山灰云　17.116

VOLMET broadcast　对空气象广播　17.097

volumetric heat intensity　容热强度　05.174

VOR　甚高频全向信标，＊伏尔　07.154

VOR/DME　甚高频全向信标－测距器，＊伏尔－地美依　07.161

VORTAC　甚高频全向信标－战术空中导航系统，＊伏塔克　07.163

vortex　旋涡　03.023

vortex breakdown　旋涡破碎　03.065

vortex generator　涡流发生器　02.125

vortex-lattice method　涡格法　03.184

vortex surface sheet　涡面　03.116

VSS　立姿自导弹射座椅，＊垂直定位弹射座椅　10.070

VTOL airplane　垂直起落飞机　02.035

VTOL/STOL power plant　垂直－短距起落动力装置　05.042

W

waistcoat　代偿背心　10.109

wake　尾流　03.042

walkaround inspection　巡视检查　13.027

wall interference　洞壁干扰　03.173

wall pressure information method　壁压信息法 03.175

warhead　战斗部　09.184

water droplet trajectory　水滴轨迹　10.045

water jet machining　高压水射流加工　12.050

water resistance　水动阻力　03.387

water separator 水[气]分离器 10.018

water tunnel 水洞 03.135

wave drag 波阻 03.237

wave making resistance 兴波阻力 03.388

wave off 复飞 14.028

waypoint 航路点 16.028

WBGTI 湿球黑体温度指数，*三球温度指数 10.189

weapon pod 武器吊舱 09.197

wearout characteristics 耗损特性 13.106

wearout failure 渐变性故障，*耗损性故障 13.055

wearout failure period 耗损失效期 13.101

wearout region 耗损区 13.107

web 腹板 02.109

weight and balance 载重与平衡 16.136

weld bonding adhesive 胶焊胶黏剂 11.073

welded structure 焊接结构 04.005

wet bulb globe temperature index 湿球黑体温度指数，*三球温度指数 10.189

wetted area 浸润面积 03.236

wheel 机轮 08.088

wheel base 前后轮距 02.053

wheel track 主轮距 02.054

whip antenna 鞭状天线 07.257

whirl flutter 旋转颤振 04.050

wind aloft 高空风 17.088

windblast 气流吹袭 10.174

wind direction 风向 17.092

windmilling 风车状态 05.317

windmill test 风车试验 05.311

windscreen 风挡 02.071

wind shear 风切变 17.117

windshear detection system 风切变探测系统 07.026

wind shield 风挡 02.071

wind shield anti-fogging system 风挡防雾系统 10.033

wind shield rain removal system 风挡除雨系统 10.032

wind tunnel 风洞 03.126

wind tunnel balance 风洞天平 03.155

wind tunnel energy ratio 风洞能量比 03.146

wind tunnel free-flight test 风洞自由飞实验 03.171

wind tunnel testing 风洞实验 03.166

wind-up turn method 收敛转弯法 14.078

wing 机翼 02.091

wing area 机翼面积 03.205

wing chord 翼弦 03.191

wing fence 翼刀 02.116

winglet 翼梢小翼 02.118

wing loading 翼载荷 04.092

wing rib 翼肋 02.107

wing rock 机翼滚摆 03.230

wing section 翼型，*翼剖面 03.190

wing spar 翼梁 02.106

wing tip 翼尖 02.115

wing tip carriage 翼尖外挂 09.091

wing tip vortex 翼尖涡 03.119

wing twist 机翼扭转 03.213

wire aluminium alloy 线铝合金 11.018

wire antenna 钢索天线，*拉线天线 07.256

wireframe model 线架模型 12.014

work effectiveness 工作有效度 13.088

wrought aluminium alloy 变形铝合金，*可压力加工铝合金 11.014

wrought magnesium alloy 变形镁合金 11.022

wrought superalloy 变形高温合金 11.004

wrought titanium alloy 变形钛合金 11.025

Y

yawing moment 偏航力矩 03.252

Z

Z-count   Z 计数，＊子帧计数   07.139

zeroed time   零时化   13.108

zero fuel weight   零燃油重量   04.113

zero-g flight   零过载飞行，＊失重飞行   14.020

zero-lift angle   零升力角   03.225

zero-lift moment   零升力矩   03.248

zero-zero ejection   零－零弹射   10.060

zonal-installation inspection   区域检查   13.026

zoom   跃升   03.307

汉 英 索 引

A

*安定性　stability　03.329

安全和解除保险装置　safe and arming device, S&A device　09.183

安全燃料　safety fuel　11.086

*安全寿命　fatigue life　04.069

安全寿命设计　safe life design　04.023

*安全弹射包线　escape envelope, safe ejection envelope　10.084

安全投弹高度　safe release altitude　09.066

安全裕度　margin of safety　04.037

安装耗油率　installed specific fuel consumption　05.022

安装角　angle of incidence　02.048

安装节　mount　05.100

安装损失　installation loss　05.020

安装推力　installed thrust　05.021

暗[杆体]视觉　scotopic [rod] vision　10.178

奥米伽系统　Omega system　07.166

B

靶场　range　17.046

靶机　target drone　02.017

摆振铰　lead-lag hinge　02.204

*板块法　panel method　03.183

伴飞　accompanying flight　14.050

*半刚接式旋翼　semi-articulated rotor　02.198

半滚倒转　half roll and half loop, split-s　14.012

半铰接式旋翼　semi-articulated rotor　02.198

半筋斗翻转　Immelmann turn　14.015

*半雷达　radar ranger　07.248

半埋外挂　semi-submerged carriage　09.090

半模实验　half-model test　03.167

半球谐振陀螺　hemispherical resonance gyroscope　06.104

半硬壳式结构　semi-monocoque structure　04.013

包机飞行　chartered flight　16.041

包容性　containment　05.294

薄壁结构　thin-walled structure　04.009

薄翼理论　thin airfoil theory　03.121

保密通信　secure communication　07.080

*保形天线　conformal array antenna　07.274

保形外挂　conformal carriage　09.089

爆控机构　arming unit　09.195

爆炸成形　explosive forming　12.063

*爆炸减压　rapid decompression, explosive decompression　10.153

爆炸线　explosion line　09.064

爆震　detonation　05.048

*爆震波　detonation　05.048

背鳍　dorsal fin　02.089

贝氏体等温淬火　austempering　12.067

备弹量　ammunition capacity　09.028

备降场　alternative landing field　17.045

备降机场　alternate aerodrome　17.013

备用飞行操纵系统　stand-by emergency flight control system　08.064

本机平衡　in-field balancing　05.286

比冲[量]　specific impulse　09.165

比冲效率　specific efficiency　09.164

比幅单脉冲　amplitude-comparison monopulse　07.204

比例导引法　proportional navigation method　09.151

比相单脉冲　phase-comparison monopulse　07.205

毕奥-萨伐尔公式　Biot-Savart formula　03.095

*闭式加油　pressure refuelling　08.095

闭式空气循环冷却系统　closed air cycle cooling system　10.008

壁板　panel　02.104

壁板颤振　panel flutter　04.051

壁压信息法　wall pressure information method 03.175

鞭状天线　whip antenna　07.257

边界层　boundary layer　03.043

边界层动量厚度　boundary layer momentum thickness　03.045

边界层积分关系式　boundary layer integral relations 03.088

边界层泄除　boundary layer bleed　05.114

边界层位移厚度　boundary layer displacement thickness　03.044

边扫描边跟踪　track-while-scan, TWS　07.210

边搜索边测距　range-while-search, RWS　07.208

*边搜索边跟踪　track-while-scan, TWS　07.210

边条　strake　02.117

边缘检验　marginal check　13.063

编队飞行　formation flight　14.003

变薄压延　ironing　12.061

变后掠翼　variable swept back wing　02.094

变几何燃烧室　variable geometry combustor　05.159

变几何设计　variable geometry design　05.214

变距铰　pitch hinge, feathering hinge　02.205

变距螺桨　variable pitch propeller　05.245

变流机　rotary inverter　08.020

变流量管流　channel flow with variable mass flow rate 05.004

变密度风洞　variable-density wind tunnel　03.133

变频交流电源系统　variable frequency AC power system　08.014

变视场导引头　FOV variable homing head　09.134

变速恒频电源系统　variable speed constant frequency AC power system　08.016

变弯度机翼　variable camber wing　02.099

变稳飞机　variable stability airplane　02.043

*变形发散　divergence　04.055

变形高温合金　wrought superalloy　11.004

变形扩大　divergence　04.055

变形铝合金　wrought aluminium alloy　11.014

变形镁合金　wrought magnesium alloy　11.022

变形钛合金　wrought titanium alloy　11.025

变压变频交流电源系统　variable voltage variable frequency AC power system　08.015

标模实验　calibration-model test　03.168

标准大气　standard atmosphere　03.001

标准进场航线　standard arrival route, STAR 16.080

标准气压高度　standard barometric altitude, standard pressure altitude　16.036

标准仪表离场　standard instrument departure, SID 16.079

表面湿润系数　surface wetness fraction　10.050

*表速　indicated airspeed　14.059

冰风洞　icing tunnel　10.034

冰形　icing shape　10.037

波导缝隙阵天线　slotted waveguide antenna　07.272

波尔豪森法　Pohlhausen method　03.105

波门内插测距　rang gate interpolation ranging 07.219

波束制导　beam riding guidance　09.121

波阻　wave drag　03.237

箔条　chaff　07.045

伯努利方程　Bernoulli's equation　03.050

捕获视场　FOV of acquisition　09.137

补充型号合格证　supplemental type certificate, STC 15.012

*补燃室　afterburner　05.215

不可逆助力机械操纵　irreversible boosted mechanical control　08.063

不可压缩流体　incompressible fluid　03.006

不适用地区的标志　closed area marking　17.064

不完全膨胀　underexpansion　05.237

布拉休斯定理　Blasius theorem　03.096

布拉休斯平板解　Blasius solution for flat plate flow 03.103

C

擦地角 tail down angle 02.056

参考椭球 reference ellipsoid 07.100

参数监控 parameter monitoring 13.036

残余应变 residual strain 04.039

舱效应 chamber effect 05.314

操纵导数 control derivative 03.257

操纵力 control force 03.333

操纵力和位移 control force/displacement 08.059

操纵期望参数 control anticipation parameter, CAP 03.342

操纵性 controllability 03.336

操作测试程序 operation test program, OTP 07.006

操作飞行程序 operation flight program, OFP 07.005

侧风 cross wind, sidewind 17.091

*侧杆 side control stick 02.068

侧滑角 angle of sideslip 03.246

侧净空 side clearway 17.030

侧力 side force 03.245

侧偏修正角 correction angle due to windage jump 09.057

侧视雷达 side-looking radar 07.241

侧向轨道发散火箭 lateral trajectory divergence rocket 10.075

侧向加速度 lateral acceleration 10.168

侧置驾驶杆 side control stick 02.068

*测角系统 θ-θ system 07.108

测距环 ranging reticle 09.074

测距门 distance measuring gate 07.122

测距频闪效应 stroboscopic effect on distance measurement 07.125

测距器 distance measuring equipment, DME 07.160

*测距系统 ρ-ρ system 07.109

测距应答器 DME transponder 07.146

测扭机构 torque-measuring mechanism 05.253

测试 test 13.030

*测向系统 θ-θ system 07.108

测压排管 pressure rake 03.154

层板叶片 laminated blade 05.207

层合玻璃 laminated glass 11.070

层流 laminar flow 03.038

层流机翼 laminar flow wing 02.097

层流翼型 laminar flow aerofoil profile 03.197

差动操纵摇臂 differential control crank arm 08.068

差动平尾 differential tailplane, taileron 02.152

差分全球定位系统 differential GPS 07.168

*拆换率 shop visit rate 13.078

掺混区 dilution zone 05.186

颤振 flutter 04.044

颤振模型试验 flutter model test 04.060

颤振抑制控制 flutter suppression control 06.047

颤振余量 flutter margin 04.052

场面气压高度 barometric altitude above airfield height 16.035

长期试车 endurance test 05.301

敞开式弹射 open ejection 10.054

超低空飞行 super low flight 16.048

超低温预成形 super cryogenic preforming 12.064

超高强度钢 ultra-high strength steel 11.002

超混杂复合材料 superhybrid composite 11.051

超精加工 ultraprecision machining, UPM 12.042

超临界机翼 supercritical wing 02.098

超临界翼型 supercritical aerofoil profile 03.199

超前偏置控制 lead-bias control 09.149

超轻型飞机 ultralight airplane 02.025

超燃冲压发动机 scramjet engine 05.033

超声气体雾化粉末 ultrasonic gas atomized powder 11.035

超声速风洞 supersonic wind tunnel 03.129

超声速流 supersonic flow 03.031

超声速通流级 supersonic through-flow stage 05.143

超实时仿真 faster-than-real-time simulation 06.059

超视距空空导弹 beyond visual range air-to-air missile, BVRAAM 09.099

超速警告 overspeed warning 16.147

超塑性成形 superplastic forming 12.062

超塑性成形-扩散连接 superplastic forming/diffusion bonding 12.032

超塑性锻造 superplastic forging 12.023

超温试车 overtemperature test 05.305

*超硬铝合金 high strength aluminium alloy 11.016

超越角 preset angle 09.063

*超越离合器 overrunning clutch 05.268

超障高 obstacle clearance height, OCH 16.118

超障高度 obstacle clearance altitude, OCA 16.117

超转离合器 overrunning clutch 05.268

超转试车 overspeed test 05.306

车架式起落架 bogie landing gear 02.168

车间可换件 shop replaceable unit, SRU 13.038

车间维修 shop maintenance 13.011

沉浮模态 phugoid mode 03.323

乘坐品质控制 ride quality control 06.046

程序飞行控制系统 program flight control system 06.025

程序块谱 program block spectrum 04.078

程序制导 program guidance 09.122

程序转弯 procedure turn 16.099

承力系统 load supporting system 05.099

吃水 draft 03.393

*持久试车 endurance test 05.301

持续适航文件 instruction for continuous 15.010

持续适航性 continuous airworthiness 15.003

尺度效应 scale effect 03.177

*冲击雷达 impulse radar 07.240

冲击冷却 impingement cooling 05.202

冲击涡轮 impulse turbine 05.196

冲击载荷 impact load 04.107

*冲量效率 specific efficiency 09.164

冲压喷气发动机 ramjet engine 05.032

冲压式翼伞 parafoil 10.149

重复噪声 repetitive noise 07.052

*酬载 payload 04.116

初步设计 preliminary design 04.029

出厂试飞 delivery flight test 14.043

出界概率 out of bound probability 09.014

出口温度分布 exit temperature distribution 05.182

除冰系统 deicing system 10.028

触发引信 impact fuze 09.167

触敏控制板 touch sensitive panel, touch screen 06.195

*触敏显示屏 touch sensitive panel, touch screen 06.195

穿盖弹射 through canopy ejection 10.056

传爆系列 explosive train 09.182

传焰管 interconnector 05.170

船体 hull 02.186

船尾角 boat tail angle 03.221

喘振 surge 05.132

喘振边界 surge limit, surge line 05.133

喘振裕度 surge margin 05.134

串列叶栅 tandem cascade 05.142

吹气襟翼 blow flap 02.138

*垂尾 vertical tail, [vertical] fin 02.153

垂直安定面 vertical stabilizer 02.154

*垂直定位弹射座椅 vertical seeking ejection seat, VSS 10.070

垂直-短距起落动力装置 VTOL/STOL power plant 05.042

垂直间隔 vertical separation 16.073

*垂直铰 lead-lag hinge 02.204

垂直能见度 vertical visibility 17.109

垂直起落飞机 vertical take-off and landing airplane, VTOL airplane 02.035

垂直上升 vertical ascent 03.356

*垂直速度表 rate-of-climb indicator 06.154

垂直陀螺 vertical gyroscope 06.098

垂直尾翼 vertical tail, [vertical] fin 02.153

*垂直状态显示仪 primary flight display 06.185

磁差 magnetic variation 06.136

磁粉离合器 magnetic particle clutch 08.026

磁航向 magnetic heading 16.020

磁流体动力学 magnetofluid dynamics 03.058

*磁偏角 magnetic variation 06.136

磁倾角 magnetic dip 06.137

磁悬浮技术 magnetic suspension technique 06.108

催化点火 catalytic ignition 05.222

存活率 probability of survivability 04.082

D

搭铁 electrical ground 08.028

达朗贝尔佯谬 D'Alembert paradox 03.094

*达朗贝尔疑题 D'Alembert paradox 03.094

达特[稳定]系统 DART stabilization system, directional automatic realignment of trajectory system 10.076

大距 high pitch 05.246

大气静温表 static air-temperature indicator 06.166

*大气静压模拟器 high precision air pressure generator 06.132

大气数据计算机 air data computer 06.131

大气温度表 air-temperature indicator 06.165

大圆航线 great circle route 16.012

大圆航线角 great circle course angle 16.014

带飞 instructional flight 14.005

带盖弹射 ejection with canopy 10.058

*带离弹射 ejection with canopy 10.058

带条伞 ribbon parachute 10.131

代偿背心 pressure jacket, waistcoat 10.109

单飞 solo flight 14.006

*单管燃烧室 tubular combustor 05.153

单晶高温合金 single crystal superalloy 11.012

单晶叶片 single crystal blade 05.209

单晶铸造 single crystal casting 12.020

单轮着陆 one-wheel landing 16.145

单脉冲雷达 monopulse radar 07.230

单脉冲零深 monopulse null depth 07.207

单脉冲天线 monopulse antenna 07.278

单面铆接 blind riveting 12.038

单室多推力发动机 single-chamber multistage-thrust motor 09.158

*单位燃油消耗率 specific fuel consumption 05.057

单位剩余功率 specific excess power, SEP 03.290

单位推力 specific thrust 05.053

单位迎面推力 thrust per frontal area 05.054

单位有效散射面积 unit effective scattering area 07.114

单星及多星导航 single star and multistars navigation 06.122

单元探测导引头 single-detector homing head 09.128

单元体设计 modular design 05.094

单站定位 mono-station locating 14.097

弹带阻力 ammunition belt drag 09.027

弹道表 ballistic table 09.041

*弹道方向自动再调准系统 DART stabilization system, directional automatic realignment of trajectory system 10.076

弹道函数 ballistic function 09.039

弹道摄影 ballistic photography 14.101

弹道诸元 trajectory data 09.040

弹道自导段 self-guided ballistic phase 09.156

弹道自控段 self-controlled ballistic phase 09.155

弹体解耦 missile body decoupling 09.143

当量比 equivalent ratio 05.173

当量空速 equivalent airspeed 14.061

当量扩张角 equivalent divergent angle 05.160

*当前位置 present position 07.105

刀状天线 blade antenna, flagpole antenna 07.258

倒飞 inverted flight 14.018

倒飞油箱 inverted flight fuel tank 02.113

导弹发射架 missile launcher 09.198

导弹攻击区 missile attack envelop 09.093

导弹归零 missile zero-in 09.157

导弹离轴发射 missile off-boresight launch 09.006

*导弹允许发射区 missile attack envelop 09.093

导航 navigation 16.002

导航比 navigation ratio 09.152

*导航常数 navigation ratio 09.152

导航攻击系统 navigation attack system 09.077

*导航显示器 horizontal situation display 06.187

导流叶片 guide vane 05.141

导向面伞 guide-surface parachute 10.133

导向器 turbine nozzle 05.199

导向器叶片 nozzle guide vane 05.200

*导叶 nozzle guide vane 05.200

导引律 guidance law 06.004

*导引头 homing head, seeker 09.126

*［导引头］非灵敏区 homing head blind zone 09.139

导引头分辨率 homing head resolution 09.140

导引头盲区 homing head blind zone 09.139

*［导引头］死区 homing head blind zone 09.139

导引装置 homing head, seeker 09.126

到寿件 life-limit element 13.080

道肩 runway shoulder 17.035

道面等级号 pavement classification number, PCN 17.021

道面强度 runway pavement strength 17.019

蹬舵 apply rudder 14.081

登机门 boarding gate 17.071

等百分线 constant percentage chord line 03.210

等磁差线 isogonic line 16.017

等待程序 holding procedure 16.085

等待点 holding point 16.086

等待油量 holding fuel 16.144

等多普勒频率线 line of constant Doppler shift 07.115

等概率误差椭圆 equal-probable error ellipse 07.111

等高面测绘 contour mapping 07.216

等角航线 rhumb line route 16.015

等精度曲线 contour of constant geometric accuracy 07.110

等离子喷涂 plasma coating, plasma spraying 12.069

等量高度法 equivalent-altitude method 14.069

等熵流动 isoentropic flow 03.026

*等寿命曲线 Goodman diagram 05.291

等温锻造 isothermal forging 12.022

等效安全水平 equivalent level of safety 15.008

*低距 low pitch 05.247

低空避撞 low-level collision avoidance 06.030

低空飞行 low-level flight 16.047

低膨胀高温合金 low expansion superalloy 11.013

低速风洞 low speed wind tunnel 03.127

低温超导陀螺 cryogenic superconducting gyroscope 06.106

低温风洞 cryogenic wind tunnel 03.134

低压舱 altitude［hypobaric］chamber 10.212

低压温度舱 hypobaric thermal chamber 10.213

低压压气机 low pressure compressor 05.123

低阻炸弹 low drag bomb 09.030

敌我识别系统 identification of friend or foe, IFF 07.025

底阻 base drag 03.235

地标领航 pilotage 16.010

地－空－地载荷循环 ground-air-ground load cycle 04.103

*地美依 distance measuring equipment, DME 07.160

地面电源 ground electrical power source 08.012

地面风 surface wind 17.087

地面共振试验 ground resonance test 04.058

地面慢车 ground idle speed 05.316

地面效应 ground effect 03.264

地面效应实验 ground effect test 03.170

地面有速度弹射试验 ground dynamic ejection test 10.080

地面指挥进近系统 ground controlled approach system, GCA 07.191

地面坐标系 earth-fixed axis system 03.266

地速 ground speed 14.055

地速偏流表 ground speed-drift angle indicator 06.161

地图显示器 map display 06.129

地效飞行器 ground effect vehicle 02.032

地心坐标系 geocentric coordinate system 07.101

地形参考导航系统 terrain referenced navigation system 07.021

地形测绘雷达 ground mapping radar 07.251

地形存储 terrain storage 06.034

地形跟随 terrain following 06.031

地形跟随雷达 terrain following radar, TFR 07.253

地形回避 terrain avoidance 06.033

地形回避雷达 terrain avoidance radar, TAR 07.252

地形轮廓 terrain profile 07.215

地形敏感装置 terrain sensing unit 06.032

地形匹配 terrain matching 06.035

地形匹配制导 terrain matching guidance 09.119

第二喉道 second throat 03.145

颠簸 turbulence 17.094

点火边界 ignition limit 05.179

点火高度 ignition altitude 05.180

点火能量 ignition energy 05.190

电传飞行控制 fly-by-wire control 06.036

电磁兼容性 electromagnetic compatibility 08.018

电航迹线 electrical flight path line 07.174

电离层折射校正 ionospheric refraction correction 07.136

电扫描天线 electronic scanning antenna 07.277

电视测量 television measurement, TV measurement 14.102

电视跟踪 television tracking, TV tracking 14.103

电视制导 television guidance 09.115

电台航向 heading of station 07.103

电液伺服阀 electro-hydraulic servo valve 08.044

电源系统 electrical power generating system 08.003

电子对抗 electronic counter-measures, ECM 07.034

电子反对抗 electronic counter counter-measures, ECCM 07.035

* 电子反干扰 electronic counter counter-measures, ECCM 07.035

* 电子干扰 electronic counter-measures, ECM 07.034

* 电子航道罗盘 horizontal situation display 06.187

电子束加工 electron beam machining 12.046

电子战 electronic warfare, EW 07.033

电子战吊舱 EW pod 07.039

电子战飞机 electronic warfare airplane 02.015

电子侦察 electronic reconnaissance 07.037

电子支援措施 electronic support measures, ESM 07.036

电子资料库系统 electronic library system 07.020

电子综合显示系统 electronic integrated display system 07.023

吊挂架 pylon 02.144

调机飞行 transfer flight 16.040

顶风 head wind 17.089

定常流 steady flow 03.027

定常直线飞行法 steady straight flight method 14.072

定距螺桨 fixed pitch propeller 05.248

定距瞄准 range sighting 09.061

Π-定理 Π-theorem 03.124

定期维修 periodic maintenance, routine maintenance 13.005

* 定时测距导航系统 global positioning system, GPS 07.167

定时监测 periodic monitor 13.033

定位几何误差因子 position dilution of precision 07.141

定向共晶高温合金 directionally solidified eutectic superalloy 11.011

定向结晶叶片 directional crystallization blade 05.208

定向瞄准 directional sighting 09.060

定向凝固 directional solidification 12.019

定向凝固高温合金 directionally solidified superalloy, DS superalloy 11.010

* 定向凝固叶片 directional crystallization blade 05.208

定向有机玻璃 oriented organoglass 11.069

定向战斗部 directional fragment warhead, aimable fragment warhead 09.186

定型试验 qualification test 05.308

动导数 dynamic derivative 03.259

动方向稳定性 dynamic directional stability 03.332

动高度 dynamic height 14.039

* 动力高度 dynamic height 14.039

动力射程 dynamic range 09.094

动力调谐陀螺 dynamic tuned gyroscope 06.100

动力涡轮 power turbine 05.194

动力响应 dynamic response 04.056

动量方程 momentum equation 03.080

动态响应指数 dynamic response index, DRI 10.173

动稳定性 dynamic stability 03.331

动压 dynamic pressure 03.070

冻结高度层 freezing level 17.112

冻结系数 freezing fraction 10.041

洞壁干扰 wall interference 03.173

抖振 buffeting 04.045

抖振边界 buffet boundary 03.277

陡升速度 speed for steepest climb 16.127

独立平行进近　independent parallel approach　16.112

独立平行离场　independednt parallel departure　16.113

堵塞技术　choked technique　05.313

*杜拉铝　duralumin, hard aluminium alloy　11.015

端板　endplate　02.123

端净空　end clearway　17.029

短距起落飞机　short take-off and landing airplane, STOL airplane　02.034

短寿命发动机　expendable engine　05.046

短停维护　turnover service　13.016

短周期模态　short-period mode　03.324

锻铝合金　forging aluminium alloy　11.017

断阶　step, planing step　02.187

对空气象广播　VOLMET broadcast　17.097

对流层折射校正　tropospheric refraction correction　07.137

对流冷却　convective cooling　05.203

对数周期天线　log-periodic antenna　07.265

*对重　counterbalancing weight　08.056

对转涡轮　counter-rotating turbine　05.210

多重故障　multiple fault　13.051

*多次[充气]开伞　multistage opening　10.139

*多工制导　multimode guidance　09.125

多功能雷达　multifunction radar　07.249

多级开伞　multistage opening　10.139

多孔层压材料　multi-orifice laminated material　11.049

多路传输数据总线　multiplex data bus　07.030

多路[复用]通信　multiplex communication　07.088

多模制导　multimode guidance　09.125

多目标跟踪　multiple target tracking　07.211

多普勒波束锐化　Doppler beam sharpening, DBS　07.213

多普勒导航系统　Doppler navigation system　07.150

多普勒伏尔　Doppler VOR, DVOR　07.156

多普勒无线电引信　Doppler radio fuze　09.169

多向模锻　multiple-ram forging　12.021

多元探测导引头　multi-detector homing head　09.129

多站交会　multi-stations intersection　14.098

多址通信　multiple access communication　07.089

惰性气体雾化粉末　inert gas atomized powder　11.034

E

额定状态　normal rating　05.066

二次电源　secondary electrical power source　08.009

二次监视雷达　secondary surveillance radar, SSR　07.181

*二次流系统　internal air system　05.269

二次能源系统　secondary power system　08.091

二次损伤　secondary damage　13.103

二股流　secondary air　05.184

二维风洞　two-dimensional wind tunnel　03.131

*二维阵天线　planar array antenna　07.271

F

*发动机参数显示器　engine display　06.188

发动机舱　engine compartment　02.086

*[发动机]喘振裕度　engine stability margin　05.017

发动机飞行试验台　engine flight test bed　05.323

发动机高空模拟试车台　engine altitude simulated test facility　05.325

发动机加速性　engine acceleration　05.077

发动机减速性　engine deceleration　05.078

发动机结构完整性大纲　engine structure integrity program　05.295

发动机适用性　engine operability　05.093

发动机试车台　engine test bed　05.324

[发动机]稳定性裕度　engine stability margin　05.017

发动机显示器　engine display　06.188

发动机性能　engine performance　05.047

发动机引气系统　engine bleed air system　10.003

发动机振动监视系统　engine vibration monitoring system　06.181

*发汗冷却　transpiration cooling　05.205

发散冷却　transpiration cooling　05.205

发散冷却材料　transpiration cooling material　11.063

发射　launch　09.009

发射后不管空空导弹　fire and forget air-to-air missile　09.100

发射距离　launch range　09.095

*发烟数　smoke number　17.128

翻修　overhaul　13.018

翻修寿命　time between overhauls　13.079

*反机场武器　antirunway bomb　09.029

反桨　propeller reversing　05.250

反雷达涂层　anti-radar coating, radar absorb painting　07.058

反力涡轮　reaction turbine　05.197

反流区　reversed flow region　03.363

反跑道炸弹　antirunway bomb　09.029

反配重　counterbalancing weight　08.056

反潜机　anti-submarine warfare airplane　02.014

反潜控制　anti-submarine warfare control　06.056

反推力装置　thrust reverser　05.232

反推力状态　thrust reversing rating　05.071

反向程序　reversal procedure　16.098

返航　return flight　16.004

返修率　shop visit rate　13.078

方案设计　conceptual design　04.028

方位单元　localizer unit　07.284

*方位引导单元　localizer unit　07.284

方向舵　rudder　02.155

*方向瞄准　direction sighting　09.060

方向升降舵　ruddervator　02.159

*方向仪　flow direction probe　03.149

防爆系统　fuel detonation suppressant system　08.101

防冰表面热载荷　heat load of anti-icing　10.044

防冰系统　anti-icing system　10.027

防冰液　anti-icing fluid　10.030

防擦地角　tip back angle　02.058

防吹坪　blast pad　17.025

防倒立角　nose over angle　02.057

防核生化服　nuclear biological and chemical protective suit, NBC protective suit　10.114

防护波门　guard gates　07.060

防护服　protective suit　10.105

防护头盔　protective helmet　10.101

防滑刹车系统　anti-skid brake system　08.085

防火　fireproof　11.090

防区外发射武器　stand-off weapon　09.111

防热结构　thermal protection structure　04.016

防撞灯　anti-collision light　08.032

*仿真人　dummy, anthropomorphic dummy　10.083

放宽静稳定性控制　relaxed static stability control　06.041

放气　air bleed　05.145

放油系统　defuelling and jettison system　08.099

非等弹性力矩　anisoelasticity torque　06.083

非定常流　unsteady flow　03.028

非对称飞行　unsymmetrical flight　03.305

非精密进近程序　non-precision approach procedure　16.096

非守恒型方程　equation in nonconservation form　03.181

非同类余度　non-congeneric redundancy　06.071

非相似余度　dissimilar redundancy　06.072

飞机　airplane, aeroplane　02.006

飞机等级数　aircraft classification number, ACN　04.095

飞机－发动机一体化　aircraft/engine integration　05.018

*飞机拉烟　aircraft trail　17.119

飞机蒙布　aircraft fabric　11.079

飞机燃油系统　aircraft fuel system　08.098

飞机推重比　airplane thrust weight ratio　03.280

飞机尾迹　aircraft trail　17.119

*飞控系统　flight control system　06.001

飞艇　airship　02.005

飞行　flight　01.007

飞行包线　flight envelope　03.350

飞行包线扩展试飞　extension of flight envelope in flight test　14.048

飞行边界控制系统　flight boundary control system　06.038

飞行参数记录器　flight data recorder　06.201

飞行颤振试验　flight flutter test　04.061

*飞行错觉　spatial disorientation　10.177

飞行高　flight height　16.033

飞行高度　flight altitude　16.034

飞行高度层　flight level　16.037

飞行管理系统　flight management system　06.048

飞行后检查　postflight check　13.021

飞行环境　flight environment　17.072

飞行计划　flight plan　16.077

*飞行记录器　flight data recorder　06.201

飞行控制系统　flight control system　06.001

飞行力学　flight mechanics　03.265

飞行慢车　flight idle speed　05.315

飞行模拟器　flight simulator　14.051

飞行品质　flying qualities　03.349

飞行品质仿真器　flying quality simulator　06.061

飞行剖面　flight profile, mission profile　03.321

飞行器　flight vehicle　01.006

飞行气象条件　flight weather condition　17.077

飞行签派　flight dispatch　16.142

飞行前规定试验　preliminary flight rating test, PFRT
05.307

飞行前检查　preflight check　13.020

飞行情报　flight information　16.053

飞行情报区　flight information region, FIR　16.054

飞行区　aircraft movement area　17.014

飞行区标志　aircraft movement area mark　17.051

飞行区等级　aircraft movement area reference code
17.015

飞行任务分析　flight mission analysis　05.019

飞行任务剖面　flight mission profile　03.298

飞行事故　aircraft accident and incident　14.035

飞行事故记录器　aircraft accident recorder　06.200

飞行试验　flight test　14.040

飞行速度　flight velocity　03.278

飞行弹射试验　ejection test in flight　14.092

飞行性能　flight performance　03.276

*飞行员　pilot　14.023

飞行指引系统　flight director system　06.157

飞续飞谱　flight by flight spectrum　04.079

肺泡通气量　alveolar ventilation volume　10.156

分管燃烧室　tubular combustor　05.153

分解检查　teardown inspection　13.025

分开的平行运行　segregated parallel operations
16.114

*分离带　heat knife, parting strip　10.031

分离[流]　separated flow　03.041

*分离座舱　ejectable cockpit　10.067

分子筛制氧　molecular sieve oxygen generation,
MSOG　10.091

分组交换网　packet switching network　07.097

粉末锻造　powder forging　12.024

粉末高温合金　powder metallurgy superalloy
11.029

粉末铝合金　powder metallurgy aluminium alloy
11.031

粉末钛合金　powder metallurgy titanium alloy
11.030

封闭式弹射　enclosed ejection　10.057

蜂窝夹层结构胶黏剂　adhesive for honeycomb sand-
wich structure　11.072

蜂窝结构　honeycomb structure　04.015

风车试验　windmill test　05.311

风车状态　windmilling　05.317

风挡　windscreen, wind shield　02.071

风挡除雨系统　wind shield rain removal system
10.032

风挡防雾系统　wind shield anti-fogging system
10.033

风动泵　ram-air turbopump　08.043

风洞　wind tunnel　03.126

风洞能量比　wind tunnel energy ratio　03.146

风洞实验　wind tunnel testing　03.166

风洞天平　wind tunnel balance　03.155

风洞自由飞实验　wind tunnel free-flight test
03.171

风切变　wind shear　17.117

风切变探测系统　wind shear detection system
07.026

风扇　fan　05.124

风向　wind direction　17.092

缝隙天线　slot antenna　07.267

*伏尔　VHF omnidirectional radio range, VOR
07.154

*伏尔－地美依　VHF omnidirectional radio range/
distance measuring equipment, VOR/DME　07.161

*伏塔克　VHF ommidirectional radio rangetactical air navigation system, VORTAC　07.163

浮力修正　buoyancy correction　03.172

浮筒式起落架　float gear　02.178

浮性　buoyancy　03.386

*浮子陀螺　liquid floated gyroscope　06.102

福勒襟翼　Fowler flap　02.137

弗劳德数　Froude number　03.017

辅助电源　auxiliary electrical power source　08.011

辅助动力装置　auxiliary power unit　08.092

辅助飞行操纵系统　auxiliary flight control system　08.061

俯冲　dive　03.306

俯冲轰炸　dive bombing　09.043

*俯冲拉起轰炸　dive-toss bombing　09.044

俯仰角　pitch angle　03.272

俯仰力矩　pitching moment　03.247

腐蚀疲劳　corrosion fatigue　04.083

副台　slave station　07.128

副翼　aileron　02.129

副翼反效　aileron reversal　04.108

副油箱　auxiliary fuel tank, drop tank　02.114

覆盖脉冲干扰　cover-pulse jamming　07.049

赋形波束天线　shaped-beam antenna　07.263

复飞　wave off, go around　14.028

复飞点　missed approach point, MAPt　16.123

复合材料结构　composite structure　04.002

复合冷却　combined cooling　05.206

*复合倾斜叶片　twisted blade　05.211

复合调制引信　multiplex modulation fuze　09.171

复合摇臂　duplicated crank　08.071

复合制导　combined guidance　09.124

*复燃室　afterburner　05.215

复式挂弹架　multiple ejection rack, MER　09.191

傅科摆　Foucault pendulum　06.089

腹板　web　02.109

腹鳍　ventral fin　02.090

*负荷特性　external characteristics　05.049

负加速度　negative acceleration　10.166

*附面层　boundary layer　03.043

附着涡　bound vortex　03.113

G

改出俯冲轰炸　dive-toss bombing　09.044

改航　diversion　16.006

改装　modification, retrofit　13.019

干扰云　chaff cloud　07.055

干扰阻力　interference drag　03.238

干涉图法　interferogram technique　03.163

干线客机　trunk liner　02.022

*杆体视觉　scotopic [rod] vision　10.178

刚架式结构　framed structure　04.008

*刚接式旋翼　hingeless rotor　02.199

刚性道面　rigid pavement　17.022

刚性支承　rigid support　05.277

刚性转子　rigid rotor　05.275

钢索天线　wire antenna　07.256

高超声速风洞　hypersonic wind tunnel　03.130

高超声速激波层　hypersonic shock layer　03.048

高超声速流　hypersonic flow　03.047

高度保持　altitude hold　06.008

高度表拨正　altimeter setting　16.039

高度空穴效应　altitude-hole effect　07.117

高度特性　altitude characteristics　05.075

高精度气压发生器　high precision air pressure generator　06.132

*高距　high pitch　05.246

高空代偿服　high altitude compensating suit　10.108

高空飞行　upper airway flight　16.045

高空风　wind aloft　17.088

高空减压病　altitude decompression sickness　10.154

*高空密闭服　full pressure suit　10.107

高空缺氧　altitude hypoxia　10.152

*高空组织气肿　ebullism, boiling of body fluid, aeromphysema　10.161

高能燃料　high-energy fuel　11.084

高能束焊接　high-energy density beam welding　12.029

高能束加工　high-energy beam machining　12.045

高强铝合金　high strength aluminium alloy　11.016

高温合金 superalloy 11.003

高压除水－回冷式空气循环冷却系统 high pressure water separation-regenerative air cycle cooling system 10.009

高压水射流加工 water jet machining 12.050

高压压气机 high pressure compressor 05.122

格斗空空导弹 close combat air-to-air missile 09.098

格特尔特法则 Goethert rule 03.108

格网航向 grid heading 07.104

格网坐标系 grid coordinate system 07.102

隔框 bulkhead, frame 02.060

隔热防振屏 afterburner liner 05.220

个体防护 personal protection 10.086

个体冷却系统 personal cooling system 10.010

个体热调节 personal thermal conditioning 10.025

根弦 root chord 03.206

跟踪线 tracking line 09.053

工厂试车 factory test, acceptance test 05.298

*工程模拟器 flying quality simulator 06.061

*工程陶瓷 structural ceramics, engineering ceramic 11.055

工龄探索 age exploration 13.073

工艺补偿 technological compensation 12.004

工艺分离面 production breakdown interface 12.002

工艺装备 tooling 12.007

工作有效度 work effectiveness 13.088

*攻击机 attack airplane 02.011

*攻角 angle of attack 03.222

功率合成 power synthesis 07.071

*功率损耗表 exhaust gas pressure gage, power loss indicator 06.170

功率提取 power take off 05.052

功率载荷 power loading 04.093

功能材料 functional material 11.056

功能复合材料 functional composite material 11.058

功能检查 function inspection 13.029

功能陶瓷 functional ceramics 11.066

功能梯度材料 functional gradient material 11.067

功能性故障 functional fault 13.046

功重比 power to weight ratio 05.056

供电系统 electrical power supply system 08.002

供氧高度 oxygen supply altitude 10.099

供氧能力 oxygen delivery capacity 10.100

公务机 business airplane, executive airplane 02.024

共模故障 common mode fault 13.052

共同工作线 operating line 05.073

共形阵天线 conformal array antenna 07.274

*共振图 Campbell diagram 05.284

古德曼曲线 Goodman diagram 05.291

钴基高温合金 cobalt-base superalloy 11.008

故障 fault 13.041

故障安全 fail-safe 06.074

故障重构 failure reconfiguration 06.078

故障定位 fault location 13.059

故障概率密度 probability density of failure 13.097

故障隔离 fault isolation 13.060

故障工龄 age at failure 13.082

故障工作 fail-operation 06.077

故障迹象 fault evidence 13.044

故障检测 fault detection 13.058

故障降级 fail-passive, degradation 06.076

故障率 mortality 13.095

故障模式 fault mode 13.045

故障弱化 fail-soften 06.075

故障数据 fault data 13.042

故障影响 fault effects 13.043

固定环 fixed reticle 09.071

固定式起落架 fixed landing gear 02.176

固体火箭发动机 solid propellant rocket engine 05.036

*固体推进剂火箭发动机 solid propellant rocket engine 05.036

挂弹钩 bomb shackle 09.192

*管道加力燃烧室 duct burner 05.216

管道噪声 duct noise 05.083

管制地带 control zone 16.058

管制扇区 control sector 16.057

管制移交点 transfer of control point 16.065

惯性传感器 inertial sensor 06.096

惯性导航系统 inertial navigation system 06.090

*惯性交感 inertial coupling 03.328

惯性耦合 inertial coupling 03.328

惯性耦合控制系统 inertial cross-coupling control

system 06.013

惯性平台 inertial platform 06.095

光传飞行控制 fly-by-light control 06.039

光电导探测器 photoconductive detector 09.147

光电复合雷达 electro-optical combined radar
07.244

光电侦察系统 electro-optical reconnaissance system
07.044

光伏探测器 photovoltaic detector 09.148

光纤传感器 optical fiber transducer 06.147

光纤陀螺 fiber gyroscope 06.107

归航 homing 16.003

轨迹控制 trajectory control 06.012

滚弯成形 roll forming 12.052

滚转角 roll angle, angle of bank 03.273

滚转力矩 rolling moment 03.253

滚转收敛模态 rolling subsidence mode 03.325

滚转速率振荡 rolling rate oscillation 14.086

国籍登记证 registration certificate 15.019

国际投影图 international projective chart 16.030

过度膨胀 overexpansion 05.236

过渡层 transition layer 16.111

过渡高 transition height 16.109

过渡高度 transition altitude 16.108

过渡高度层 transition level 16.110

过冷水滴 supercooled water droplet 10.036

过失速机动 poststall maneuver 14.021

过夜维护 overnight service 13.017

过载 load factor 03.304

*过载表 accelerometer 06.167

H

涵道比 bypass ratio 05.061

*涵道风扇式尾桨 ducted tail rotor 02.216

涵道尾桨 ducted tail rotor 02.216

焊接结构 welded structure 04.005

航班飞行 schedule flight 16.043

航程 range 03.297

航程因子 range factor 03.295

航弹伞 aerial bomb parachute 10.128

航道罗盘 course indicator 06.160

航段 route segment 16.009

航迹 track 16.031

航迹方位角 flight-path azimuth angle 03.275

航迹角 track angle 16.032

航迹坐标系 flight-path axis system 03.270

航空 aviation 01.002

航空病理学 aviation pathology 10.200

航空布雷 airborne mine-laying 09.017

航空材料 aeronautical material 11.001

航空弹道学 aeroballistics 09.038

航空地图 aeronautical chart 16.029

航空电气系统 aircraft electrical system 08.001

航空电子试验机 avionics test bed 14.091

航空电子系统 avionics system 07.011

航空电子系统仿真 avionics system simulation
07.002

航空电子学 avionics 07.001

航空毒理学 aviation toxicology 10.205

航空发电机 aircraft generator 08.022

航空发动机 aero-engine 05.024

航空反辐射导弹 airborne anti-radiation missile
09.104

航空反潜 airborne antisubmarine 09.018

航空反坦克导弹 airborne anti-tank missile 09.103

航空反星导弹 airborne anti-satellite missile
09.108

航空港 airport 17.001

航空工效学 aviation ergonomics 10.208

航空航天 aerospace 01.001

航空火箭弹 airborne rocket 09.109

航空火力控制系统 airborne fire control system
09.076

航空机炮 airborne cannon 09.023

航空机枪 airborne machine gun 09.022

航空救生 aviation emergency escapement 10.052

航空临床医学 clinical medicine of aviation 10.204

航空流行病学 aviation epidemiology 10.202

航空六分仪 aeronautic sextant 06.125

*航空煤油 jet fuel 11.083

航空器 aircraft 02.001

航空器出勤率 aircraft serviceability 13.085

航空器磁场　aircraft magnetic field　06.138

航空器动力装置　aircraft powerplant　02.183

航空器告警系统　aircraft alerting system　06.196

航空器工艺基准系统　aircraft production reference system　12.011

航空器结冰　aircraft icing　10.051

航空器结构完整性　aircraft structural integrity　04.085

航空器静电试飞　flight test of aircraft static electricity　14.090

航空器可用度　aircraft availability　13.087

航空器牵连铅垂地面坐标系　aircraft-carried normal earth-fixed system　03.268

航空器全寿命费用　aircraft life cycle cost　04.071

航空器停机位标志　aircraft stand marking　17.063

航空器完好度　aircraft integrity　13.086

航空器性能代偿损失　aircraft performance penalty　10.026

航空器悬挂物相容性　aircraft-store compatibility　09.021

航空器噪声审定　aircraft noise certification　15.027

航空气候　aviation climate　17.073

航空气候分界　aviation climate divide　17.074

航空气象学　aeronautical meteorology　17.096

航空汽油　aviation gasoline　11.082

航空燃料　aviation fuel　11.081

航空摄影　aerophotography　14.099

航空生理学　aviation physiology　10.151

航空生理训练　aviation physiological training　10.203

航空生物动力学　aviation biodynamics　10.162

航空视频记录系统　airborne video recording system　09.086

航空水雷　aerial mine, air-launched mine　09.037

航空危险天气　aviation hazard weather　17.114

航空卫星通信网　aviation satellite, AVSAT　07.015

*航空涡轮燃料　jet fuel　11.083

航空武器　aerial warfare weapon, airborne weapon　09.001

航空武器系统　airborne weapon system　09.002

航空心理学　aviation psychology　10.198

航空遥感技术　aerial remote sensing technique　14.104

航空液压油　aviation hydraulic fluid　11.087

航空医学　aviation medicine　10.150

航空诱惑弹　airborne decoy　09.105

航空鱼雷　air-launched torpedo　09.036

航路　airway　16.007

航路点　waypoint　16.028

航路监视雷达　aero-route surveillance radar, ARSR　07.179

航路预报　route forecast　17.104

*航图　aeronautical chart　16.029

航位推算法　dead reckoning　06.128

航线　route, course　16.008

航线角　course angle　16.013

航线可换件　line replaceable unit, LRU　13.037

航线维修　line maintenance　13.010

航向　heading　16.018

航向保持　heading hold　06.009

航向操纵　directional control　03.339

航向基准　heading reference　07.145

航向陀螺　directional gyroscope　06.097

航向信标　localizer　07.182

航行灯　navigation light　08.034

航行情报服务　aeronautical information service, AIS　16.087

航行速度三角形　velocity triangle　16.021

航站区　terminal area　17.069

耗损区　wearout region　13.107

耗损失效期　wearout failure period　13.101

耗损特性　wearout characteristics　13.106

*耗损性故障　gradual failure, wearout failure　13.055

耗油率　specific fuel consumption　05.057

荷兰滚模态　Dutch roll mode　03.327

核磁共振陀螺　magnetic resonance gyroscope　06.105

核闪光盲　nuclear flash blindness　10.195

核心机　core engine　05.319

合成孔径雷达　synthetic aperture radar, SAR　07.236

盒形梁　box beam　02.105

黑视　blackout　10.183

*黑匣子　aircraft accident recorder　06.200

横侧运动　lateral-directional motion　03.320

横滚　roll　14.013

横向操纵　lateral control　03.338

横向操纵偏离参数　lateral control departure parameter, LCDP　03.341

横向加速度　transverse acceleration　10.167

横向间隔　lateral separation　16.072

横摇　rolling　03.392

恒速恒频交流电源系统　constant speed-frequency AC power system　08.013

恒速螺桨　constant speed propeller　05.244

恒速驱动装置　constant speed drive unit　08.025

桁梁　longeron　02.063

桁梁式结构　longeron structure　04.011

桁条　stringer　02.064

轰炸　bombing　09.007

轰炸机　bomber　02.010

轰炸雷达　bombing radar　07.246

轰炸瞄准具　bombing sight　09.078

红外窗口材料　infrared window material　11.062

红外导引头　IR homing head　09.127

红外焦平面阵列　infrared focal plane array　09.146

红外搜索跟踪器　infrared search and track device, IRST device　09.145

红外探测器　infrared detector　09.144

红外抑制　infrared inhibition　05.092

红外引信　infrared fuze　09.172

红外隐形材料　infrared stealth material　11.060

红外制导　infrared guidance　09.113

厚度分布　thickness distribution　03.194

后掠角　sweep back angle　02.049

后掠翼　swept back wing　02.093

后三点起落架　tail wheel landing gear, taildragger　02.164

后行桨叶　retreating blade　03.362

后缘角　trailing-edge angle　03.196

后缘襟翼　trailing-edge flap　02.134

*后坐角　tail down angle　02.056

呼气阻力　expiratory resistance　10.116

呼吸压力波动　breathing pressure fluctuation　10.098

护头装置　head guard, head restraint　10.077

护尾雷达　tail-warning radar　07.254

护尾器　tail-warning set　07.043

护翼轮　outrigger wheel　02.166

滑橇式起落架　skid landing gear　02.175

滑翔　glide　14.026

滑翔机　glider　02.031

滑行　taxiing　14.025

滑行带　taxiway strip　17.039

滑行道　taxiway　17.024

滑行道边灯　taxiway edge light　17.062

滑行道标志　taxiway marking　17.059

滑行道中线灯　taxiway center line light　17.061

滑行灯　taxilight　08.031

滑行路线　taxi circuit　17.032

滑行引导标志　taxiing-guidance sign　17.060

滑行引导系统　taxiing-guidance system, TGS　17.049

*滑行阻力　spray resistance　03.389

滑油泵　oil pump　05.262

滑油热交换器　oil heat exchanger　05.265

滑油通风器　oil vent　05.264

化学恰当比　stoichiometric ratio　05.177

化学铣切　chemical milling　12.051

话音记录器　voice recorder　06.202

话音指令控制系统　voice command system　06.194

环缝伞　ring slot parachute　10.130

环境控制系统　environmental control system　10.001

环境特性　environmental characteristics　05.081

环量　circulation　03.066

环形燃烧室　annular combustor　05.155

环形天线　loop antenna　07.259

环状天线测向器　loop direction finder　07.152

换热器　heat exchanger　10.014

灰视　greyout　10.182

挥舞变距耦合系数　pitch-flap coupling coefficient　03.369

*挥舞不变平面　tip path plane　03.366

挥舞铰　flapping hinge　02.203

*挥舞调节系数　pitch-flap coupling coefficient　03.369

回答脉冲　reply pulse　07.121

回力比　feedback ratio　08.053

回流区　recirculation zone　05.187

回流燃烧室　reverse flow combustor　05.157

回收伞　recovery parachute　10.126
回输振荡　return transfer oscillations　08.055
回弹　spring back　04.106
毁伤概率　kill probability　09.016
汇　sink　03.063
混合电源　hybrid power source　08.017
＊混合室　mixer　05.218
混合推进剂火箭发动机　hybrid propellant rocket engine　05.039
混压式进气道　mixed compression inlet　05.103
混杂纤维复合材料　fiber hybrid composite　11.050
活动半径　mission radius　03.299
＊活动幅伞　aerodynamical panel parachute　10.132
活动环　moving reticle　09.070
＊活动射击装置　turret　09.196
活塞式发动机　piston engine　05.025
火箭发动机　rocket engine　05.035

火箭发射器　rocket launcher　09.199
火箭滑车　rocket sled　10.082
火箭滑车试验　rocket sled test　10.081
＊火箭滑橇　rocket sled　10.082
火箭牵引　rocket extract　10.063
火山灰云　volcanic ash cloud　17.116
火焰传播　flame propagation　05.005
＊火焰面　flame front　05.006
火焰喷涂　flame coating　12.068
火焰前峰　flame front　05.006
＊火焰前沿　flame front　05.006
火焰筒　liner　05.161
火焰稳定器　flame holder　05.219
货舱　cargo compartment, freight compartment　02.081
货机　cargo airplane　02.021
货桥　loading ramp　02.082

J

基线　baseline　07.129
基线转弯　base turn　16.100
基准航空器　datum aircraft　17.125
机场　aerodrome　17.002
机场饱和　aerodrome capacity saturation　17.011
机场标高　aerodrome elevation　17.006
机场管制塔台　aerodrome control tower　16.060
机场监视雷达　airport surveillance radar, ASR　07.185
机场交通　aerodrome traffic　16.059
机场警告　aerodrome warning　17.098
机场净空　obstacle free airspace　17.028
机场起落航线　aerodrome traffic pattern　16.078
机场容量　aerodrome capacity　17.007
机场预报　aerodrome forecast　17.099
机场运行设施　aerodrome operating facility　17.048
机场运行最低标准　aerodrome operating minimum　16.124
机弹干扰　aircraft-missile interference　09.096
机动点　maneuver point　03.346
机动襟翼　maneuver flap　02.141
＊机动性　agility　03.352
机动性　maneuverability　03.301

机动裕度　maneuver margin　03.348
机动载荷　maneuver load　04.098
机动载荷控制　maneuver load control　06.042
机高　overall height　02.046
机库　hangar　17.047
机轮　wheel　08.088
机轮设计载荷　design wheel load　08.075
机敏材料　smart material　11.064
机内通话器　interphone, intercom　07.027
机内照明　aircraft interior lighting　08.029
机内自检　built-in test, BIT　13.064
机炮射速　gun fire rate　09.024
机上天线　aircraft antenna　07.255
机上维修系统　on-board maintenance system　13.067
机身　fuselage　02.059
机身长细比　fuselage fineness ratio　03.219
机身最大横截面积　fuselage maximum cross-sectional area　03.220
机体坐标系　body axis system　03.269
机外照明　aircraft exterior lighting　08.030
＊机务工程　maintenance engineering　13.002
机匣处理　casing treatment　05.146

机械肺 mechanical lung 10.115

机械合金化弥散强化材料 mechanically alloyed dispersion strengthened material 11.038

机械噪声 mechanical noise 05.085

机翼 wing 02.091

机翼变弯度控制 variable wing camber control 06.043

机翼滚摆 wing rock 03.230

机翼面积 wing area 03.205

机翼扭转 wing twist 03.213

机载动目标检测雷达 airborne MTD radar 07.235

机载动目标指示雷达 airborne MTI radar 07.234

*机载反辐射导弹 airborne anti-radiation missile 09.104

*机载反坦克导弹 airborne anti-tank missile 09.103

*机载反星导弹 airborne anti-satellite missile 09.108

机载防撞设备 airborne collision avoidance equipment 07.180

*机载火箭弹 airborne rocket 09.109

机载火控雷达 airborne fire-control radar 07.245

机载计算机 airborne computer 07.280

机载警戒与控制系统 airborne warning and control system, AWACS 07.013

机载雷达 airborne radar 07.224

机载气象雷达 airborne weather radar 07.250

*机载视频记录系统 airborne video recording system 09.086

*机载武器 aerial warfare weapon, airborne weapon 09.001

*机载武器系统 airborne weapon system 09.002

*机载诱惑弹 airborne decoy 09.105

机载预警雷达 airborne early warning radar 07.247

机载侦察雷达 airborne reconnaissance radar 07.242

机载制氧 on-board oxygen generation, OBOG 10.090

*机组 air crew 14.024

*奇点法 method of finite fundamental solution, method of singularities 03.182

畸变容限 distortion tolerance 05.318

畸变图谱 distortion pattern 05.015

畸变指数 distortion index 05.116

激波 shock wave 03.037

激波－边界层干扰 shock wave-boundary layer interaction 03.046

激波捕捉算法 shock capturing algorithm 03.186

激波极曲线 shock polar 03.100

激光表层改性 laser surface modification 12.049

激光测距器 airborne laser range finder 09.084

激光多普勒测速仪 laser Doppler velocimeter 03.156

激光防护 protection of laser hazard 10.196

激光跟踪 laser tracking 14.095

激光跟踪照射器 laser spot tracker/illuminator 09.085

激光校靶 laser boresight 14.096

激光雷达 laser radar 07.238

激光束加工 laser beam machining 12.048

激光陀螺 laser gyroscope 06.103

激光引信 laser fuze 09.173

激光制导 laser guidance 09.116

极轨道 polar orbit 07.135

极区导航 polar navigation 06.127

极曲线 polar, polar curve 03.232

极限精度加工 limiting accuracy machining 12.044

极限载荷 ultimate load 04.088

*极坐标系统 ρ-θ system 07.281

集束炸弹 cluster bomb [unit] 09.033

*集束战斗部 cluster warhead 09.187

急盘旋下降 dive spiral 14.017

*急上升转弯 chandelle, combat turn 14.016

即时位置 present position 07.105

*挤压油膜轴承 squeeze [oil] film damper 05.280

挤压油膜阻尼器 squeeze [oil] film damper 05.280

几何扭转 geometric twist 03.214

技术标准规定 technical standard order, TSO 15.007

技术淘汰寿命 technologically useful life 13.081

计划维修 scheduled maintenance 13.008

Z 计数 Z-count 07.139

计算空气动力学 computational aerodynamics 03.179

计算提前角的光学瞄准 lead computing optical sight, LCOS 09.046

迹线 path line 03.022

夹层结构 sandwich structure 04.014

夹层结构材料 sandwich material 11.048

加班飞行 extra schedule flight 16.044

加力比 augmentation ratio 05.062

*加力度 augmentation ratio 05.062

加力燃烧室 afterburner 05.215

加强框 reinforced bulkhead 02.061

加速度表 accelerometer 06.167

加速度计 accelerometer 06.114

加速度耐力 acceleration tolerance 10.171

加速度性肺萎陷 acceleration atelectasis 10.172

加速法 accelerating method 14.066

加速任务试车 accelerated mission test, AMT 05.304

加温比 temperature rise ratio 05.181

加压供氧系统 positive pressure oxygen system 10.088

加压呼吸 pressure breathing 10.155

加压头盔 pressure helmet 10.102

加油吊舱 refuelling pod 08.105

加油平台 refuelling platform 08.104

*假肺 mechanical lung 10.115

假目标产生器 false-target generator 07.041

假人 dummy, anthropomorphic dummy 10.083

驾驶舱 cockpit, flight deck 02.066

驾驶杆 control stick 02.067

*驾驶杆 cyclic-pitch stick 02.213

*驾驶力 control force 03.333

驾驶盘 control column 02.069

驾驶员 pilot 14.023

驾驶员操作程序 pilot operation procedure, POP 07.004

驾驶员心理选拔 pilot psychological selection 10.199

驾驶员诱发振荡 pilot induced oscillation 03.351

*驾驶员运载器接口 man-machine interface 07.009

驾驶员助手系统 pilot-aid system 06.082

*驾束制导 beam riding guidance 09.121

歼击轰炸机 fighter-bomber 02.009

歼击机 fighter 02.008

监测 monitor 13.031

监控 monitoring 13.032

监视雷达 surveillance radar 16.066

尖峰翼型 peaky aerofoil profile 03.198

间隔最低标准 separation minima 16.074

间歇性故障 intermittent fault 13.057

间歇因子 intermittency factor 03.087

检查 check 13.023

*检屑器 chip detector 05.266

检验试车 check test 05.299

减摆器 shimmy damper 02.181

减升板 lift damper 02.121

减速板 airbrake, speed brake 02.122

减速炸弹 retarded bomb 09.031

减推力起飞 reduced thrust take-off 16.143

减震器 shock absorber 02.180

鉴定试飞 evaluation flight test 14.042

舰载航空器 carrier aircraft, shipboard aircraft 02.030

渐变性故障 gradual failure, wearout failure 13.055

桨根切除 blade root cut-off 02.226

桨尖轨迹平面 tip path plane 03.366

桨距 blade pitch 02.228, propeller pitch 05.240

桨距表 propeller pitch indicator 06.176

桨距不变平面 no-feathering plane 03.368

桨盘面积 rotor disk area 02.225

桨扇发动机 propfan engine 05.031

桨-涡干扰 blade vortex interaction, BVI 03.372

桨叶摆振 blade lagging, lead-lag motion 03.370

桨叶方位角 blade azimuth angle 03.360

桨叶挥舞 blade flapping 03.364

桨叶剖面安装角 blade section pitch 02.227

桨叶周期变距 blade cyclic pitch 03.367

降落伞 parachute 10.120

降落锥 paracone 10.119

降落锥弹射座椅 paracone ejection seat 10.072

胶焊胶黏剂 weld bonding adhesive 11.073

胶接点焊结构 spot-weld bonding structure 04.007

胶接结构 bonded structure 04.006

*胶铆 rivet bonding 12.040

胶铆连接 rivet bonding 12.040

交薄旋压 spinning with reduction, power spinning,

shear spinning 12.060

交叉导数 cross derivative 03.260

交叉极化反干扰 cross polarization ECCM 07.059

交付试车 delivery test 05.300

交会角 encounter angle 09.181

铰接式旋翼 articulated rotor 02.197

铰链力矩 hinge moment 03.254

铰链力矩导数 hinge moment derivative 03.258

脚蹬 rudder pedal 02.070

角度欺骗干扰 angle deception jamming 07.047

角跟踪误差 angle tracking error 07.209

角跟踪系统 angle tracking system 07.222

角加速度生理效应 physiological effects of angular acceleration 10.169

角-角系统 θ-θ system 07.108

角搜索系统 angle search system 07.223

校正空速 calibrated airspeed 14.060

教练[导]弹 practice missile, training missile 09.203

教练机 trainer 02.027

接地带灯 touchdown zone light 17.058

接地地带 touchdown zone 17.041

接地速度 touchdown speed 03.315

接口控制文件 interface control document, ICD 07.003

接收机保护 receiver protection 07.197

接收机通道合并 receiver channel combination 07.206

阶跃操纵 step-control 14.084

截获 acquisition 07.195

节流特性 throttle characteristics 05.076

节流嘴 metering orifice 05.270

捷联式惯性导航系统 strapdown inertial navigation system 06.092

结冰气象参数 meteorological parameter of icing 10.039

结冰强度 icing intensity 10.038

结冰区 icing area 10.042

*结冰速率 icing intensity 10.038

结冰信号器 icing signaller, icing detector 10.029

结冰云 icing cloud 10.035

*结构胶 structural adhesive 11.071

结构胶黏剂 structural adhesive 11.071

结构品级号 structural ratings 13.089

结构钛合金 structural titanium alloy 11.027

结构陶瓷 structural ceramics, engineering ceramics 11.055

解析余度 analytic redundancy 06.069

介质天线 dielectric antenna 07.266

筋斗 loop 14.014

金属基复合材料 metal matrix composite 11.052

金属间化合物 intermetallic compound 11.039

金属刷密封 metal brush seal 05.260

襟翼 flap 02.133

进近窗口 approach aperture 07.175

进近灯光系统 approach light system 17.065

进近面 approach surface 17.037

进气道 air intake 02.185

进气道板位-锥位表 inlet ramp/cone position indicator 06.179

进气道唇口 inlet lip 05.106

进气道动态畸变 inlet dynamic distortion 05.115

进气道动态响应 inlet dynamic response 05.112

进气道-发动机相容性 inlet-engine compatibility 05.011

进气道辅助进气门 auxiliary inlet door 05.113

进气道附加阻力 inlet additive drag 05.109

进气道喉道 inlet throat 05.107

进气道外阻 inlet external drag 05.110

进气道稳定裕度 inlet stability margin 05.111

进气道总压恢复 inlet total pressure recovery 05.105

*进气扩压效率 inlet total pressure recovery 05.105

进气旋流畸变 inlet swirl flow distortion 05.014

进气压力表 manifold pressure gage 06.168

进气总温畸变 inlet total temperature distortion 05.013

进气总压畸变 inlet total pressure distortion 05.012

禁飞区 prohibited area 16.064

*近程增益控制 sensitivity-time control, STC 07.218

近地告警系统 ground proximity warning system 07.024

近炸引信 proximity fuze 09.168

浸润面积 wetted area 03.236

精密伏尔　precision VOR, PVOR　07.157

精密进近程序　precision approach procedure　16.090

精密进近雷达　precision approach radar, PAR　07.186

精确制导武器　precision guided munitions　09.110

经济寿命　economic life　04.072

经济速度　economic speed　16.125

经济巡航状态　economic cruising rating　05.069

*警告牌　flag alarm　07.119

警戒高　alert height　16.116

警旗　flag alarm　07.119

景象匹配制导　image matching guidance　09.120

静导数　static derivative　03.256

静电加速度计　electrostatic support accelerometer　06.119

静电悬浮陀螺　electrostatically suspended gyroscope　06.101

静寂时间　dead time　07.124

静力试验　static test　04.040

静温　static temperature　03.072

静稳定性　static stability　03.330

静稳定裕度　static margin　03.347

静压　static pressure　03.069

静压迟滞　static pressure lag　06.134

静液挤压　hydrostatic extrusion　12.026

静止卫星　stationary satellite　07.134

镜像法　method of image　03.106

镜像频率干扰　image frequency interference　07.086

径向精锻　radial precision forging　12.025

净空道　clearway　17.027

久航速度　speed for maximum endurance　16.131

救生器材　survival kit　10.069

救生伞　survival parachute　10.121

救生设备　life saving equipment　10.064

救生性能包线　escape envelope, safe ejection envelope　10.084

局部应变法　local strain method　04.076

聚焦合成孔径　focused synthetic aperture　07.214

*聚焦合成天线　focused synthetic aperture　07.214

距离－方位系统　ρ-θ system　07.281

*距离瞄准　range sighting　09.061

锯齿法　tooth method　14.070

决断高　decision height, DH　16.120

决断高度　decision altitude, DA　16.119

均衡　equalization　06.073

军事航空　military aviation　01.004

军用飞机　military airplane　02.007

*军用航空　military aviation　01.004

K

卡尔曼滤波　Kalman filtering　06.088

卡门－钱公式　Karman-Tsien formula　03.110

卡塞格林天线　Cassegrain antenna　07.262

开闭比　porosity　03.142

*开尔文定理　Thomson theorem, Kelvin theorem　03.092

开缝襟翼　slotted flap　02.140

开裂襟翼　split flap　02.139

*开伞冲击　opening shock　10.146

开伞动载　opening shock　10.146

*开伞力　opening shock　10.146

开伞速度　opening speed　10.143

*开式加油　gravity refuelling　08.094

坎贝尔图　Campbell diagram　05.284

*抗干扰　electronic counter countermeasures,　ECCM　07.035

抗荷服　anti-G suit　10.106

抗 G 紧张动作　anti-G strain maneuver, AGSM　10.165

抗浸服　anti-immersion suit　10.113

抗蠕变钛合金　creep-resistant titanium alloy　11.028

抗闪燃　flash resistant　11.094

抗雨蚀涂层　rain erosion resistant coating　11.075

*抗坠毁座椅　crashworthy seat　10.073

科里奥利惯性传感器　Coriolis inertial sensor　06.113

科里奥利加速度生理效应　physiological effects of Coriolis acceleration　10.170

*科氏惯性传感器　Coriolis inertial sensor　06.113

壳型铸造　shell mold casting　12.018

可变稳定性飞行控制　variable stability flight control　06.018

可靠寿命　reliable life　13.076

可靠性　reliability　13.069

可靠性监控　reliability monitoring　13.072

可靠性设计　reliability design　04.031

可靠性增长　reliability growth　13.070

可靠性指标　reliability index　13.071

可控扩散叶型　controlled diffusion airfoil　05.147

可控涡设计　controlled vortex design　05.212

可逆助力机械操纵　reversible boosted mechanical control　08.062

可调安定面　adjustable horizontal stabilizer　02.150

可调进气道　variable geometry inlet　05.104

*可压力加工铝合金　wrought aluminium alloy　11.014

可压缩流体　compressible fluid　03.005

可用功率　power available　03.284

可用推力　thrust available　03.283

可转挂架　rotating pylon　09.190

克鲁格襟翼　Krueger flap　02.142

*克吕格尔襟翼　Krueger flap　02.142

客舱　passenger cabin　02.075

客舱门　passenger door　02.076

空侧　airside　17.010

空地导弹　air-to-ground missile　09.101

空滑比　gliding ratio　14.027

空间定向障碍　spatial disorientation　10.177

空间交会　space rendezvous　14.100

空间近视　space myopia　10.179

空舰导弹　air-to-ship missile　09.102

空空导弹　air-to-air missile　09.097

空气动力学　aerodynamics　03.055

空气分配系统　air distribution system　10.011

空气螺旋桨　air propeller, air screw　05.239

*空气膨胀机　cooling turbine unit　10.015

空气雾化喷嘴　air blast atomizer　05.167

*空气循环机　cooling turbine unit　10.015

空气循环冷却系统　air cycle cooling system　10.006

空气再循环系统　air recycle system　10.012

空勤人员医学选拔　medical selection of aircrew　10.201

空勤组　air crew　14.024

空射弹道导弹　air-launched ballistic missile　09.106

空射巡航导弹　air-launched cruise missile　09.107

空速　air speed　03.279

空速表　air speed indicator　06.152

*空速管　Pitot tube　03.152

空速马赫数表　air speed-Mach indicator　06.153

*空投水雷　aerial mine, air-launched mine　09.037

*空投鱼雷　air-launched torpedo　09.036

空穴　cavitation　05.255

空战　air combat　09.003

空中对准　in-flight alignment　06.093

空中加油机　tanker airplane　02.016

空中加油系统　tanker refuelling system　08.103

空中交通　air traffic　16.049

空中交通服务　air traffic service, ATS　16.052

空中交通管理　air traffic management, ATM　16.050

空中交通管制　air traffic control, ATC　16.051

*空中交通管制雷达信标系统　secondary surveillance radar, SSR　07.181

空中交通流量管理　air traffic flow management　16.076

空中劫持　aerial hijack　16.150

空中起动边界　airstart boundary　05.322

*空中试车台　engine flight test bed　05.323

空中受油系统　aerial refuelling system　08.106

空中停车　engine-off in flight　16.151

空中停车率　in-flight shutdown rate　05.296

空中应急放油　in-flight fuel jettison　08.096

空中走廊　air corridor　16.061

空重　empty weight　04.110

控制律　control law　06.006

控制增稳系统　control augmentation system　06.017

库塔－茹科夫斯基定理　Kutta-Joukowski theorem　03.093

库塔－茹科夫斯基条件　Kutta-Joukowski condition　03.097

跨声速凹坑　transonic dip　04.054

跨声速风洞　transonic wind tunnel　03.128

跨声速流　transonic flow　03.030

快升速度 speed for best rate of climb 16.126
快速存储记录器 quick access recorder 06.203
快速凝固材料 rapidly solidified material 11.032
快速射击 snap shot, SS 09.047
*宽带条伞 ring slot parachute 10.130
扩频通信 spread spectrum communication 07.076
*扩散段 diffuser 03.144
扩散焊 diffusion welding, diffusion bonding

12.031
扩散火焰 diffusion flame 05.007
*扩散连接 diffusion welding, diffusion bonding
12.031
扩散钎焊 diffusion brazing 12.034
扩压段 diffuser 03.144
扩压器 diffuser 05.108

L

拉杆 pull back on the stick, pull back on the column
14.079
*拉格朗日法 Lagrange viewpoint 03.099
拉格朗日观点 Lagrange viewpoint 03.099
*拉偏检验 marginal check 13.063
拉平控制律 control law of flareout 06.028
*拉起轰炸 loft bombing, toss bombing 09.045
拉伸压延成形 stretch-draw forming 12.058
拉瓦尔管 Laval nozzle 03.075
拉弯成形 stretch-wrap forming 12.054
*拉延 stretch-draw forming 12.058
*拉线天线 wire antenna 07.256
喇叭天线 horn antenna 07.268
拦截攻击 intercept attack 09.005
拦阻钩 arresting hook 02.182
拦阻索 arresting cable 17.042
拦阻网 arresting barrier 17.043
拦阻装置 arresting mechanism 08.090
雷达波束导引装置 radar beam-riding guidance
device 09.135
雷达测距器 radar ranger 07.248
雷达跟踪 radar tracking 16.068
雷达监控 radar monitoring 16.067
雷达间隔 radar separation 16.070
雷达天线罩 radome 02.087
雷达陷阱 radar trap 07.057
雷达引导 radar vectoring 16.069
雷达罩防静电涂层 anti-static coating for radome
11.076
雷达侦察系统 reconnaissance system for radar
07.042
雷击 lightning stroke 17.120

雷诺方程 Reynolds equation 03.082
雷诺数 Reynolds number 03.013
累积损伤法则 cumulative damage rule 04.081
I 类进近着陆运行 category I precision approach and
landing operation 16.091
II 类进近着陆运行 category II precision approach
and landing operation 16.092
III$_A$ 类进近着陆运行 category III$_A$ precision
approach and landing operation 16.093
III$_B$ 类进近着陆运行 category III$_B$ precision
approach and landing operation 16.094
III$_C$ 类进近着陆运行 category III$_C$ precision
approach and landing operation 16.095
类属性故障 generic fault 13.053
冷紧张 cold strain 10.185
*冷耐限 cold tolerance 10.190
冷气系统 pneumatic system 08.052
冷却系统 cooling system 10.005
冷应激 cold stress 10.184
冷源 heat sink 10.024
离水速度 get-away speed 03.396
*离线检测 off-operational fault detection 13.061
离心喷嘴 swirl injector 05.166
离心压气机 centrifugal compressor 05.120
离子束加工 ion beam machining 12.047
离子注入 ion implantation 12.070
理论空气动力学 theoretical aerodynamics 03.056
理想流体 ideal fluid 03.010
理想循环 ideal cycle 05.001
历书 almanac 07.143
*立尾 vertical tail, [vertical] fin 02.153
立姿自导弹射座椅 vertical seeking ejection seat,

VSS 10.070

粒子分离器 particle separator 05.117

粒子图像测速 particle image velocimetry 03.165

力臂调节器 automatic gear ratio changer 08.069

力–功率反传 force/power feedback 08.054

力矩马达 torque motor 08.045

力谱小时 spectrum hours 13.104

联管燃烧室 cannular combustor 05.154

联合战术信息分发系统 joint tactical information distribution system, JTIDS 07.014

联机诊断 on-line diagnostics 13.062

联轴器 coupling 05.098

连续波雷达 continuous-wave radar 07.226

连续方程 continuity equation 03.079

*连续杆战斗部 continuous rod warhead 09.185

连续计算命中点 continuously computed impact point, CCIP 09.049

连续计算命中线 continuously computed impact line, CCIL 09.048

连续计算投放点 continuously computed release point, CCRP 09.050

连续监测 continuous monitor 13.034

连续爬升法 continuous climbing method 14.071

连续自检 continuous self test 13.065

链条战斗部 continuous rod warhead 09.185

两相燃烧 two phase combustion 05.008

量纲分析 dimensional analysis 03.123

裂纹扩展寿命 crack propagation life 04.063

裂纹形成寿命 crack initiation life 04.064

临界闭伞速度 critical closing speed 10.145

*临界充满速度 critical opening speed 10.144

临界开伞速度 critical opening speed 10.144

临界马赫数 critical Mach number 03.009

菱形翼型 double wedge aerofoil profile 03.200

零部件制造人批准书 parts manufacturer approval 15.017

零过载飞行 zero-g flight 14.020

零–零弹射 zero-zero ejection 10.060

零燃油重量 zero fuel weight 04.113

零升力角 zero-lift angle 03.225

零升力矩 zero-lift moment 03.248

零时化 zeroed time 13.108

零值星历表 null ephemeris table 07.131

*灵活推力起飞 reduced thrust take-off 16.143

灵敏度 sensitivity 06.144

灵敏度时间控制 sensitivity-time control, STC 07.218

灵敏阈[值] sensitive threshold 06.143

*灵巧炸弹 guided bomb, smart bomb 09.032

领航 navigation 16.001

领先使用 fleet-leader failure period 13.102

流场 flow field 03.018

流场品质 flow quality 03.147

流固耦合 fluid-solid coupling 04.043

流管 stream tube 03.020

流函数 stream function 03.067

*流量比 bypass ratio 05.061

流量控制 flow control 16.075

流谱 flow pattern 03.021

流态显示 flow visualization 03.157

*流通能力 oxygen delivery capacity 10.100

流线 stream line 03.019

流向探头 flow direction probe 03.149

路径衰减校准 path attenuation correction, PAC 07.177

陆侧 landside 17.009

陆地机场 airfield 17.003

铝锂合金 aluminium lithium alloy 11.021

[旅]客机 passenger airplane 02.020

轮毂 hub 08.089

轮盘破裂转速 disc burst speed 05.271

*轮胎速度限制重量 brake energy limiting weight 16.134

螺桨特性 propeller characteristics 05.050

螺桨调速器 propeller speed governor 05.242

螺旋桨 propeller 02.184

螺旋桨滑流 propeller slipstream 03.120

螺旋桨进距比 propeller advance ratio 05.241

螺旋模态 spiral mode 03.326

螺旋天线 helical antenna 07.264

罗差 compass deviation 06.139

罗差补偿 compass deviation compensation 06.140

罗航向 compass heading 06.141

*罗兰–C long range aid to navigation system C, LORAN-C 07.165

罗盘 compass 06.158

落后角　deviation angle　05.148

M

码元同步　symbol synchronization　07.074

马赫波　Mach wave　03.032

马赫角　Mach angle　03.033

马赫数　Mach number　03.008

马赫数保持　Mach hold　06.011

马赫数表　Mach meter　06.151

马赫数配平　Mach trim　06.010

马赫锥　Mach cone　03.034

马氏体等温淬火　martempering　12.066

马蹄涡　horse-shoe vortex　03.114

脉冲操纵　pulse-control　14.083

脉冲多普勒雷达　pulse Doppler radar　07.233

脉冲多普勒频谱　pulse Doppler spectrum　07.196

脉冲固体火箭发动机　pulse solid rocket engine 05.038

脉冲雷达　pulse radar　07.227

脉冲模拟调制　pulse analog modulation　07.068

脉冲喷气发动机　pulse jet engine　05.034

脉冲数字调制　pulse digital modulation　07.069

脉冲压缩雷达　pulse compression radar　07.232

曼格勒变换　Mangler transformation　03.104

慢车状态　idling rating　05.068

*盲铆　blind riveting　12.038

盲区　blind zone　07.199

盲向　blind direction　07.200

铆接　riveting　12.035

铆接结构　riveted structure　04.004

梅花瓣飞行试验　cloverleaf flight test　14.089

每克驾驶杆力　stick force per gram　03.334

每克升降舵偏角　elevator angle per gram　03.335

门位　parking gate　17.070

蒙布式结构　cloth-skin structure　04.003

蒙皮　skin　02.065

蒙皮拉伸成形　skin stretch forming　12.055

迷航　strayed　16.152

密度高度　density altitude　14.036

密封结构　seal structure　04.017

密封铆接　sealing riveting　12.036

密封装置　seal　05.096

面积律　area rule　03.243

面元法　panel method　03.183

瞄准吊舱　targeting pod　09.088

瞄准线　line of sight, LOS　09.052

民航医学　civil aviation medicine　10.206

*民机　civil airplane　02.018

民用飞机　civil airplane　02.018

民用航空　civil aviation　01.003

民用航空器适航性　civil aircraft airworthiness 15.002

敏捷性　agility　03.352

明视觉　photopic vision　10.181

名义应力法　nominal stress method　04.074

命中概率　hit probability　09.012

模内淬火成形　die quench-forming　12.065

模拟飞行　simulated flight　14.007

模拟器病　simulator sickness, simulator induced syndrome　10.176

*模拟器诱发综合征　simulator sickness, simulator induced syndrome　10.176

S模式应答器　mode S transponder　07.187

模态平衡　modal balancing　05.287

模态特性　characteristics of mode　03.322

模线　lofting　12.008

模型自由飞试验　model free-flight test　14.087

磨蚀疲劳　fretting fatigue　04.084

摩擦焊　friction welding　12.030

摩擦阻力　friction drag　03.233

目标仿真器　target simulator　06.060

目标跟踪器　target tracker　06.063

目标进入角　aspect angle　09.055

目标锁定　target lock-on　09.141

目标状态估计器　target state estimator　06.062

目视飞行　visual flight　14.002

目视飞行规则　visual flight rules, VFR　16.083

目视飞行规则的直线进近　straight-in approach-VFR 16.102

目视告警装置　visual alerting device　06.197

目视检查　visual check　13.024

目视进近坡度灯光系统　visual approach slope indi-
　cator light system　17.066

目视气象条件　visual meteorological condition, VMC
　16.081

目视助航设施　navigational visual aid　17.050

N

纳维－斯托克斯方程　Navier-Stokes equation
　03.078

耐辐射涂层　radiation resistant coating　11.078

耐火　fire resistant　11.091

耐久性设计　durability design　04.025

耐冷限　cold tolerance　10.190

耐热限　heat tolerance　10.188

耐蚀铝合金　corrosion-resistant aluminium alloy
　11.019

耐坠毁性　crashworthiness　04.022

耐坠毁座椅　crashworthy seat　10.073

挠度限制器　deflection limiter　05.281

挠性加速度计　flexure accelerometer　06.116

内部空气系统　internal air system　05.269

*内场维修　shop maintenance　13.011

*内外涵发动机　turbofan engine　05.028

[内外涵]混合器　mixer　05.218

内压式进气道　internal compression inlet　05.102

能见度　visibility　17.108

能量方程　energy equation　03.081

能量高度　energy height　14.038

能量管理系统　energy management system　06.050

铌钛铝化合物　niobium titanium aluminide　11.043

*逆风　head wind　17.089

逆合成孔径雷达　inverse synthetic aperture radar,
　ISAR　07.237

逆压梯度　adverse pressure gradient　03.051

逆增益干扰　inverse gain jamming　07.050

黏性流体　viscous fluid　03.011

黏性系数　coefficient of viscosity　03.012

鸟撞　bird strike　17.121

镍基高温合金　nickel-base superalloy　11.006

镍铝化合物　nickel aluminide　11.040

凝视导引头　staring homing head　09.133

扭矩表　torque indicator　06.175

农业机　agricultural airplane　02.026

努塞特数　Nusselt number　03.015

O

*欧拉法　Euler viewpoint　03.098

欧拉方程　Euler equation　03.083

欧拉观点　Euler viewpoint　03.098

偶极子　doublet　03.064

*偶然故障　random fault　13.054

偶然失效期　chance failure period　13.100

P

爬升　climb　03.287

爬升角　angle of climb　03.274

爬升距离　climbing distance　16.129

爬升率　rate of climb　03.288

爬升时间　climbing time　16.128

爬升梯度　gradient of climb　03.289

爬升限制重量　climb limiting weight　16.139

排放污染　exhaust emission, exhaust pollution

　05.091

排气冲量　exhaust impulse　05.235

排气流　plume　17.129

排气温度表　exhaust gas thermometer　06.172

排气系统　exhaust system　05.225

排气压力表　exhaust gas pressure gage, power loss
　indicator　06.170

排烟数　smoke number　17.128

盘旋　turn　03.302

盘旋法　method of turns　14.068

盘旋进近　circling approach　16.104

*旁视雷达　side-looking radar　07.241

抛放弹　cartridge　09.194

抛盖弹射　canopy jettison ejection　10.055

抛物面天线　parabolic antenna　07.260

炮口功率　muzzle power　09.025

炮塔　turret　09.196

跑道　runway　17.017

跑道边灯　runway edge light　17.055

跑道标志　runway marking　17.052

跑道端安全地区　runway end safety area　17.018

跑道末端灯　runway end identification light　17.057

跑道容量　runway capacity　17.008

跑道入口　runway threshold　17.040

跑道入口灯　runway threshold light　17.056

跑道视程　runway visual range, RVR　17.111

跑道限制重量　runway limiting weight　16.138

跑道中线灯　runway center line light　17.054

配平　trimming　03.340

*配平角　trim angle　03.390

喷管底阻　nozzle base drag　05.234

喷管段　nozzle section　03.138

喷管膨胀比　nozzle expansion ratio　05.233

喷溅抑制槽　groove type spray suppressor　02.188

喷溅阻力　spray resistance　03.389

喷口位置表　nozzle position indicator　06.180

喷流噪声　jet noise　05.082

喷气燃料　jet fuel　11.083

喷射成形　spray process, spray forming　12.028

喷射成形材料　spray formed material　11.037

喷丸成形　shot peen forming　12.059

硼碳高温合金　boron-carbon superalloy, BC superalloy　11.009

膨胀波　expansion wave　03.035

*碰炸引信　impact fuze　09.167

疲劳寿命　fatigue life　04.069

疲劳载荷谱　fatigue load spectrum　04.077

疲劳总寿命　total fatigue life　04.070

皮托管　Pitot tube　03.152

皮托静压管　Pitot static tube　03.153

偏航　off-route　16.005

偏航角　track angle error　16.024

偏航距离　cross track distance　16.026

偏航力矩　yawing moment　03.252

偏航修正角　prediction angle　16.025

*偏角　deviation angle　05.148

偏流　drift　16.022

偏流角　drift angle　16.023

偏流修正　drift correction　07.282

偏转副翼　rudderon　02.132

片光流态显示　light-sheet flow visualization　03.164

频率分集雷达　frequency diversity radar　07.228

频率捷变　frequency agility　07.220

频谱纯度　spectrum purity　07.217

苹果曲线　apple curve　03.101

平方律补偿　square-law compensation　06.135

平飞速度　level flight speed　14.064

*平衡腔　unloading cavity　05.095

*平均故障间隔时间　mean time between failures, MTBF　13.039

平均几何弦　mean geometric chord　03.212

平均空气动力弦　mean aerodynamic chord　03.211

平均寿命　average life　13.075

平均无故障工作时间　mean time between failures, MTBF　13.039

平均修复时间　mean time to repair, MTTR　13.040

平面阵天线　planar array antenna　07.271

平视显示器　head-up display, HUD　06.182

*平视仪　head-up display, HUD　06.182

平台式惯性导航系统　gimbaled inertial navigation system　06.091

*平尾　horizontal tail　02.147

平行接近法　parallel approach method, constant-bearing navigation　09.153

平直翼　straight wing　02.092

屏蔽结构　shielding structure　04.021

*坡度　roll angle, angle of bank　03.273

破坏性故障　destructive fault　13.048

破损安全结构　fail safe structure　04.001

迫降　forced landing　14.029

扑翼机　ornithopter　02.044

普朗特－格劳特法则　Prandtl-Glauert rule　03.109

普朗特－迈耶流　Prandtl-Meyer flow　03.076

普朗特数　Prandtl number　03.014

Q

欺骗干扰　deception jamming　07.046

起动机　starter　05.267

起飞滑跑距离　distance of take-off run　03.309

起飞距离　take-off distance　03.308

起飞决断速度　take-off decision speed　03.311

起飞离地速度　take-off speed, lift-off speed　03.310

起飞爬升面　take-off climb surface　17.038

起飞平衡场长　take-off balance field length　03.313

起飞预报　forecast for take-off　17.101

起飞重量　take-off weight　04.111

起落航线　traffic pattern　16.016

起落架落震试验　landing gear drop test　04.059

*起落坪　heliport, helipads　17.005

起落装置　landing gear, undercarriage　02.162

*起旋　spin up　04.105

起重直升机　crane helicopter　02.194

起转　spin up　04.105

气垫飞行器　air-cushion vehicle　02.033

气垫式起落架　air-cushion landing gear　02.179

气动补偿　aerodynamic balance　03.218

气动导数　aerodynamic derivative　03.255

气动幅伞　aerodynamical panel parachute　10.132

*气动激波修正量　position error　14.057

气动加热　aerodynamic heating　03.049

气动力布局　aerodynamic configuration layout　03.188

气动力减速器　aerodynamic decelerator　10.118

*气动力焦点　aerodynamic center, aerodynamic focus　03.251

气动力中心　aerodynamic center, aerodynamic focus　03.251

气动扭转　aerodynamic twist　03.215

气动炮　air-actuated mortar　10.138

气动声学设计　aero-acoustic design　05.090

气动弹性剪裁　aeroelastic tailoring　04.048

气动弹性力学　aeroelasticity　04.042

气动稳定性　aerodynamic stability　05.016

气动噪声　aerodynamic noise　03.053

气浮加速度计　gas-bearing accelerometer　06.120

气缸头温度表　cylinder head thermometer　06.171

气候极值　climatic extreme　17.075

气流穿透深度　flow penetration depth　05.188

气流吹袭　windblast　10.174

气流坐标系　air-path axis system　03.271

气密框　pressure bulkhead　02.062

气膜冷却　film cooling　05.204

气泡流动显示　bubble flow visualization　03.159

气球　balloon　02.002

气蚀　cavitation erosion　05.256

*气体栓塞症　altitude decompression sickness　10.154

气体状态方程　equation of state of gas　03.002

气象报告　meteorological report　17.106

气象观测　meteorological observation　17.076

气象监视台　meteorological watch office　17.078

气象收集中心　meteorological collecting center　17.079

气象要素　meteorological elements　17.080

气象预报　meteorological prevision　17.107

气压高度表　aneroid altimeter　06.148

气压刹车系统　pneumatic brake system　08.084

*气压系统　pneumatic system　08.052

气压性损伤　barotrauma　10.158

牵引刹车　towing brake　08.072

牵制力　holdback force　08.079

铅垂地面坐标系　normal earth-fixed axis system　03.267

前后轮距　wheel base　02.053

前掠角　sweep forward angle　02.050

前掠翼　swept forward wing　02.095

前轮摆振　nose wheel shimmy　04.057

前起落架　nose landing gear　02.172

前三点起落架　tricycle landing gear　02.163

前上方控制板　up front control panel　06.193

前视红外系统　forward-looking infrared system, FLIR　09.083

前行桨叶　advancing blade　03.361

前翼　canard　02.161

前缘半径　leading edge radius　03.195

前缘缝翼　leading edge slat　02.136

前缘襟翼　leading edge flap　02.135

前缘锯齿　leading edge sawtooth　02.127

前缘缺口　leading edge notch　02.126

前缘吸力　leading edge suction　03.241

前缘下垂　leading edge droop　02.128, leading edge drop　03.217

*前置角　lead angle　09.054

潜热　latent heat　10.192

强度　strength　04.033

强击机　attack airplane　02.011

跷板式桨毂　seesaw hub, feathering hub　02.207

*跷板式旋翼　semi-articulated rotor　02.198

*倾斜角　roll angle, angle of bank　03.273

倾斜盘　swashplate　02.211

倾斜叶片　dihedral vane, lean blade　05.150

*倾转旋翼航空器　tilt rotor aircraft　02.036

清晰区　clear zone　07.198

晴空颠簸　clear air turbulence, CAT　17.095

球形柔性桨毂　spheriflex hub　02.210

趋势型着陆预报　tend type landing forecast　17.102

区域导航　area navigation　16.027

区域检查　zonal-installation inspection　13.026

区域预报　area forecast　17.103

曲面模型　surface model　12.016

S-N 曲线　*S-N* curves　04.065

P-S-N 曲线　*P-S-N* curves　04.066

全长　overall length　02.045

全电飞机　electric aircraft　08.019

全动垂尾　all moving fin　02.156

全动平尾　all moving tailplane　02.151

全球定位系统　global positioning system, GPS　07.167

全球轨道卫星导航系统　global orbiting navigation satellite system, GLONASS　07.169

全权限飞行控制　full authority flight control　06.005

全寿命试车　full life test　05.302

全速势方程　full-potential equation　03.084

全天候飞行　all weather flight　14.010

全相参动目标指示　all coherent moving target indicator　07.202

*全向信标　nondirectional beacon　07.283

全压服　full pressure suit　10.107

*全自动无线电罗盘　automatic direction finder　07.153

缺口敏感系数　sensitivity factor of notch　04.067

缺氧警告　hypoxia alarm　10.096

雀降　flared landing　10.142

群同步　group synchronization　07.075

R

*燃料空气炸弹　fuel-air bomb　09.035

燃气发生器　gas generator　05.321

燃气涡轮发动机　gas turbine engine　05.026

燃烧不稳定性　combustion instability　05.009

燃烧产物　combustion product　05.191

燃烧模化准则　combustion simulation criteria, combustion scaling rule　05.192

燃烧室　combustion chamber　05.152

燃烧完全系数　combustion effectiveness　05.171

燃烧噪声　combustion noise　05.086

燃油泵　fuel pump　05.254

燃油流量表　fuel flow meter　06.173

*燃油流量计　fuel flow meter　06.173

燃油浓度分布　fuel concentration distribution　05.189

燃油雾化喷嘴　fuel atomizer　05.164

*燃油效率　range factor　03.295

燃油油量表　fuel quantity meter　06.174

燃油总管　fuel manifold　05.163

扰动速度势　perturbation velocity potential　03.090

扰流片　spoiler　02.119

热边界层　thermal boundary layer　03.086

*热沉　heat sink　10.024

热成像导引头　IR image homing head, thermal image homing head　09.130

热刀　heat knife, parting strip　10.031

热等静压　hot isostatic pressing　12.027

热堵塞　thermal choking　05.221

热固性树脂复合材料　thermosetting resin composite　11.045

* 热交换器　heat exchanger　10.014

热紧张　heat strain　10.187

* 热耐限　heat tolerance　10.188

热疲劳　thermal fatigue　05.288

热强度　thermo-strength　04.062

* 热强钛合金　creep-resistant titanium alloy　11.028

热塑性树脂复合材料　thermoplastic resin composite　11.046

* 热损失　heat resistance, heat loss　05.172

热线风速仪　hot wire anemometer　03.151

热效率　thermal efficiency　05.058

热应激　heat stress　10.186

热障　thermal barrier　03.060

热阻　heat resistance, heat loss　05.172

人感系统　artificial feel system　06.019

* 人工耗散　artificial viscosity　03.187

人工黏性　artificial viscosity　03.187

人工转捩　artificial transition　03.178

人－机－环境系统工程　man-machine-environment system engineering　10.207

人机接口　man-machine interface　07.009

人机在环仿真　man-in-loop simulation　06.057

人体测量学　anthropometry　10.209

任务计算机　mission computer　07.029

熔模铸造　investment casting　12.017

容错　tolerance fault　06.002

容错供电　fault tolerant electrical power supply　08.004

容热强度　volumetric heat intensity　05.174

柔性道面　flexible pavement　17.023

柔性降级　graceful degradation　07.010

* 柔性支承　flexible support　05.278

柔性转子　flexible rotor　05.276

蠕变疲劳　creep fatigue　05.290

软点火　soft ignition　05.223

软式传动机构　cable pulley system　08.065

软油箱　bladder fuel tank　02.112

S

萨奈克效应　Sagnac effect　06.084

塞式喷管　plug nozzle　05.230

三点法　three-point method, line-of-sight method　09.150

三角定位法　triangulation location　07.064

三角翼　delta wing　02.096

* 三球温度指数　wet bulb globe temperature index, WBGTI　10.189

三维制导系统　3-dimension guidance system　06.052

* AIM 伞　automatic inflation modulation parachute, AIM parachute　10.136

伞兵伞　troop parachute　10.122

伞舱　parachute bay　02.083

伞衣　parachute canopy　10.137

伞衣呼吸　canopy breath　10.147

* 伞衣脉动　canopy breath　10.147

伞衣织物　fabric for parachute canopy　11.080

伞衣织物透气量　canopy fabric porosity　10.148

伞翼机　parawing　02.040

* 伞锥　paracone　10.119

杀伤区　lethal zone　09.188

刹车控制系统　brake control system　08.081

刹车力矩　brake torque　08.078

刹车能量　brake energy　08.076

刹车能量限制重量　brake energy limiting weight　16.134

* 刹车伞　drag parachute, brake parachute　10.124

刹车速度　brake speed　03.316

刹车压力　brake pressure　08.074

刹车压力表　brake pressure gage　06.189

沙暴　sand storm　17.115

* 闪光灯　anti-collision light　08.032

扇翼　glove vane　02.124

商载　payload　04.116

上单翼　high-wing　02.101

上反角　dihedral angle　02.051

上仰　pitch-up　03.249

上仰轰炸　loft bombing, toss bombing　09.045

梢根比　taper ratio　03.209

梢弦　tip chord　03.207

摄氏零度等温线高度层　0°C isothermal level

17.113

射击　firing　09.008

射击瞄准具　gunsight　09.069

设备舱　equipment bay　02.084

设计补偿　design compensation　12.003

设计点－非设计点　design/off-design points
　05.072

设计分离面　initial breakdown interface　12.001

设计俯冲速度　design diving speed　04.090

＊设计载荷　ultimate load　04.088

甚高频全向信标　VHF omnidirectional radio range,
　VOR　07.154

甚高频全向信标－测距器　VHF omnidirectional
　radio range/distance measuring equipment, VOR/
　DME　07.161

甚高频全向信标－战术空中导航系统　VHF omni-
　directional radio range/actical air navigation
　system, VORTAC　07.163

声爆　sonic boom　03.054

声码器　vocoder　07.092

声疲劳　acoustic fatigue　04.024

声速　sound speed　03.007

声障　sonic barrier　03.059

生产许可证　production certificate　15.014

生存力　survivability　06.014

生物遥测　biotelemetry　10.210

升降带　take-off and landing strip　17.016

升降舵　elevator　02.149

升降舵固持　elevator control fixed　14.033

升降舵松浮　elevator control free　14.034

升降副翼　elevon　02.130

升降速度表　rate-of-climb indicator　06.154

升力　lift　03.223

升力发动机　lift engine　05.044

升力风扇　lift fan　05.045

＊升力螺旋桨　rotor, lifting rotor　02.196

升力面理论　lifting-surface theory　03.115

升力曲线　lift curve　03.224

升力线理论　lifting-line theory　03.111

升力线斜率　slope of lift curve　03.227

升限　ceiling　03.291

升致阻力　drag due to lift　03.242

升阻比　lift-drag ratio　03.244

剩余强度　residual strength　04.038

剩余寿命　residual life　04.073

失机概率　miss launch opportunity probability
　09.015

＊失速边界　surge limit, surge line　05.133

失速颤振　stall flutter　04.049

失速警告　stall warning　16.146

失速警告系统　stall warning system　06.199

失速偏离　stalling departure　03.229

失速速度　stalling speed　03.314

失速迎角　stalling angle of attack　03.228

＊失速裕度　surge margin　05.134

失效　failure　13.098

失效率　failure rate　13.074

＊失重飞行　zero-g flight　14.020

施特鲁哈尔数　Strouhal number　03.016

湿球黑体温度指数　wet bulb globe temperature
　index, WBGTI　10.189

＊时间增益控制　sensitivity-time control, STC
　07.218

时频调制　time-frequency modulation　07.066

时频相调制　time-frequency-phase modulation
　07.067

＊实弹　operational missile　09.201

实际循环　non-ideal cycle　05.002

实时仿真　real-time simulation　06.058

实体模型　solid model　12.015

实验段　test section　03.139

实验空气动力学　experimental aerodynamics
　03.122

实用类飞机　airplane in utility category　15.021

＊矢量喷管　vectoring nozzle　05.231

使用环境谱　service environment spectrum　04.097

使用检查　service inspection　13.028

使用前大纲　prior-to-service program　13.091

使用试飞　operational flight test　14.045

＊使用载荷　limit load　04.087

＊势流　irrotational flow, potential flow　03.025

适海性　seaworthiness　03.394

＊适航标准　airworthiness regulation　15.005

适航规章　airworthiness regulation　15.005

适航批准标签　airworthiness approval tag　15.018

适航性　airworthiness　15.001

适航证 airworthiness certificate 15.015

适航指令 airworthiness directive 15.009

视界 field of vision 02.074

*视力 visual acuity 10.180

视敏度 visual acuity 10.180

视情维修 on-condition maintenance 13.006

*视线 line of sight, LOS 09.052

视线角速度 line-of-sight rate 09.136

*试飞 flight test 14.040

试飞员 test pilot 14.052

*试验段 test section 03.139

试验机 experimental aircraft 14.053

收放式起落架 retractable landing gear 02.177

收敛－扩张喷管 convergent-divergent nozzle 05.228

收敛转弯法 wind-up turn method 14.078

收缩段 contraction section 03.137

首次检查期 preliminary inspection period 13.022

守恒型方程 equation in conservation form 03.180

输配电系统 electrical power transmission/distribution system 08.021

输油系统 fuel transfer system 08.100

舒勒原理 Schuler principle 06.086

树脂基复合材料 resin matrix composite 11.044

数据传送设备 data transfer equipment, DTE 07.031

数据通信 data communication 07.081

*数据通信协议 communication protocol 07.082

数据终端设备 data terminal equipment, DTE 07.093

数据总线规约 data bus protocol 07.007

数字式地图系统 digital map system 07.019

数字式航空电子信息系统 digital avionics information system, DAIS 07.017

数字网 digital network 07.098

甩油盘 slinger ring atomizer 05.169

双垂尾 twin vertical fin 02.157

双基地雷达 bistatic radar 07.243

双腔起落架 landing gear with two stage shock absorber 02.171

双曲线导航系统 hyperbolic navigation system 07.164

[双曲线]远程导航系统－C long-range aid to navi-gation system C, LORAN-C 07.165

双色导引头 dual color homing head 09.132

双旋翼共轴式直升机 coaxial helicopter 02.192

双旋翼交叉式直升机 synchropter 02.193

双旋翼纵列式直升机 tandem helicopter 02.191

双圆弧翼型 biconvex aerofoil profile 03.201

水滴轨迹 water droplet trajectory 10.045

水滴遮蔽区 droplet shadowed zone 10.048

水滴撞击参数 droplet impingement parameter 10.046

水动阻力 water resistance 03.387

水洞 water tunnel 03.135

水陆两用飞机 amphibian 02.029

水面机场 seadrome 17.004

水平安定面 horizontal stabilizer 02.148

水平轰炸 level bombing 09.042

*水平铰 flapping hinge 02.203

水平尾翼 horizontal tail 02.147

水平直线加速法 level straight acceleration flight method 14.073

水平直线减速法 level straight deceleration flight method 14.074

水平状态显示器 horizontal situation display 06.187

水[气]分离器 water separator 10.018

水上飞机 seaplane 02.028

水上飞机起飞滑行 seaplane take-off taxiing 03.397

水上飞机水动性能 seaplane hydrodynamic perform-ance 03.385

水上飞机着水滑行 seaplane landing taxiing 03.398

水上迫降 ditching 16.148

水下弹射 underwater ejection 10.062

瞬态性能 transient performance 05.080

顺风 tail wind 17.090

顺桨 propeller feathering 05.249

顺压梯度 favorable pressure gradient 03.052

*死区 sensitive threshold 06.143

四维制导系统 4-dimension guidance system 06.053

四肢约束装置 limb restraint 10.078

*四种气象飞行 all weather flight 14.010

伺服电机　servo motor　08.024

伺服高度表　servo altimeter　06.149

伺服气动弹性　servo aeroelasticity　04.047

松杆　stick-free　14.032

搜索测频法　scanning frequency measurement　07.065

搜索测向法　scanning direction finding　07.062

搜索视场　FOV of search　09.138

速度边界层　velocity boundary layer　03.085

速度欺骗干扰　velocity deception jamming　07.054

速度势　velocity potential　03.068

速度特性　velocity characteristics　05.074

速度图法　hodograph method　03.102

*速率反馈试验　gyro torque rebalance test　06.110

速率陀螺　rate gyroscope　06.099

*速压　dynamic pressure　03.070

随机故障　random fault　13.054

随机谱　random spectrum　04.080

损伤容限设计　damage tolerance design　04.026

锁相技术　phaselock technique　07.070

T

*塔康系统　tactical air navigation system, TACAN system　07.162

抬高角　correction angle due to the force of gravity　09.056

抬前轮速度　rotation speed　03.312

台链　chain of stations　07.126

太阳辐射防护　protection of solar radiation　10.194

钛合金　titanium alloy　11.024

钛铝化合物　titanium aluminide　11.041

弹射程序控制装置　ejection sequence control unit　10.074

*弹射弹　cartridge　09.194

弹射杆　piston ejector ram, ejector piston　09.193

弹射轨迹　ejection trajectory　10.085

弹射救生　ejection escape　10.053

弹射力　catapulting force　08.080

弹射试验机　ejection test vehicle　14.093

弹射损伤　ejection injuries　10.059

弹射座舱　ejectable cockpit　10.067

弹射座椅　ejection seat　10.066

弹性凹模深压延　flexible die deep drawing　12.057

弹性支承　flexible support　05.278

弹性轴承　elastomeric bearing　02.206

碳－碳复合材料　carbon-carbon composite, C-C composite　11.054

探测视场角　detective field of view angle　09.180

汤姆孙定理　Thomson theorem, Kelvin theorem　03.092

陶瓷基复合材料　ceramic matrix composite　11.053

特技飞行　aerobatic flight　14.011

特技类飞机　airplane in aerobatic category　15.022

特许飞行证　special flight permit　15.016

特征寿命　characteristics life　13.077

特征线法　method of characteristics　03.185

特征造型　feature modelling　12.013

*提交试车　delivery test　05.300

提前换发率　unscheduled engine removal rate　05.297

提前角　lead angle　09.054

体内减速器　inner reduction gearbox　05.252

体液沸腾　ebullism, boiling of body fluid, aeroemphysema　10.161

天文导航系统　celestial navigation system　06.121

天文罗盘　celestial compass　06.124

天线罩波瓣畸变　pattern distortion caused by radome　07.279

*天线阵　array antenna　07.270

填充脉冲　filler pulse　07.123

*填充系数　rotor solidity　02.222

调节器　governor, regulator　05.258

调理器　conditioner　06.145

调频雷达　frequency modulated radar　07.225

调温服　thermo-conditional suit　10.110

调整片　tab　02.120

调整片法　trim tab method　14.075

调整片效应机构　trimming effect mechanism　08.070

调整试飞　development flight test　14.041

调制解调器　modem　07.094

调制盘　reticle, chopper　09.142

跳弹 ricochet 09.067

跳弹极限角 limit angle of ricochet 09.068

跳频扩频 frequency hopping spread spectrum 07.077

跳时扩频 time hopping spread spectrum 07.078

贴地飞行 nap-of-the-earth flight 03.384

铁基高温合金 iron-base superalloy 11.007

铁铝化合物 iron aluminide 11.042

停放刹车 parking brake 08.073

停机角 ground angle 02.055

停机坪 apron 17.044

停止道 stop way 17.026

通风服 ventilation suit 10.111

通风头盔 ventilation helmet 10.103

通气壁 ventilating wall 03.141

通勤类飞机 airplane in commuter category 15.023

通信、导航和识别综合系统 integrated communication navigation and identification, ICNI 07.018

通信规约 communication protocol 07.082

通信控制器 communication control unit 07.095

通信网 communication network 07.096

通信、指挥、控制与情报系统 communication, command, control and intelligence system, C³I 07.016

通用航空 general aviation 01.005

同步技术 synchronization technique 07.072

同步器 synchro 08.027

同步卫星 synchronous satellite 07.133

投弹斜距 release slant range 09.062

投弹圆 release circle 09.065

投放 delivery 09.010

投弃 jettison 09.011

投物伞 cargo parachute 10.127

投掷式干扰机 expendable jammer, EJ 07.040

头盔瞄准具 helmet-mounted sight 09.079

头盔显示器 helmet-mounted display 06.183

透波结构 transparent structure 04.020

透镜天线 lens antenna 07.261

透明雷达反射涂层 transparent radar reflection coating 11.077

凸缘 flange 02.108

*突风 gust 17.093

突扩扩压器 dump diffuser 05.158

图像匹配制导 pattern matching guidance 09.118

图形数据结构 graphic data structure 12.012

湍流 turbulent flow 03.039

湍流度 turbulence 03.148

湍流球 turbulence sphere 03.150

推测领航 dead reckoning navigation 16.011

推杆 push the stick forward, push the column forward 14.080

推进风洞 propulsion wind tunnel 05.312

推进系统 propulsion system 05.010

推进效率 propulsive efficiency 05.059

推力 thrust 05.051

推力百分比表 percentage-thrust indicator 06.177

推力测量耙 thrust measurement rake 14.088

推力控制系统 thrust control system 06.065

推力平衡 thrust balance 05.097

*推力矢量发动机 thrust-vectoring engine 05.043

推力矢量控制 thrust vector control 06.027

推力收回角 thrust cutback angle 17.123

推力系数 thrust coefficient 09.162

推力转向发动机 thrust-vectoring engine 05.043

推重比 thrust to weight ratio 05.055

退曳 trail 09.059

脱靶距离 miss-distance 09.200

*脱靶量 miss-distance 09.200

脱机故障检测 off-operational fault detection 13.061

脱体涡 shed vortex 03.118

陀螺磁罗盘 gyro magnetic compass 06.159

陀螺地平仪 gyro horizon 06.155

陀螺翻滚试验 gyro tumbling test 06.112

陀螺浮油 gyro fluid 11.088

陀螺力矩反馈试验 gyro torque rebalance test 06.110

陀螺漂移率 gyro drift rate 06.109

陀螺伺服试验 gyro servo test 06.111

陀螺稳定性 stability of gyroscope 06.085

*陀螺液 gyro fluid 11.088

W

*外场可换件 line replaceble unit, LRU 13.037

*外场维修 line maintenance 13.010

外挂物 external store 02.143

外挂物管理系统 store management system 09.082

外涵加力燃烧室 duct burner 05.216

外基线测距 stadiametric ranging 09.073

外特性 external characteristics 05.049

外物吞咽 foreign object ingestion 05.293

外相参动目标指示 externally coherent moving target indicator 07.201

外压式进气道 external compression inlet 05.101

弯度 camber 03.193

弯扭叶片 twisted blade 05.211

完全膨胀 full expansion 05.238

完全气体 perfect gas 03.004

*完善系数 hovering efficiency 03.375

万向接头式桨毂 gimbaled hub 02.208

威力系数 power coefficient 09.026

微波辐射 microwave radiation 10.197

微波全息雷达 microwave hologram radar 07.239

微波着陆系统 microwave landing system, MLS 07.190

微波着陆系统覆盖 microwave landing system coverage 07.173

微带天线 microstrip antenna 07.269

微带天线阵 microstrip antenna array 07.273

微动磨损疲劳 fretting fatigue 05.289

微加工 micro-manufacturing technology 12.041

危险接近 imminent to danger 16.153

危险区 danger area 16.062

危险性故障 critical fault 13.049

*桅杆式天线 blade antenna, flagpole antenna 07.258

维护 maintenance service 13.015

维修 maintenance 13.001

维修大纲 maintenance program 13.090

维修放行 maintenance release 13.084

维修工程 maintenance engineering 13.002

维修鉴别性 maintenance distinguish 13.093

维修可达性 maintenance accessibility 13.092

维修性 maintainability 13.003

维修周期 maintenance cycle 13.094

伪距 pseudorange 07.138

伪随机码 pseudo-random code 07.079

伪随机码调制引信 pseudo-random code modulation fuze 09.170

*伪随机序列 pseudo-random code 07.079

伪卫星 pseudo satellite, pseudolite 07.149

*伪噪声序列 pseudo-random code 07.079

伪装涂料 camouflage paint 11.074

尾撑 tail boom 02.145

尾桨 tail rotor 02.215

*尾梁 tail boom 02.145

尾流 wake 03.042

尾轮 tail wheel 02.173

尾喷管 exhaust nozzle 05.226

尾喷口 exhaust nozzle exit 05.227

尾橇 tail skid 02.174

尾随涡 trailing vortex 03.117

尾旋 spin 03.300

尾旋风洞 spin wind tunnel 03.132

尾翼 tail unit 02.146

位差修正角 correction angle due to parallax 09.058

位置误差 position error 14.057

位置线 position line 07.107

位置线梯度 gradient of position line 07.112

卫星摄动运动 satellite perturbance motion 07.132

卫星通信 satellite communication 07.083

*卫星通信地面站 satellite communication earth station 07.091

卫星通信地球站 satellite communication earth station 07.091

卫星转发器 satellite transponder 07.090

温度高度 temperature altitude 14.037

温度控制系统 temperature control system 10.013

*温控系统 temperature control system 10.013

纹影法 schlieren technique 03.162

稳定段 settling chamber 03.136

稳定减速伞 drogue parachute 10.125

稳定拉起法 steady pull-up method 14.076

稳定燃烧边界 combustion stability limit 05.178

*稳定伞 drogue parachute 10.125

稳定下降 steady descent 10.141

稳定性 stability 03.329

稳定性故障 stable fault 13.056

稳定转弯法 steady turn method 14.077

稳环时间 reticle stabilizing time 09.075

稳态性能 steady state performance 05.079

*紊流 turbulent flow 03.039

嗡鸣 buzz 04.046

涡格法 vortex-lattice method 03.184

涡流发生器 vortex generator 02.125

涡轮 turbine 05.193

涡轮风扇发动机 turbo-fan engine 05.028

涡轮进口温度 turbine inlet temperature 05.198

*涡轮静叶 nozzle guide vane 05.200

*涡轮静子 turbine nozzle 05.199

涡轮冷却器 cooling turbine unit 10.015

涡轮螺旋桨发动机 turbo-prop engine 05.029

涡轮喷气发动机 turbo-jet engine 05.027

*涡轮喷嘴环 turbine nozzle 05.199

涡轮轴发动机 turbo-shaft engine 05.030

涡面 vortex surface sheet 03.116

握杆 control stick fixed 14.031

握杆控制 hands-on throttle and stick，HOTAS
06.037

无方向性信标 nondirectional beacon 07.283

*无涵道风扇发动机 propfan engine 05.031

无铰式旋翼 hingeless rotor 02.199

无喷管发动机 nozzleless rocket motor 09.159

*无人机 unmanned aerial vehicle 02.037

无人驾驶飞行器 unmanned aerial vehicle 02.037

无刷直流发电机 brushless DC generator 08.023

无头铆钉铆接 slug riveting 12.037

无尾飞机 tailless airplane 02.041

无限翼展机翼 infinite span wing 03.203

无线电测距 radio distance-measuring 07.159

无线电测向 radio direction-finding 07.151

无线电定位法 radio position fixing 07.106

无线电高度表 radio altimeter 07.189

*无线电航向 heading of station 07.103

无线电罗盘自差 radio compass error 07.118

无线电制导 radio guidance 09.114

无旋流 irrotational flow，potential flow 03.025

无源定位 passive location 07.063

无源探测 passive detection 07.194

无载波雷达 impulse radar 07.240

无轴承式旋翼 bearingless rotor 02.200

武器吊舱 weapon pod 09.197

武装直升机 attack helicopter 02.195

雾化金属粉末 atomized metal powder 11.033

误差圆半径 error-circular radius 07.113

X

吸波结构 absorbent structure 04.019

吸空气发动机 air breathing engine 05.023

吸能机构 energy absorber 10.079

吸气流率峰值 peak volume of inspiratory flow rate
10.157

吸气阻力 inspiratory resistance 10.117

稀薄气体力学 mechanics of rarefied gas 03.057

洗流时差 lag of wash 03.263

系留气球 captive balloon 02.004

系统管理计算机 system management computer
07.028

细长体理论 slender body theory 03.091

细节疲劳额定强度 detail fatigue rating 04.068

细节设计 detail design 04.030

下单翼 low-wing 02.103

下反角 anhedral angle 02.052

下滑 glide 03.293

*下滑倒转 half roll and half loop，split-s 14.012

下滑信标 glide slope 07.183

下击暴流 downburst 17.118

下降 descent 03.292

下视显示器 head down display 06.184

*下视仪 head down display 06.184

下洗 downwash 03.262

舷窗 cabin window 02.078

显热 sensible heat 10.191

*现场平衡 in-field balancing 05.286

现场修理 on-site repair 13.014

限飞区 restricted area 16.063

限制动压 limiting dynamic pressure 04.089

限制马赫数 limiting Mach number 04.091

限制器 limiter 05.259

限制载荷 limit load 04.087

线架模型 wireframe model 12.014

线铝合金 wire aluminium alloy 11.018

线性调频 linear FM 07.212

*相关噪声 repetitive noise 07.052

相控阵雷达 phased array radar 07.229

相控阵天线 phased array antenna 07.275

相似律 similarity law 03.107

相似准则 similarity criterion 03.125

*相位锁定技术 phaselock technique 07.070

巷识别 lane identification 07.286

橡皮膏液压成形 rubber cell hydroforming 12.056

向/背台指示器 to/from indicator 07.144

向下弹射 downward ejection 10.061

消声 noise suppression 05.087

消声衬 noise suppression gasket, noise suppression liner 05.088

消声结构 noise elimination structure 04.018

消声喷管 noise suppression nozzle 05.089

小距 low pitch 05.247

小扰动方程 small perturbation equation 03.089

150小时长期试车 150 h endurance test 05.303

协调侧滑法 coordinated sideslips method 14.085

协调加载 coordinated loading 04.041

协调精确度 coordination accuracy 12.006

协调路线 coordination route 12.005

协调转弯 coordinate turn 03.303

协同干扰 cooperative jamming 07.048

斜程能见度 slant visibility 17.110

斜翼飞机 oblique wing airplane 02.039

斜置技术 skewed sensor technology 06.070

卸荷腔 unloading cavity 05.095

屑末探测器 chip detector 05.266

信号场地 signal area 17.036

星空模拟器 sky simulator 06.126

星历 ephemeris 07.142

星体跟踪器 star tracker 06.123

星形柔性桨毂 starflex hub 02.209

兴波阻力 wave making resistance 03.388

型辐成形 contour roll forming 12.053

型号合格审定基础 basis of type certification 15.004

型号合格审定试飞 certification flight test 14.049

型号合格证 type certificate 15.011

型号认可证书 validation of type certificate 15.013

型号审定专用条件 type certification special condition 15.006

型阻 form drag 03.234

T形尾翼 T-tail 02.160

V形尾翼 vee tail 02.158

形状记忆合金 shape memory alloy 11.061

行程编码 run length encoding 07.084

行李舱 luggage compartment, baggage compartment 02.080

性能管理系统 performance management system 06.049

修复性维修 corrective maintenance 13.007

修理 repair 13.013

修正惯性系数 modified inertia parameter 10.040

*修正空速 calibrated airspeed 14.060

需用功率 power required 03.282

需用推力 thrust required 03.281

虚警 false-alarm 13.068

蓄压器 accumulator 08.039

*续航发动机 sustainer motor 09.160

续航时间 endurance 03.296

悬浮燃料 slurry fuel 11.085

悬挂投放装置 suspension and release equipment 09.092

悬停 hovering 03.354

悬停飞行 hovering flight 14.019

悬停回转 turning in hover 03.383

悬停升限 hovering ceiling 03.355

悬停效率 hovering efficiency 03.375

悬停指示器 hovering indicator 06.164

*旋薄 spinning with reduction, power spinning, shear spinning 12.060

旋流加力燃烧室 swirl afterburner 05.217

旋流器　swirler　05.162

旋涡　vortex　03.023

旋涡破碎　vortex breakdown　03.065

旋翼　rotor, lifting rotor　02.196

*旋翼等效平面　no-feathering plane　03.368

旋翼反扭矩　antitorque of rotor　03.374

旋翼风车制动　rotor windmill braking　03.381

旋翼机　autogyro　02.189

旋翼桨毂　rotor hub　02.202

旋翼桨盘载荷　rotor disk loading　02.220

旋翼桨叶　rotor blade　02.201

旋翼拉力　rotor thrust　03.379

旋翼前进比　rotor advance ratio　03.358

旋翼入流比　rotor inflow ratio　03.359

旋翼刹车系统　rotor brake system　08.087

旋翼实度　rotor solidity　02.222

旋翼塔实验　rotor tower test　03.169

旋翼尾流　rotor wake　03.371

旋翼涡环　rotor vortex ring　03.380

旋翼中心间距　distance between rotor centers　02.224

旋翼轴前倾角　forward tilting angle of rotor shaft　02.223

旋翼锥度　rotor coning　03.365

旋转颤振　whirl flutter　04.050

旋转盘雾化粉末　rotating disk atomized powder　11.036

旋转伞　rotating parachute　10.134

旋转失速　rotating stall　05.131

旋转心脏形方向图　rotating cardioid pattern　07.155

询问脉冲　interrogation pulse　07.120

询问模式　interrogation mode　07.170

寻的导弹反干扰　homing missile ECCM　07.061

寻的制导　homing guidance　09.123

巡航　cruise　03.294

巡航速度　cruising speed　14.063

巡视检查　walkaround inspection　13.027

训练飞行　training flight　14.004

迅速减压　rapid decompression, explosive decompression　10.153

Y

压杆　turn the control wheel　14.082

压力比表　pressure ratio gage　06.169

压力加油　pressure refuelling　08.095

*压力强度　pressure　03.003

压力中心　pressure center　03.250

压铆系数　coefficient of squeezed riveting　12.039

压气机　compressor　05.118

压气机基元级　compressor element stage　05.126

压气机机匣　compressor casing　05.137

压气机流道　compressor passage, compressor flow path　05.128

压气机增压比　compressor pressure ratio　05.127

压气机转子　compressor rotor　05.136

压强　pressure　03.003

压缩波　compression wave　03.036

压缩欺骗干扰　compression deception jamming　07.051

压缩性修正量　compressibility correction　14.058

压阻加速度计　piezoresistor accelerometer　06.118

鸭式飞机　canard airplane　02.042

*鸭翼　canard　02.161

亚声速流　subsonic flow　03.029

烟雾　smoke　17.127

研究机　research aircraft　14.054

研究性试飞　research flight test　14.047

延迟性修正量　lag correction　14.056

延时样本　time-extension sample　13.105

延寿　lifetime extension　13.083

演示飞行　demonstration flight　14.022

*验收试车　factory test, acceptance test　05.298

验收试飞　acceptance flight test　14.044

验证机　demonstration engine　05.320

氧分压　oxygen partial pressure　10.095

氧过多症　oxygen excess　10.159

氧气面罩　oxygen mask　10.097

氧气示流器　oxygen flow indicator　06.191

氧气调节器　oxygen regulator　10.092

氧气系统　oxygen system　10.087

氧气压力比　oxygen pressure ratio　10.094

氧气余压　oxygen overpressure　10.093

氧气余压表　oxygen overpressure indicator　06.192

*氧气装备　oxygen system　10.087

仰角单元　elevation unit　07.285

*仰角引导单元　elevation unit　07.285

样板　template　12.009

摇臂式起落架　levered suspension landing gear　02.169

遥测试验[导]弹　telemetry missile, instrumented missile　09.202

遥测字符　telemetry symbol　07.287

遥控飞行器　remotely piloted vehicle　02.038

叶端损失系数　root and tip loss factor　03.357

叶轮　impeller　05.135

叶盘耦合振动　blade-disc coupling vibration　05.283

叶盘转子结构　blisk rotor configuration　05.144

叶片　blade, vane　05.138

叶片颤振　blade flutter　05.273

叶片动频　blade natural frequency under rotation　05.272

*叶片共振转速特性图　Campbell diagram　05.284

叶片噪声　blade noise　05.084

叶片造型　blade profiling　05.201

叶片阻尼凸台　part-span shroud of blade　05.151

叶栅　cascade　05.130

叶栅稠度　cascade solidity　05.149

叶素　blade element　03.353

叶型　profile　05.129

*夜航　night flight　14.009

夜间飞行　night flight　14.009

液浮摆式加速度计　liquid floated pendulous accelerometer　06.115

液浮陀螺　liquid floated gyroscope　06.102

液冷服　liquid-cooled suit　10.112

液冷头盔　liquid-cooled helmet　10.104

液体火箭发动机　liquid propellant rocket engine　05.037

*液体推进剂火箭发动机　liquid propellant rocket engine　05.037

液压传动　hydraulic transmission　08.036

液压舵机　hydraulic actuator　08.046

液压复合舵机　integrated hydraulic actuator　08.051

液压附件集成　hydraulic accessory integration　08.042

液压控制　hydraulic control　08.037

液压密封　hydraulic seal　08.038

液压刹车系统　hydraulic brake system　08.083

液[压]锁　hydraulic lock　05.261

液压系统　hydraulic system　08.035

液压油滤　hydraulic filter　08.040

液压油箱　hydraulic tank　08.041

液压余度控制　hydraulic redundancy control　08.049

液压致动机构　hydraulic actuating unit　08.047

液压助力器　hydraulic booster　08.048

液氧转换器　liquid oxygen converter　10.089

一股流　primary air　05.183

一维定常管流　one-dimensional steady channel flow　05.003

仪表飞行　instrument flight　14.001

仪表飞行规则　instrument flight rules, IFR　16.084

仪表飞行规则的直线进近　straight-in approach-IFR　16.101

仪表进近程序　instrument approach procedure, IAP　16.089

仪表跑道　instrument runway　17.020

仪表气象条件　instrument meteorological condition, IMC　16.082

仪表着陆系统　instrument landing system, ILS　07.188

仪表着陆系统关键区　instrument landing system critical area, ILS critical area　16.105

仪表着陆系统基准高　ILS reference datum height, ILS RDH　16.115

*仪表着陆系统临界区　instrument landing system critical area, ILS critical area　16.105

仪表着陆系统敏感区　ILS sensitive area　16.106

易燃　flammable　11.093

翼刀　wing fence　02.116

翼尖　wing tip　02.115

翼尖外挂　wing tip carriage　09.091

翼尖涡　wing tip vortex　03.119

翼肋　wing rib　02.107

翼梁　wing spar　02.106

* 翼剖面　airfoil profile, wing section　03.190

翼伞　parafoil　10.135

翼梢小翼　winglet　02.118

翼身融合　blended wing-body configuration　03.189

翼弦　wing chord　03.191

翼型　airfoil profile, wing section　03.190

翼型中弧线　airfoil mean line　03.192

翼载荷　wing loading　04.092

翼展　span　02.047

* 殷麦曼翻转　Immelmann turn　14.015

* 音速　sound speed　03.007

音响告警装置　aural alerting device　06.198

阴影法　shadowgraph technique　03.161

引爆系统　fuzing system, armament　09.166

引导伞　pilot parachute　10.129

引发自检　initiated self test　13.066

G$_z$引起的意识丧失　G$_z$-induced loss of consciousness　10.164

* 引气　air bleed　05.145

* 引射泵　ejector, injection pump　10.016

引射喷管　ejector nozzle　05.229

引射器　ejector, injection pump　10.016

引信灵敏度　fuze sensitivity　09.175

引信启动角　fuze actuation angle　09.177

引信启动距离　fuze actuation distance　09.178

引信启动区　fuze actuation zone　09.176

引战协调性　fuze-warhead matching capability, fuze-warhead coordination　09.179

隐患性故障　hidden fault　13.047

* 隐身技术　stealth technique　07.056

隐形材料　stealth material　11.059

隐形技术　stealth technique　07.056

应答编码　encoding the response　07.171

应急撤离　emergency evacuation　16.149

应急撤离设备　emergency evacuated equipment　10.068

应急出口　emergency exit　02.077

应急电源　emergency electrical power source　08.010

应急动力装置　emergency power unit　08.093

* 应急飞行操纵系统　stand-by emergency flight control system　08.064

应急供电　emergency electrical power supply　08.006

应急离机系统　emergency escape system　10.065

应急刹车系统　emergency brake system　08.082

应急下降　emergency descent　16.133

应急状态　emergency rating　05.070

应力严重系数法　stress severity factor method　04.075

迎角　angle of attack　03.222

迎角指示器　angle of attack indicator　06.163

硬壳式结构　monocoque structure　04.012

硬铝合金　duralumin, hard aluminium alloy　11.015

硬式传动机构　push-pull rod system　08.066

优化设计　optimal design　04.032

油量测量系统　fuel quantity measurement system　08.102

油流法　oil flow technique　03.160

油滤　oil filter　05.257

* 油门特性　throttle characteristics　05.076

油气比　fuel-air ratio　05.176

油气分离器　deaerator　05.263

油气炸弹　fuel-air bomb　09.035

* 油雾分离器　oil vent　05.264

油箱　fuel tank　02.110

油箱增压　tank pressurization　08.097

油箱姿态误差　tank attitude error　06.142

* 游程编码　run length encoding　07.084

* 有回力助力操纵系统　reversible boosted mechanical control　08.062

有机功能材料　organic functional material　11.057

有限基本解法　method of finite fundamental solution, method of singularities　03.182

有限翼展机翼　finite span wing　03.204

有效感觉噪声水平　effective perceived noise level, EPNL　17.122

有效宽度　effective width　04.036

有效杀伤半径　effective kill radius　09.189

* 有效通气量　alveolar ventilation volume　10.156

有效意识时间　time of useful consciousness　10.160

有旋流　rotational flow　03.024

诱导阻力　induced drag　03.240

余度舵机　redundancy actuator　08.050

余度供电　redundant electrical power supply　08.007

余度管理　redundancy management　06.068

余度技术　redundancy technology　06.066

余度结构　redundancy architecture　06.067

*余割平方天线　shaped-beam antenna　07.263

余气系数　excess air coefficient　05.175

雨回波衰补偿技术　rain echo attenuation compensation technique, REACT　07.221

*语音信号分析合成系统　vocoder　07.092

预测导引律　predicted guidance law　09.154

预防性维修　preventive maintenance　13.004

预浸料　prepreg　11.047

预警机　early warning airplane　02.013

原位维修　on-site maintenance　13.012

原型机试飞　prototype flight test　14.046

原子级加工　atomic scale machining　12.043

圆概率偏差　circular error probable　09.013

圆环效应　annular effect　07.172

圆 – 圆系统　ρ-ρ system　07.109

圆锥扫描雷达　conical-scanning radar　07.231

源　source　03.062

远程巡航速度　long-range cruising speed　16.132

越障限制重量　obstacle limiting weight　16.140

跃升　zoom　03.307

云底高度　cloud base height　17.081

云顶高度　cloud top height　17.082

*云高　cloud base height　17.081

云幕灯　ceiling light, ceiling projector　17.085

云幕高度　ceiling height　17.083

云幕气球　ceiling balloon　17.084

云幕仪　ceilometer　17.086

运动病　motion sickness　10.175

运动伞　sport parachute　10.123

运输机　transport airplane　02.019

运输类飞机　airplane in transportation category　15.024

运输类旋翼机　rotorcraft in transportation category　15.026

Z

载波同步　carrier synchronization　07.073

载弹量　store-carrying capacity　09.020

载荷等级数　load classification number, LCN　04.094

*载荷感觉机构　artificial feel system　06.019

载荷历程　load history　04.096

载荷谱　loading spectrum　05.292

载荷系数　load factor　04.086

*载荷因数　load factor　03.304

*载荷因数表　accelerometer　06.167

载机　aerial carrier　14.094

载机运动补偿　aircraft motion compensation　07.203

载频周期匹配　radio-cycle match　07.130

载人离心机　human centrifuge　10.211

载重与平衡　weight and balance　16.136

*在线诊断　on-line diagnostics　13.062

*遭遇角　encounter angle　09.181

早期故障率　infant mortality　13.096

早期失效期　incipient failure period　13.099

噪声合格证　noise certificate　15.028

噪声缓解　noise abatement　17.126

噪声角　noise angle　17.124

增升装置　high lift device　02.131

增稳系统　stability augmentation system　06.016

增压级　booster stage　05.125

增压气源　pressurization air source　10.004

增压座舱　pressurized cabin　02.079

炸弹舱　bomb bay　02.085

炸弹口径　bomb caliber　09.019

*斩光器　reticle, chopper　09.142

展弦比　aspect ratio　03.208

战斗部　warhead　09.184

战斗[导]弹　operational missile　09.201

*战斗机　fighter　02.008

战斗转弯　chandelle, combat turn　14.016

战术空中导航系统　tactical air navigation system, TACAN system　07.162

张力场　tension field　04.034

张力场梁　tension field beam　04.035

障碍物　obstacle　17.033

障碍物灯　obstacle light　17.068

障碍物限制面　obstacle restrictive surface　17.031

照相枪　gun camera　09.087

真航向　true heading　16.019

真空钎焊　vacuum brazing　12.033

真空速　true airspeed　14.062

针对性维修　conditional maintenance　13.009

侦察机　reconnaissance airplane　02.012

帧间预测编码　interframe predictive coding　07.085

振荡燃烧　oscillating combustion　05.224

振动弦式变换器　vibrating wire converter　06.146

振梁加速度计　vibrating beam accelerometer
06.117

*振型平衡　modal balancing　05.287

阵风　gust　17.093

阵风缓和　gust alleviation　06.045

阵风速率　gust speed　04.100

阵风响应　gust response　04.102

阵风载荷　gust load　04.099

阵风载荷减缓　gust load alleviation　04.101

阵列天线　array antenna　07.270

蒸发防冰　evaporative anti-icing　10.043

蒸发管　vaporizer　05.168

*蒸发循环冷却系统　vapor cycle cooling system
10.007

蒸气屏法　vapor screen technique　03.158

蒸气循环冷却系统　vapor cycle cooling system
10.007

蒸气制冷压缩机　vapor refrigeration compressor
10.017

整流叶片　stator vane　05.140

整流罩　fairing　02.088

整体结构　integral structure　04.010

整体油箱　integral fuel tank　02.111

正常类飞机　airplane in normal catagory　15.020

正常类旋翼机　rotorcraft in normal category　15.025

正加速度　positive acceleration　10.163

*正前方控制板　up front control panel　06.193

*正压呼吸　pressure breathing　10.155

支承刚度　support stiffness　05.279

支架干扰修正　support interference correction
03.176

支配性故障　dominant fault　13.050

支线客机　feeder liner　02.023

支柱式起落架　telescopic landing gear　02.170

直达干扰　leakage　07.116

直角航线程序　racetrack procedure　16.097

直接力控制　direct force control　06.044

*直接爬升法　continuous climbing method　14.071

直流燃烧室　throughflow combustor　05.156

直射喷嘴　plain orifice atomizer　05.165

直升机　helicopter　02.190

直升机场　heliport, helipads　17.005

直升机地面共振　helicopter ground resonance
04.109

*直升机动升限　helicopter service ceiling　03.382

直升机功率传递系数　helicopter power utilization
coefficient　03.373

*直升机功率利用系数　helicopter power utilization
coefficient　03.373

直升机功率载荷　helicopter power loading　02.221

直升机回避区　helicopter forbidden region　03.378

*直升机静升限　hovering ceiling　03.355

直升机起落装置　helicopter landing gear　02.217

直升机前飞升限　helicopter service ceiling　03.382

直升机着舰装置　helicopter deck-landing devices
02.219

直升机着水装置　helicopter floatation gear　02.218

直线进近着陆　straight-in landing　16.103

指点信标　marker beacon　07.184

指令制导　command guidance　09.117

指示空速　indicated airspeed　14.059

*指引地平仪　attitude director indicator　06.186

止裂　crack arrest　04.027

制导　guidance　06.003

制导系统　guidance system　09.112

制导炸弹　guided bomb ,smart bomb　09.032

制动比压　brake pressurize　08.077

*制动力矩　brake torque　08.078

*制冷系统　cooling system　10.005

智能材料　intelligent material　11.065

智能控制系统　intelligent control system　06.080

智能蒙皮　smart skins　07.008

质量平衡　mass balance　04.053

*滞止点　stagnation point　03.074

中单翼　mid-wing　02.102

中间减速器　intermediate reduction gearbox　05.251

中间状态　intermediate rating　05.065

中空飞行　mid airway flight　16.046

*中立重心位置　neutral point　03.345

中心光点　pipper　09.072
中性点　neutral point　03.345
中央操纵机构　central control mechanism　08.067
终端伏尔　terminal VOR，TVOR　07.158
终端管制区　terminal control area　16.055
重力加油　gravity refuelling　08.094
重心后限　afterward limit of center of gravity　03.344
重心前限　forward limit of center of gravity　03.343
重要天气　significant weather　17.105
*啁啾技术　linear FM　07.212
周期变距操纵杆　cyclic-pitch stick　02.213
轴流压气机　axial-flow compressor　05.119
*轴向铰　pitch hinge，feathering hinge　02.205
轴心轨迹　orbit of shaft center　05.282
昼间飞行　day flight　14.008
昼夜节律　circadian rhythm　10.193
主电源　primary electrical power source　08.008
主动间隙控制　active clearance control　05.213
主动控制技术　active control technology　06.040
主发动机　sustainer motor　09.160
主飞行操纵系统　primary flight control system　08.060
主飞行显示器　primary flight display　06.185
主减速器　main gearbox　02.214
主降机场　regular aerodrome　17.012
主控站　master control station　07.147
主轮距　wheel track　02.054
主跑道　primary runway　17.034
主起落架　main gear　02.167
主燃区　primary combustion zone　05.185
主台　master station　07.127
助航灯光　navigational lighting aid　17.053
助推发动机　booster engine　05.041
助推器　booster　09.161
铸造高温合金　cast superalloy　11.005
铸造铝合金　cast aluminium alloy　11.020
铸造镁合金　cast magnesium alloy　11.023
铸造钛合金　cast titanium alloy　11.026
注入站　injection station　07.148
驻点　stagnation point　03.074
*驻点温度　total temperature　03.073
*驻点压强　total pressure　03.071
驻室　plenum chamber　03.140

专机飞行　state flight　16.042
专家控制系统　expert control system　06.081
转差　speed difference，slip　05.310
转场　ferry　14.030
转换字符　hand-over-word，HOW　07.140
转换　transition　03.040
转速表　tachometer　06.178
*转速差　speed difference，slip　05.310
转速法　engine-speed method　14.067
*转速特性　external characteristics　05.049
转速同步器　speed synchronizer　05.243
转速悬挂　speed hang-up　05.309
*转台反馈试验　gyro servo test　06.111
转弯侧滑仪　turn and bank indicator　06.162
转向喷管　vectoring nozzle　05.231
转向旋翼航空器　tilt rotor aircraft　02.036
转子临界转速　critical rotor speed　05.274
转子平衡　rotor balancing　05.285
转子叶片　rotor blade　05.139
*转子轴向力平衡　thrust balance　05.097
装配型架　assembly jig　12.010
撞击范围　impingement area　10.047
状态监控　condition monitoring　13.035
锥效应　coning effect　06.087
锥形流　conical flow　03.077
锥形扭转　conical camber　03.216
追踪攻击　pursuit attack　09.004
准成像导引头　quasi-image homing head　09.131
C准则　C criterion　08.057
D准则　D criterion　08.058
着舰系统　carrier landing system　07.192
着陆灯　landing light　08.033
着陆滑跑距离　distance of landing run　03.318
着陆进场　landing approach　16.088
*着陆进近　landing approach　16.088
着陆距离　landing distance　03.317
着陆能量　landing energy　04.104
着陆跳跃　landing bounce　16.141
着陆限制重量　landing limiting weight　16.135
着陆预报　landing forecast　17.100
着水撞击　landing impact　03.395
姿态保持　attitude hold　06.007
姿态航向基准系统　attitude heading reference system

06.156

姿态指引指示器 attitude director indicator 06.186

子母炸弹 dispenser bomb 09.034

子母战斗部 cluster warhead 09.187

* 子帧计数 Z-count 07.139

自备式导航 self-contained navigation 06.094

自动测试设备 automatic test equipment, ATE 07.032

自动测向仪 automatic direction finder 07.153

自动充气调节伞 automatic inflation modulation parachute, AIM parachute 10.136

自动导航仪 automatic navigator 06.130

* 自动导引 homing guidance 09.123

自动过渡控制 automatic transition control 06.054

自动机动攻击系统 automatic maneuvering attack system, AMAS 09.081

自动驾驶仪 autopilot 06.020

自动目标数据交接系统 automatic target handoff system, ATHS 07.022

自动配平系统 automatic trim system 06.021

* 自动倾斜器 swashplate 02.211

自动刹车系统 autobrake system 08.086

自动调谐 automatic tuning 07.087

自动调整片系统 automatic tab system 06.022

自动悬停控制 automatic hovering control 06.055

自动油门系统 autothrottle system 06.026

自动终端情报服务 automatic terminal information service, ATIS 16.056

自动着陆 automatic landing 07.176

自动着陆系统 autolanding system 06.029

自毁装置 self-destruction device 09.174

自然层流翼型 natural laminar flow aerofoil profile 03.202

自适应壁 adaptive wall, self-correcting wall 03.143

自适应机翼 adaptive wing 02.100

自适应控制 adaptive control 06.024

自适应弹射座椅 adaptive ejection seat 10.071

自适应天线阵 adaptive array antenna 07.276

自适应自动驾驶仪 adaptive autopilot 06.023

自卫干扰 self-screening jamming 07.053

自卫距离 self-screening range 07.193

自行车式起落架 bicycle landing gear 02.165

自修复系统 self-repairing system 06.079

* 自修正壁 adaptive wall, self correcting wall 03.143

自由流 free-stream 03.061

自由气球 free balloon 02.003

自由涡 free vortex 03.112

自由涡轮 free turbine 05.195

* 自整角机 synchro 08.027

* 自主式导航 self-contained navigation 06.094

自转下滑 autorotative glide 03.377

自转下降 autorotative descent 03.376

T 字灯 Tee light 17.067

综合动态显示器 synthetic dynamic display 07.178

综合飞行 - 推力控制 integrated flight/propulsion control 06.064

综合航空电子系统 integrated avionics system 07.012

综合化电子战系统 integrated EW system, INEWS 07.038

综合火力飞行控制系统 integrated fire/flight control system, IFFCS 09.080

综合业务数字网 integrated service digital network 07.099

总冲量 total impulse 09.163

总距 collective pitch 02.229

总距操纵杆 collective pitch stick 02.212

* 总距 - 油门杆 collective pitch stick 02.212

总能量控制 total energy control 06.051

* 总提前角 prediction angle, total correcting angle 09.051

总温 total temperature 03.073

总效率 overall efficiency 05.060

总修正角 prediction angle, total correcting angle 09.051

总压 total pressure 03.071

纵倾角 trim angle 03.390

纵向操纵 longitudinal control 03.337

纵向间隔 longitudinal separation 16.071

纵向运动 longitudinal motion 03.319

纵摇 pitching 03.391

阻力 drag 03.231

阻力发散 drag divergence 03.239

阻力伞 drag parachute, brake parachute 10.124

阻尼导数　damping derivative　03.261

阻尼器　damper　06.015

阻尼液　damping fluid　11.089

阻燃　flame resistant　11.092

阻燃材料　flame-resistant material　11.068

阻塞效应　blockage effect　03.174

组合导航　integrated navigation　06.133

组合电源　integrated drive generator, IDG　08.005

组合发动机　combined engine, hybrid engine　05.040

组合式高度表　combined altimeter　06.150

组合压气机　combined compressor　05.121

最大航程速度　speed for maximum range　16.130

最大滑行重量　maximum taxi weight　16.137

最大连续状态　maximum continuous rating　05.067

最大平飞速度　maximum level speed　03.285

最大起飞重量　maximum take off weight　04.112

最大升力系数　maximum lift coefficient　03.226

最大使用限制速度　maximum operation［limit］speed　14.065

最大停机坪重量　maximum ramp weight　04.114

最大状态　maximum rating　05.063

最大着陆重量　maximum landing weight　04.115

最低安全高度　minimum safety altitude　10.140, minimum safe flight altitude　16.038

最低扇区高度　minimum sector altitude, MSA　16.107

最低下降高　minimum descent height, MDH　16.122

最低下降高度　minimum descent altitude, MDA　16.121

最小加力状态　minimum augmentation rating　05.064

最小平飞速度　minimum level speed　03.286

座舱　cabin　02.072

座舱安全活门　cabin safety valve　10.020

＊座舱操纵机构　central control mechanism　08.067

座舱盖　canopy　02.073

座舱高度　cabin altitude　10.022

座舱高度压差表　cabin altitude and pressure differ-ence gage　06.190

座舱供气　cabin air supply　10.002

座舱露点　cabin dew point　10.049

＊座舱气压高度　cabin altitude　10.022

座舱压力调节器　cabin pressure regulator　10.019

座舱压力制度　cabin pressure schedule　10.023

座舱应急卸压活门　cabin emergency dump valve　10.021

＊座舱照明　aircraft interior lighting　08.029